绿色设计理论与实践丛书

王立端　主编

产品绿色设计

王立端　汤重熹　段胜峰　吴菡晗　张军　任宇　著

赵宇　马敏　皮永生　郭莉　任文永　参与写作

图书在版编目（CIP）数据

产品绿色设计 / 王立端等著. — 重庆 : 西南师范大学出版社， 2020.12（2024.8重印）

ISBN 978-7-5621-9278-7

Ⅰ. ①产… Ⅱ. ①王… Ⅲ. ①产品设计－研究 Ⅳ. ①TB472

中国版本图书馆CIP数据核字（2018）第063372号

绿色设计理论与实践丛书

王立端 主编

产品绿色设计

CHANPIN LüSE SHEJI

王立端　汤重熹　段胜峰　吴菡晗　张军　任宇　著

赵宇　马敏　皮永生　郭莉　任文永　参与写作

责任编辑：鲁妍妍
书籍设计：何　璐
出版发行：西南大学出版社（原西南师范大学出版社）
地　　址：重庆市北碚区天生路2号

本社网址：http：//www.xdcbs.com
网上书店：https：//xnsfdcbs.tmall.com
排　　版：重庆新金雅迪艺术印刷有限公司
印　　刷：重庆新金雅迪艺术印刷有限公司
成品尺寸：210mm×285mm
印　　张：17
字　　数：534千字
版　　次：2020年12月 第1版
印　　次：2024年8月 第3次印刷
书　　号：ISBN 978-7-5621-9278-7
定　　价：78.00元

本书如有印装质量问题，请与我社市场营销部联系更换。
市场营销部电话：（023）68868624 68253705
西南大学出版社美术分社欢迎赐稿。
电话：（023）68254657

国家社会科学基金艺术学重大招标项目
项目编号：13ZD03

四川美术学院学术出版基金资助

前　言

可持续发展道路是人类基于对历史的回顾与现实的反思后，对未来世界发展方式的共同选择，其根本理念就是追求人与自然和谐共生，从而实现人类有计划的可持续发展目标。绿色设计概念正是基于为达成这一目标而被提出，其理念和内涵在漫长的发展过程中被逐步丰富，并且获得了广泛的认可，而绿色设计则成为人类社会实现可持续发展的重要内容。

绿色设计的思想方法是将市场经济、生态系统、社会系统甚至整个世界作为一个统一的综合体，将环境问题纳入设计思考之中，改变过去一味追求商业利益和经济发展的思维方式，从生态整体系统的视角思考问题、分析问题、解决问题；绿色设计的实践方法体系构建必须以有利于生态可持续、资源可持续、社会可持续为追求目标；密切关注有关工业科学技术和传统造物智慧，以技术延伸、技术压缩、技术转化、技术整合的创新方式，在绿色材料开发与资源增效、绿色生产与营销策略创新、绿色产品开发与推广、绿色采购与服务方式提供、低能耗消费与循环利用策略、弱势群体服务解决方案以及民族文化传承与区域经济振兴等方面开展设计实践活动，在践行设计为可持续发展服务的行动中不断丰富、验证、完善绿色设计方法。

现代工业设计体系是在人类将追求经济发展作为唯一目的的基础上建立起来的，要实现绿色设计不但要转换设计思维方式，还需要在技术层上进行不断创新。技术创新为绿色设计提供了各种可能手段，使绿色设计的各种理念以及设计意图能够得到有效实现。

在社会环境日益复杂化的当下，一方面设计的边界不断被扩展，另一方面设计学科又因知识结构体系的逐步完备而被不断细化。现实中所遇到的问题并不是按照知识体系的划分而存在的，这需要设计师同相关专业人士一起深入生产第一线，依据问题的指向协同创新，进行相关的跨界设计和技术整合。

在具体的产品设计过程中，绿色设计既是一种设计方法，也是一系列可持续发展指标的集成，更是价值观的一种体现。一个学科的发展、一种学术理论从产生到完善，绝非是一个人或几个人在一年或几年之内就能完成的。尤其是像绿色设计这样充满着革命性、交叉性、互动性的新兴领域，还有许多理论需要探索，许多途径需要开辟，许多方法需要践行，更需要不同专业、不同领域的团结合作。绿色设计实践必须具备以问题为导向的思想方法，必须打破传统设计观念和惯性思维，将创新思维作为解决问题的法宝。

本书是笔者作为首席专家带领团队历时四年完成的国家社会科学基金艺术学重大招标项目“绿色设计与可持续发展研究”的学术成果，由笔者主笔、团队合作完成。笔者在本书中试图从历史背景、价值观念、设计方法、生产制造、设计实践、评价方法等方面对涉及绿色设计的问题进行多视角的介绍和解读，希望本书能够对读者了解绿色设计、了解绿色产品对人们生活有何影响和意义有所帮助，并且希望在此基础上加深读者对可持续发展理念内涵的理解。本书针对的读者包括大中专院校设计学科师生、企业设计师以及有关管理部门人员和普通读者。

王立端

目　　录

第一章　绿色设计概述

引语：人类社会的发展过程也是人类对大自然一次次选择的过程，人与自然的关系经历了敬畏—顺应—凌驾—共生的过程。人类在面临社会发展不同阶段的复杂问题时所采取的不同应对措施，都是为了能更好地生存和进一步发展。可持续发展道路是人类基于对历史的回顾与现实的反思后，对未来发展方式的共同选择，其根本理念就是追求人与自然和谐共生，实现人类有计划、有节制的持续发展目标。绿色设计概念正是作为达成这一目标的措施而被提出，在经历了社会漫长的发展后其理念和内涵被逐步丰富，并且获得了广泛的认可，成为人类社会实现可持续发展的重要路径和抓手。

第一节　全球生态危机爆发的原因及危害

一、人类与自然的关系演进

（一）第一阶段：敬畏自然（原始文明时期）

原始文明是人类文明史上历时最长的文明时期，据史料记载至少有上百万年的历史。这一时期的生产力水平极其低下，人类只能通过采集野果、狩猎等方式来获取生活资料，这种原始的获取生活资料的方式也是对生态系统影响最小的生产方式。在整个原始文明阶段，由于人口数量少再加上生产力水平极其低下，人们只能盲目地崇拜自然与被动地适应自然，此时人类对环境的破坏和影响微乎其微，几乎谈不上所谓的环境问题。人与自然的关系是：人类受制于自然，人类寄生于自然，始终以自然为中心，属于典型的自然中心主义。在此阶段，人类的生产活动是为了能够在自然世界中求得生存。

（二）第二阶段：顺应自然（农业文明时期）

1. 造物能力提高，利用和改造自然的欲望觉醒

人类的原始文明起源于狩猎、捕鱼和采集，这一时期人与自然之间保持着一种顺应关系，也包括后来早期的农业社会。这一时期虽然生产力低下，但人类却拥有一个相对优越的生态环境。在历经了上百万年后，人类的生活方式发生了改变，农业文明在世界不同的地方独立并发展起来，这是人类历史上重要的变革之一，开启了人类改造自然的漫长之旅。

2. 所造成的环境问题较少

原始的农耕使用的工具较简单，对土壤和植被的破坏相对较低，随着耕犁和大规模水利灌溉两项技术的发明，集约农业开始出现。而农业集约化需要开垦森林或湿地，这直接导致土壤侵蚀、盐碱化、保水能力损失和植物蒸腾作用减退，随之发生空气湿度和降水量下降；同时森林的减少限制了动物的繁衍，甚至导致部分生物灭绝。另外，农业发展促使人口增长和居住集中，农耕村落与狩猎部落相比规模更大。随着农业的逐渐发达，一些城市的雏形渐渐形成。城市的产生及发展所带来的最大问题就是人口聚集，由此而产生粮食短缺，土地资源过度开发，森林滥伐，导致部分生态平衡被破坏。但是整体而言，环境问题在当时并没有扩大化，矛盾还不突出。

3. 造物活动的动因：生活与生产

农业文明时代，由于科学技术的发展相对缓慢，人类思想相对禁锢，人类造物活动的动机主要是满足人类生活和生产的需要。总体来讲，人与自然的关系仍然是人顺从于自然。

（三）第三阶段：凌驾自然（工业文明时期）

1. 能力极速膨胀，社会富足

第一次工业革命爆发之后，地球的生态系统遭到严重破坏。人类对自然资源进行了大规模的开发和利用。这期间，人们见证了世界经济的繁荣发展，也经历了世界经济的大萧条，两次世界大战不仅给人类带来了巨大灾难，也对整个生态系统造成了严重破坏。

2. 大量生产、大量消费产生大量的垃圾，生态危机空前严峻

工业社会城市大规模发展，侵占了大量的耕地面积和土地资源，为了生产生活，人们还在不断继续向外延伸开发利用新资源。大面积土地的开发和利用改变了自然地貌，破坏了环境，导致局部生态系统遭到破坏，直接影响到了气候环境：一方面，导致平均气温升高，云雾天气和降水增多；另一方面，导致空气湿度降低，风和光照时间减少，空气污染和水污染日益严重。人类过度开发利用地球资源的一种因素是，科技的进步使人们对化石燃料的需求越来越大，其中煤炭产量从 19 世纪开始就一直在增加，到了 1890 年其产量已超过 5 亿吨，到了 1960 年，突破了 26 亿吨，是 1890 年的 5 倍多。同时，石油和天然气的产量也远胜于煤炭的开采量。不可再生资源在被不断消耗的同时还带来了空气污染等环境问题。19 世纪 80 年代末，机械工程师戈特利布·戴姆勒（Gottlieb Daimler）发明了改进版的内燃机，这种机器以汽油为动力，质量轻、体积小、效率高，适合安装在车辆上，这一发明为现代交通和机械化农业生产带来了一场革命，先后出现了以汽油为驱动力的拖拉机、推土机和链锯。这些机动高效

的机器都大大提高了人类开荒、犁地和耕种的速度，但同时也加速了对生态系统的破坏。以链锯为例，1929 年，安德里亚斯・斯蒂尔（Andreas Stihl）发明了燃油驱动的手提式链锯，轻便易操作，二战之后得到了广泛使用，链锯的普及使森林生态圈遭到了严重破坏。在链锯出现以前，伐木工人使用横切锯手动伐木，锯倒一棵大树大约需要花费两个小时，而使用链锯伐木仅需要两分钟即可完成。因此，正是链锯的使用加剧了人类对森林的滥砍滥伐，而这项发明仅仅是 20 世纪技术进步以及由于这种进步所带来生态影响的一个缩影。新型农用工具被用来大面积耕种单一经济作物，很容易导致昆虫在这些种植园内大量繁殖，于是人们发明了有毒的化学药品，试图以此解决虫害问题，却因滥用杀虫剂对环境造成了新一轮的破坏。美国生物学家蕾切尔・卡森（Rachel Carson）在 1962 年出版的《寂静的春天》(*Silent Spring*）中对农药，特别是杀虫剂的滥用对环境的污染发出了第一声警报。20 世纪初，尽管有一些人早已注意到技术进步给整个社会带来了负面影响，并且推断长此以往会给世界带来更大的灾难，但是当时社会的主流声音还是对科技创新保持乐观。大多数人对科技能量都非常自信，认为它不但可以提高人力效率、促进经济发展，而且还可以解决科技进步带来的一系列问题。这份盲目的自信虽然后来被彻底动摇了，但人们为此付出了惨痛的代价。

3. 生产活动的动因：经济与消费

经济增长是推动人类开发利用自然资源的另一种因素。工业社会，美国和西欧部分国家率先开始了资本积累和国际投资，如果没有对自然资源进行开发利用，这些经济活动都不可能实现。经济活动虽然支配、使用了可再生资源，但同时也挥霍浪费掉了不可再生资源，这种不可持续发展的经济模式从 20 世纪初开始愈演愈烈。在经历了第二次世界大战后，经济学家们开始合力构建一种宏观经济结构，1944 年布雷顿森林会议促成了国际货币基金组织和关税暨贸易总协定，此时全球经济一体化的雏形形成。这一经济结构鼓励自由贸易，允许私有企业开发全球自然资源（包括可再生和不可再生资源），因此该经济结构得到了前所未有的公共支持及跨国公司的热烈拥护。随着全球经济一体化和贸易自由化进程的推进，环境问题日益显现出来并开始受到人们的广泛关注，世界贸易步入了环保时代，一系列的环境标准和环境限制通过贸易的手段得到制定和实施。但是，为了保护人类共同环境的初衷并没有得到很好的实现，某些发达国家对其他国家特别是发展中国家所设置的环境壁垒过于强调本国的环境质量和经济利益，使得发展中国家在环境保护方面蒙受了较大的损失。此阶段，追求经济的发展和满足个体逐渐膨胀的消费欲望是促使整个社会生产活动发展的主要因素。

（四）第四阶段：共生自然（生态文明时期）

面对工业文明时期的野蛮发展对生态系统造成的破坏，人类开始重新审视人与自然的关系。20 世纪下半叶以来，关注生态环境问题，协调经济发展与环境保护之间的关系，走可持续发展之路，逐渐成为全人类的共识。人类正从对大自然的征服型、掠夺型和污染型的工业文明走向环境友好型、资源节约型、消费适度型的生态文明。生态文明是人类文明史上的一次革命性进步，是对农业文明、工业文明的继承与超越，是人类文明的提升和飞跃，是人类文明史上的新里程碑。生态文明不只是关乎生态环境领域的一项重大研究课题，还涉及人与自然、人与人、人与社会、经济与环境的关系协调、协同进化，达到良性循环的理论理性和实践理性，是人类社会跨入一个新时代的标志。走生态文明的发展之路，是人类生产与生活方式转型的动因，已经成为当今世界发展的大趋势。

二、生态危机是人类共同面临的灾难

（一）什么是生态危机

要理解生态危机，就必须理解生态平衡（ecological equilibrium），生态平衡是指生态系统的一种相对稳定状态。当处于这一状态时，生态系统内生物之间和生物与环境之间相互高度适应，种群结构和数量比例长久保持相对稳定，生产与消费和分解之间相互协调，系统能量和物质的输入与输出之间接近平衡。生态系统平衡是一种动态平衡，因为能量流动和物质循环仍在不间断地进行，生物个体也在不断地进行更新。现实中生态系统常受到外界因素的干扰，但干扰造成的损坏一般都可通过负反馈机制的自我调节作用使系统得到修复，以维持其稳定与平衡。不过生态系统的调节能力是有一定限度的。当外界干扰压力过大，系统的变化超出其自我调节能力限度即生态阈限（ecological threshold）时，系统的自我调节能力随之丧失。此时，系统结构遭到破坏，功能受阻，整个系统受到严重损坏乃至崩溃，此即生态平衡失调。当严重的生态平衡失调威胁到人类的生存时，称为生态危机（ecological crisis），即由于人类盲目的生产和生活活动而导致的局部甚至整个生物圈结构和功能的失调。生态平衡失调起初往往不易被人们觉察，但一旦出现生态危机就很难在短期内恢复。也就是说，生态危机并不是指一般意义上的自然灾害问题，而是指由于人的活动所引起的环境质量下降、生态秩序紊乱、生命维持系统瓦解，从而威胁人类生存和发展。

（二）生态危机的主要表现

生态危机主要表现为：温室效应、空气污染、淡水污染、自然资源枯竭、生物多样性减少、土地荒漠化、固体废弃物剧增、有害有毒物质集聚、海洋环境问题、社会管理（环境）成本攀升、环保和商业冲突、国际关系紧张。

第二节　可持续发展的概念

一、西方早期关于可持续的思想

（一）马克思和恩格斯对人与自然的论述

马克思和恩格斯对人与自然的论述独到而深刻，他们从“自然—人—社会”的整体系统思想出发，认为人与自然是密不可分的整体，所以人要爱护自然，在改造自然的过程中要按规律办事。

恩格斯曾说：“人本身是自然界的产物，是在自己所处的环境中并且和这个环境一起发展起来的。”可见，一方面自然界对人具有先在性，人类是自然界发展到一定阶段的产物，人和自然也是共生的，自然界绝对不是单纯的被改造对象。另一方面，人类在自然界中生存，人与自然界是不可分割的。“所谓人的肉体生活和精神生活同自然界相联系，也就等于说自然界同自身相联系，因为人是自然界的一部分。”在这里，马克思把人类看作是自然界的一员，自然界是人类生存和发展的基础。所以人类不能完全凌驾于自然之上。显而易见，在关于人和自然的关系上，马克思和恩格斯认为人和自然是一种辩证关系，坚持着这种既对立又统一的关系，就是坚持着生态可持续发展。

恩格斯曾说：“我们不要过分陶醉于我们对自然界的胜利，对于每一次这样的胜利，自然界都报复了我们。”人类在改造自然的过程中，往往受自身欲望的驱使和科学技术水平的限制，沉浸在对大自然的征服所带来的喜悦之中，而忽视了自然界各个部分之间的联系，也忽视了人类行为所产生的长远影响和所带来的后果，从而遭到了自然的报复。恩格斯还从反面事例论证了不按规律办事的后果，他通过西班牙种植主在古巴焚烧山坡上的森林，以获取木灰作为咖啡树的肥料致使植被破坏岩石裸露的事实指出：“在今天的生产方式中，面对自然界和社会，人们注意到的主要只是最初的最明显的成果，可是后来人们又感到惊讶的是：取得上述成果的行为所产生的较远的后果，竟完全是另外一回事，在大多数情况下甚至是完全相反的。”

可见，马克思和恩格斯在他们生活的时代就意识到自然界是人类赖以生存和发展的基础，为了自身和后代的生存发展，人类在改造自然界的劳动过程中，必须正确地认识和尊重自然规律，所以恩格斯说："我们对自然界的全部统治力量，就在于我们比其他一切生物强，能够认识和正确运用自然规律。"否则，将破坏自然的生态平衡，遭到自然的报复，导致人类社会不能可持续发展。

（二）丹尼斯·米都斯组成的罗马俱乐部：《增长的极限》

1972 年 3 月，美国麻省理工学院丹尼斯·米都斯（Dennis L. Meadows）教授领导的一个 17 人小组向罗马俱乐部提交了一篇研究报告，题为《增长的极限》。他们选择了 5 个对人类命运具有决定意义的参数：人口、工业发展、粮食、不可再生的自然资源和污染，即"罗马俱乐部关于人类困境的报告"。该报告有"指数增长的本质""指数增长的极限""世界系统中的增长""技术和增长的极限""全球均衡状态"5 个部分内容，从人口、农业生产、自然资源、工业生产和环境污染几个方面阐述了人类发展过程中，尤其是产业革命以来，经济增长模式给地球和人类自身带来的巨大的灾难。米都斯认为，"地球是有限的，任何人类活动越是接近地球支撑这种活动的能力限度，对不能同时兼顾的因素的权衡就变得更加明显和不能解决"，同时他警告人们，"如果在世界人口、工业化、污染、粮食生产和资源消费方面按现在的趋势继续下去，这个行星上的极限有朝一日将在今后一百年中发生，最可能的结果将是人口和工业生产力双方有相当突然的和不可控制的衰退"。

二、中国古代造物之生态思想溯源

基于西方社会在生态运动与绿色理念方面数十年的经验，广泛吸纳、借鉴西方的基本理论与经验成为我们在绿色设计、可持续设计的体系建构方面的一条捷径。但是，无论是从生态思想的构建还是哲学的本源方面出发，现在越来越多的学者（包括不少西方学者）都将目光投向了东方世界的思想，尤其是中国本土古老的传统思想，以及在这一传统思想中萌生的本土造物观，它们中天然地含有与当代生态思想与伦理相呼应的基因与价值取向，它们是中国文化为世界所贡献的宝贵思想资源。因此，我们寻找并重视蛰伏于中国文化根脉之中的可持续思想资源，让可以称之为中国可持续思想理念的"原话语"能够更好地为本土的可持续实践提供最为切实的人文理论背景支撑与行动指导，并且为世界可持续发展提供历史文化依据。

（一）指导生产生活的天人观

古代华夏文明萌生并发展于一个半封闭的温带块状大陆。相对封闭的地理环境，以农耕为主的生产方式，决定了一种相对独立的、内向型的文化特征。而长期的农业耕种，使古代先民强烈地依赖于自然的力量。定居农业作为最主要的生产方式，将人与天地、自然密切地联系起来。农作物能顺利播种，并有好的收成，依赖于天地四时、自然物候的变化，要求人们必须在对天地与万物的观察与适应中洞悉气候的变化与动植物的生活周期、确定农事活动的时令，深入地把握自然的规律与运行法则。而这一系列需求，正是古代天文历法产生并日趋完善的内在动因。

历法与节气的制定对农业生产活动而言至关重要。《夏小正》即是在前述历法观测的基础上，以动植物及生态知识为基础，结合天象和气象知识制定出来的一部最早的按完整的月份排列，以指导农业生产活动的物候历书。历法在 3000 多年以前的诞生、发展与完善正是古人穷尽各种观察方法与手段，观察天象物候而形成的结果。“天”的运行规律与变化是古人必须把握与观测的最重要的对象，天文历法为人们的生产生活提供了一个时令依据，还为人类奠定了时间和空间的尺度，是人们领会宇宙、历史和世间万物的基础，实际上它形成了先民的宇宙观、世界观和历史观。溯源于此，“天”成为一切事物因果关系天经地义的最终本体、依据与来源，成为神性之所在，从而形成了人对天（自然）的崇拜与信仰，这正是后世所谓“天人合一”的历史根源。

（二）“天时、地气、材美、工巧”——《考工记》造物生态观

作为中国目前最早的手工业技术文献，《考工记》上接远古的造物传统，下启数千年的中国工艺制作实践，首次系统而详实地论述了工艺造物的经验、法则、技巧与思想，是我们了解古代设计与造物思想至关重要的桥梁。《考工记》开篇以“天时、地气、材美、工巧”的论述作为当时制器与造物的经验法则，为其后数千年的手工造物所依循传承，在后世的设计与造物文献中，也能清晰地看到这一观念的规约与影响。

1.“天时”：敬天顺时、因时而作

“天时”原文为：“天有时以生，有时以杀；草木有时以生，有时以死；石有时以泐；水有时以凝，有时以泽；此天时也。”《考工记》的作者认为，天有其“生杀”之时，决定着山川草木的兴衰枯荣，也决定着作为造物之本的“材料”的特性与质地。从这段论述来看，此处的“天时”应指自然运行的节律、时序以及气候的变化等。在以农业文明为根基的中国古代社会中，“天时”无疑具有极为重要的意义。

“天时”的最初来源应该与“观象授时”的传统密切相关，其渊源可从《夏小正》《礼记·乐记》《淮南子·时则训》等加以追溯。中国的天象学自古发达，“观天文以察时变”，把宇宙看作万物自然生化运转的过程，终而复始，循环不已。

“天时”的运转与规律直接影响着材料的优劣与制作的进程。材料采集是工艺制作的第一个环节，《考工记》对此给予了充分的重视，强调取材与砍伐必须依循特定的时间与季节。“轮人为轮”一节中提到“斩三材必以其时”，《周礼·地官·山虞》中有明确说明：“仲冬斩阳木，仲夏斩阴木。”郑玄注：“阳木生山南者，阴木生山北者，冬斩阳、夏斩阴，坚濡调。”即所谓的“其时”是要求材料的砍伐需遵照阴阳相协的法则；“弓人为弓”一节中则说“取六材必以其时”。制弓的六材即六种原料，包括干、角、筋、胶、丝、漆。郑玄注：“取干以冬、取角以秋，丝漆以夏，筋胶未闻。”每一种材料因其生长规律与特性的不同，采集时间都有所不同，而其中相角的内容，又有“秋閷者厚，春閷者薄，稚牛之角直而泽，老牛之角紾而昔”。可见，顺应万物生长的规律，在适宜的时节与气候中加以砍伐与采集，才能使其保持最佳的物性与质地，也能最大限度地保持材料采集地的生态环境。

象天法地、敬天顺时、应时而动，这一选材与制造的要领，是在千百年的造物实践中，摸索出的一套适于天地、适于造物的取材经验与法则，这一宝贵的经验总结，一直延续到后世的器物制造以及营建之术中，对如何高效正确地利用自然资源具有指导意义。

2. “地气”：自然与人文之空间限定

“气”是中国古代的一种原始综合科学概念。“地气”包括地理地质、生态环境等多种客观因素。《考工记》中对地气的表述是：“橘逾淮而北为枳，鸜鹆不逾济，貉逾汶则死，此地气然也；郑之刀，宋之斤，鲁之削，吴粤之剑，迁乎其地而弗能为良，地气然也。”特定的植物或动物只能在特定的区域生长栖息，否则就无法生存，或者发生某种畸变；而诸如斧斤刀剑等人工造物也必须在某些特定的区域生产制造，才能具备优良的品质，这一段的论述中至少包含了两层意思。

首先，“地气”是自然条件，指独特的地理、地质、气候等形成的区域性水土环境或生态环境，包含了独特的土壤、水文、温度、植被等适宜某种植物或动物生长栖息的条件，往往具有唯一性，不可任意取代。其次，“地气”还涉及人文条件，包括了独特的制造资源、条件、工匠技艺水平与流派等制作传统。正如《考工记》开篇中所说：“粤无镈，燕无函，秦无庐，胡无弓、车。”“粤之无镈也，非无庐也，夫人而能为庐也；燕之无函也，非无函也，夫人而能为函也；秦之无庐也，非无庐也，夫人而能为庐也；胡之无弓车也，非无弓车也，夫人而能为弓车也。”某地的制作传统与技艺的传承与流布，已经形成了地域性的行业制作体系与团队，从而形成其工艺优势与特色。

3. “材美”：循其物性、量材为用

“燕之角，荆之干，妢胡之笴，吴粤之金锡，此材之美者也。”此为“材美”。这一段文字将“材美”定义为某个特定地区出产或制造的特产，可见“材

美”与地气即地理环境和条件有密切的关联。“材美”的评价标准，可归纳为优良的材料特性与物用特性，《考工记》中对“材美”的判断也进行了详细的论述。

4.“工巧”：因材施艺、巧合法度

在“工”的定义之中，出现了对“巧者”的解读：“知者创物，巧者述之守之，世谓之工。百工之事，皆圣人之作也。”巧者与工者指向同一个范畴，《说文解字》中，“工，巧饰也。象人有规矩也。与巫同意。……徐锴曰：‘为巧必遵规矩、法度，然后为工。否则，目巧也。巫事无形，失在于诡，亦当遵规矩。故曰与巫同意。’”这里明确指出巧是工之为工的关键所在，所谓巧，即是要遵从造物过程中的经验、法则、规矩等，从而将原材料加工制作为一件完整的器物，其核心即是在规矩与法度限制下的经验与工艺水平。《周礼·考工记》极为珍贵地对当时作为一个“百工”、一位“巧者”所应遵循的标准给予了翔实而具体的记载，使后人有章可守、有迹可循，其中至少包括如下几个过程：

如何审饬五材，“凡斩毂之道，必矩其阴阳。阳也者，稹理而坚；阴也者，疏理而柔。”；如何进行材料加工，“是故以火养其阴，而齐诸其阳，则毂虽敝不蔽”；如何评估工艺水平，“容毂必直，陈篆必正，施胶必厚，施筋必数，帱必负干。既摩，革色青白，谓之毂之善。”“凡揉牙，外不廉而内不挫，旁不肿，谓之用火之善。”“故可规、可萬、可水、可县、可量、可权也，谓之国工。”“良盖弗冒弗纮，殷亩而驰，不队，谓之国工”；如何进行成品验收，“舆人为车”一节，有“圜者中规，方者中矩，立者中县，衡者中水，直者如生焉，继者如附焉”；“辀人为辀”一节，有“辀欲百无折，经而无绝，进则与马谋，退则与人谋，终日驰骋，左不楗行数千里马不契需；终岁御，衣衽不敝。此唯辀之和也。劝登马力，马力既竭，辀犹能一取焉，良辀环灂，自伏兔不至軓，七寸，軓中有灂，谓之国辀”。

可见，工巧是将材料转换为优良器物的关键要素，工巧既指整体的器物制作工艺，包括制作方法、技巧、经验、验收标准等要素，又特指高超的工艺水平。所谓工巧，是奠定在对材料物性的深刻把握、对器物功能的深刻领悟、反复长期的技艺训练、广泛的经验积累基础之上的，是造物实践中最为关键的“动力因素”。

而在巧之中，还蕴含“技近乎道”这一层次，在论述手工技艺中广为引用的“庖丁解牛”也正是这样的巧之体现。熟能生巧，充分掌握材料的性能、工具的用法和操作流程，对各种工艺条件了如指掌之后，才能熟练把握和领悟造物规律与特性，从而与物用特性保持一致。

（三）儒家——仁民爱物、参赞化育的仁爱观

儒家高度关注人与自然的关系。在人与自然的关系上，儒家主张要“一

体之仁”，尊重万物，关爱生命，实现仁德。“仁”是儒学最高的道和最厚的德。“夫仁者，已欲立而立人，已欲达而达人。能近取譬，可谓仁之方也已。”“能近取譬”者，推己及人也，推己及物也。“仁”的这一推己及物的心理效应无疑能使人类将人与人之间的道德情怀扩展到自然万物，这就体现了“仁”的博大、“爱”的旷达。

1. 仁民爱物、民胞物与

孔子从“仁”学出发，提倡仁爱万物，主张将从善的道德情怀直接施之于自然界，对自然界及自然界的所有生物施以爱心。他提出“智者乐水，仁者乐山”，要求人要热爱自然，热爱一切生命。孟子则明确提出“亲亲而仁民，仁民而爱物”。这种由近及远、由人及物的仁爱学说，虽然包含着差异性，有亲疏远近之别，但它兼顾到人与物，因而有普遍性。广泛爱一切的生物，有生命的无生命的，这才为仁之术。就是将人的“恻隐之心”，也就是“仁”的根苗，不断“扩充”，不断地贯彻到人的日常行为中，以此待人接物，能做到“仁民而爱物”，这就是君子、大丈夫。此外，孟子的“万物皆备于我”的思想也体现了生命整体观思想 。孟子说道：“万物皆备于我矣。反身而诚，乐莫大焉。强恕而行，求仁莫近焉。”说的是世界上万物和人本就不可分割，万物本来就在人们的情感之中，如果我“扩充”其情，敞开胸怀，就能体悟到生命万物的和谐之美。不断践行恕道，自然就能“求仁而得仁”。

2. 天道“生生”、参赞化育

儒家以“天道生生”“生生不息”的哲学来理解或解释大自然的创造。天地宇宙充斥着生命和万物，天有生生之德。天地之道具有生生不息、持载化育万物的功效，万物在天地之道悠久无疆的创生过程中存在完成。天地万物生生不已，那么人处于什么角色呢？人是自然界的一部分，人是有主观能动性的，人在自然界占有特殊的地位，人最重要的作用就是“参赞化育”。天地的“生”之德，亦有待于人的协作而后“显其功”。这样，天、地与人三者就有一种内在的整体联系。这便是儒家的“三才”整体论的系统观。

《中庸》则明确指出成圣的根本在“诚”，继而才能参赞化育，“唯天下至诚，为能尽其性。能尽其性，则能尽人之性。能尽人之性，则能尽物之性。能尽物之性，则可以赞天地之化育。可以赞天地之化育，则可以与天地参矣。”这段话道出了儒家关于人在宇宙中的地位和人与万物关系的精髓。自然界的本性就是以诚“生”物、以诚“化”物。诚，作为天地之德的根本标志，就是天道、天德。天道真实无妄，它就表现在万物之性和人性之中。人作为德性主体，不是与万物对立的，更不是凌驾于万物之上的，而是与万物平等的。但是人有责任和义务，要从人自身的生命中体会万物生命之宝贵，尽其性以尽人之性、尽物之性。人性若能尽其诚，则可以合于天道。但万物不能尽己之性，更不能尽人之性，而人则能够由诚而明和由明而诚达到尽己之性，尽人之性，进而尽物之性，弘扬天地的生生大德，积极参与天地万物的孕育、进化过程，促进万物的生长和繁荣，努力实现人与自然的和谐，与天、地并立为三。人在宇宙中的作用，是协助天地化育万物，促进万物的顺利生长；人与天地万物是互济互利，相互依存的协调关系。这说明人需要很高的境界，才能以至诚至仁之心对待万物，使其各得其所。人因诚而认识到天地化育之道，继而承担起“赞天地之化育”的使命。因此，圣人君子所为就是“为天地立心，为生民立命”，参与天地万物的孕育，促进人与自然的和谐。

《中庸》说道：“万物并育而不相害，道并行而不相悖，小德川流，大德敦化，此天地之所以为大也。”这总结了对自然界以及人与自然关系的认识。自然界有冲突、竞争的一面，但以整个进化看来，仍然是和谐的、有序的，万物都能得到生长发育而不相害，万物之道皆能顺利进行而不相冲突。因此，人类只有维护自然界的利益，保持自然界的多样性，才能实现整体的和谐。

3. 以时禁发、以时养发

儒家所主张的生态伦理行为规范可以简略地归纳为一种“时禁”，也就是要尊重自然规律，注意生物间的联系与制约，使万物“不夭其生”“不绝其长”。儒家正是依据对生物与环境之间关系的认识，从利国利民，保证人类生产和生活资源的持续性出发，要求人们在利用自然资源时，要顺应生物的繁育生长规律，“取物以顺时”，去开发利用自然资源。

孔子十分热爱生命，对于谷物瓜果之类，坚持“不时不食”。《礼记·祭义》:“曾子曰:‘树木以时伐焉，禽兽以时杀焉。’夫子曰：‘断一树，杀一兽，不以其时，非孝也’。”孔子把伦理行为推广到生物，认为不以其时伐树，或者不按规定打猎是残害天物，是不孝的行为，应反对这种行为，宣扬“国君春田不围泽，大夫不掩群，士不取麛卵”。“子钓而不纲，弋不射宿”的观点也表明孔子不会用渔网把鱼一网打尽；只射飞着的鸟，不射夜宿的鸟，因为它有可能是有孕或是要养育幼鸟。这些都说明孔子把保护自然提到了道德行为的高度，提倡不把动物赶尽杀绝，让它们繁衍生息。

孟子也主张对生物资源要取之有度，用之有节。“不违农时，谷不可胜食也；数罟不入洿池，鱼鳖不可胜食也；斧斤以时入山林，材木不可胜用也。”意思是说耕作不违农时，粮食就吃不完，不用网眼细密的网捕鱼，鱼鳖就吃不完，按时令砍伐森林木材就用不完。

人类只有尊重和保护自然资源，才能达到生物链的平衡，不至于缺乏食物。“竭泽而渔”最终是没有鱼吃的。对动物、植物的利用亦是如此。所以孟子说:“苟得其养，无物不长;苟失其养，无物不消。”“百物不失”“百物皆化”。人与天地同和、同节，才是一种真正的生态和谐，才是可持续的自然轮回。

4. 文质彬彬、中和之美

诚如孔子所言“质胜文则野，文胜质则史。文质彬彬，然后君子”以及子贡所申述的“文犹质也；质犹文也”，反映出孔子看出了“文”与“质”二者既对立又统一的矛盾关系，提出了“文质彬彬”才是君子标准和美学观。在造物文化领域，“文”与“质”的关系，一般是指物品的外在形式和内在功能之间的关系，即要求内容与形式的有机统一。“君子”是一种人格的理想，也是一件器物能达到的“和”的境界。从文质论的观点中不难看出，形式与功能之间要达到和谐的统一。如果对外在形式的强调超过了物品的功能，就显得事物太过于雕饰；相反，功能的强调大于事物的形式就显得粗糙。孔子在这里提倡一种在社会的理性基础上去追求感性的形式美的思想，要求“文”与“质”统一，“彬彬”指的是配合恰当才是人的一种完美状态。

5. 礼藏于器、物以教化

礼是一种外在规定，对人的行为有非常重要的约束作用。它按照儒家礼学的君臣与父子之间的上下等级次序来规范人的社会行为，并限制人们活动的可行范围。换言之，就是制定规范，将这些规范伦理化、制度化，并且与本民族的生产和生活方式紧密结合，共同构建从精神到物质的源远流长的博大精深的传统文化体系。在器物设计上，儒家希望通过器物能否维持社会秩序、促进道德进步来评价器物的好坏。儒家主张通过对使用者的道德教化来培养使用者的礼节和行为规范。

例如宋代省油灯的出现，可以说是瓷灯实用性、科学性的典范。省油灯又称为夹瓷灯。省油灯的功能和结构原理，是把灯盏做成夹层，中空，可以注水，以降低灯盏的热度，减少油的过热挥发，从而达到省油的目的。省油灯的出现是古人将节俭的思想观念融入器物设计制作上的范例。

由此可见，古人将教化的思想、天地人伦的思想融入器物中，正是希望能寓教于物，让使用者在使用器物的过程中实现接受遵循生态道德修养教育的目的。

（四）道家——道法自然、万物不伤的宇宙自然观

1. 道法自然

道家认为天地并不是最根本的，最根本的是“道”。老子说：“有物混成，先天地生，……可以为天地母。吾不知其名，字之曰道。”也就是宇宙间存在一种“先天地生”且“为天地母”的东西，即“道”。“道”是宇宙万物的本体，是宇宙万事万物所共同具有的一切物质的和观念的存在。所以，世界上的一切，包括天地万物和人，都是从这个“道”产生的。老子说：“道生一，一生二，二生三，三生万物。”表明“道”为宇宙万物之本原，“一”为道所产生之元气，“二”为元气所产生之阴阳二气，“三”为阴阳二气所产生之天地人三才，人与天地共同生养万物。“生而不有，为而不恃，长

而不宰，是谓玄德。”即道之所以受尊敬，德之所以被珍贵，就在于它顺其自然。所以道产生万物，德蓄养万物，使万物产生、发育、成长、成熟，并且抚养、庇护万物。生育了万物却不占有，缔造了万物却不支配，长养万物却不为主宰，这就是最深的德。

“道”大体上包含三层意思：

第一，是指万物的源泉。道是本源，物是派生。它先于天地存在，“道者，万物之奥也”，它作为天地万物存在的根据，产生了天地万物；

第二，它是指天地万物产生、发展、运行的普遍自然规律，即“天道”，所谓“道之尊，德之贵，夫莫之命而常自然”“道常无为而无不为”便是此意；

第三，“道”是人类追求的最高境界。人类社会各个领域的行为准则和道德规范，即所谓的“人道”。

由是可见，从道家思想来看，“道”是万物之宗，也是万物之始，它把天、地、人等宇宙万物都连贯成为一个整体。所谓“道法自然”，是说“道”清静无为，无为而无不为，它对一切都不加干涉，一切都任其自然，只要顺其自然了，就一切都自然而然、自由自在、井然有序了。老子认为人应当顺应自然，而为此则须遵从“道”，“人法地，地法天，天法道，道法自然”，即人只不过是自然之一部分，天道与人道、人与自然是和谐统一的。人以地为法则，地以天为法则，天以道为法则，道的法则就是自然而然。“道法自然”是终极的原则，道也好，天也好，地也好，人也好，都要“法自然”，都要以自然为大，遵从自然而“无为”于自然。

2. 万物不伤

道家主张敬畏和爱护生命，贵生戒杀，敬畏生命，这是道家学说中的一个重要的理论成果。道是宇宙中一切事物普遍的最终的价值源泉，天地万物都是由道自然运作、无为自化的产物。因此，从万物自身所依据的价值来源的绝对意义上看，任何事物的价值都是平等的，没有大小贵贱之别。所谓“普天下有形之物各有其功，各有其能，各有其才，各有其用”。从这点来说，它们都是自然界不可缺少的部分，从而确立了“万物平等”的观念。庄子提出，应该摒弃“以物观之，自贵而相贱”的成见，“以道观之，物无贵贱”，以道的观点来看待万物才能够看到万物无贵贱之分。人之所以贵己而贱物，就因为人仅仅站在自己的立场上，而没有达到“道”的境界。道家认为无论是天地之圣灵的人类，还是遍布山川空间的鸟兽虫鱼，它们的生命都是大自然的杰作，都是大道至德的显现。这就要求摆脱唯人独尊的思想，承认各种生物的生存权利，并把护养万物、维持生命的最佳状态作为为人的道德责任和标准。

世界的生命是相互依存的共同体，所有的人、所有的生物乃至山川河流、矿物土地，都是在一个共同体中相互连接协同进化的，所有的生命就像锁链一样，环环相扣，若其中一环断裂，那么这个万物赖以生存的生命链就会七零八落，人类的归宿将随着一个又一个生命体的消失而灭亡。道家提出“无以人灭天”的主张，并向人们发出警告，如果人一定要按照自己的意愿去“残生伤性”，必然会对自然环境及生态之美造成破坏，并导致最终的失败，所谓“为者败之，执者失之”正是这个道理。因而人类应尊重一切生命存在发展的权利，以平等的眼光看待万物，以慈悲的心地善待生命。

庄子提出“万物不伤”的生命爱护观。“圣人处物不伤物，不伤物者，物亦不能伤也。唯无所伤者，为能与人相将迎。”“万物不伤”也是“顺物自然”的必然结果。“万物不伤”有助于实现“物物而不物于物”，最终达至“天乐”境界。

3. 知足寡欲

老子明确提出：“见素抱朴，少私寡欲。”从以往的历史教训中，老子做出总结：“罪莫大于可欲，祸莫大于不知足，咎莫大于欲得。”人类要维持其生存，就必须从自然界获取其生存所需的物质材料，但凡事都有一个度，超过了一定的度就会适得其反，只有知足知止，才能远离危险，避免祸患，立于不败之地。“是故甚爱必大费，多藏必厚亡，知足不辱，知止不殆，可以长久。”也就是说人要控制自己的欲望，要知足，要顺应自然，不要渴求不必要的和得不到的东西，把自己的欲望和行为节制在自然规律的限度之内，真正与天同一。老子提出“去甚、去奢、去泰”，要求饮食、住处、宴请不能太过奢侈。饮食上太过奢侈，则造成食物浪费；住处太过奢侈，则造成占地面积过大、建筑材料过多等浪费状况；宴请过于奢侈，则造成消费过于奢侈。人对生活的追求，是由人的欲望来决定的。人若不知限制、控制自己的欲望，从而使欲望过分膨胀，必定会过上奢侈糜烂的生活，人就会堕落；相反，人如果知道节制欲望，崇尚节俭，不仅对人的“养生”有所帮助，而且对人的德性的培养和提高也有所帮助。人类只有选择这样的生活态度，采取这样的生活方式，才能从根本上解决人与自然的关系问题。只有知足寡欲，才能返璞归真，回归自己真我的生命，才能达到静定的境界，最终才能回归自然。

4. 知常曰明

所谓“知常曰明”，是说人类最高超的智慧，就在于认识和把握天地万物运动变化的规律。老子说：“夫物芸芸，各复归其根，归根曰静，静曰复命。复命曰常，知常曰明。不知常，妄作凶。”万物纷纷纭纭，都有自己的生长之理，各自返回它的本根。返回到它的本根就叫作清静，清静就叫作复归于生命，“复命”就是恢复生命本然的状态，亦即在“静”的境地中才能孕育新的生命。复归于生命就叫自然，认识了自然规律就叫作聪明，不认识和把握自然规律，胡作非为，恣意妄为，必然会招致凶险或灾难性的后果。“常”即是万物运动与变化发展过程中的不变之律则，是决定和制约万事万物消长盛衰的内在规律。“知常曰明”，是指具有了解和把握事物生长变化的内在规律的能力，才是人生的大智慧或明智之态度。

因此作为人类，要顺道而行，明了天地万物之间的和谐是自然界本身的常态。它是由道循环运动所形成的，应该顺应这种循环的法则，维护自然界的这种和谐秩序，这才是明智之举。

5. 制器尚象：道家造物方法论之揭示

造物作为整体生产生活密不可分的一部分，其本身即是先民生存实践的一种重要方式。凭借在造物活动中创制的工具、器物与居住环境，上古先民才得以在严酷的自然环境中不断适应与生存。

“观象”“取象”“法象”是在“制器”过程中必须遵循的三个重要阶段：

第一个阶段：观象授时、观象设卦、观象制器，都是通过对天地万物的深入观察，“见天下之赜”，发现其特性、本质与一般规律，正是在长期“观象”的传统中，揭示了“观”作为一种最普遍的认识方式的根本性价值所在；

第二个阶段：“取象”是将“观”之所得的本质与规律进行归纳、概括与抽象，形成某种心中的“图式”或“范式”，这可能是某种结构、力学模式或组合方式等，也可能是某种涉及造型、功用与使用的设计意匠。但其表现方式可能是多种多样的，正如易之取象有“简易、变易与不易”的特点；

第三个阶段：“法象”则是从“象”到“器”的形质化阶段，将取象中的“范式”与“图式”“设计意匠”落实到制作过程甚至使用过程中，使器物通过形质化、功能化而实现造物目的。

就“制器尚象”的这三个过程而言，先民已经对器物创制的过程有了明确深入的认识、总结与归纳，但其重点在如何“尚象”的过程，即器物创制的前期，而对如何“制造”并未有深入的涉及。发明创造的前期过程，也即“观象”“取象”“法象”的过程，揭示了器物创制的来源、依据与方法，这实际上是原始先民在认知、探索自然与利用自然等过程中，所形成的“象天法地、师法自然”的整体思维方式，其目的在于“与天地相似，故不违。知周乎万物而道济天下，故不过。范围天地之化而不过，曲成万物而不遗，通乎昼夜之道而知。”

（1）技近乎道，道器合一。

在中国古代“道”代表关于宇宙、社会的总根源和总规律。人们认为“道”无所不包、无处不在，它本身包含了一切逻辑范畴，又存在于一切逻辑范畴之中。所谓“道冲，而用之或不盈”“渊兮，似万物之宗”“夫道，覆载万物者也”，这些都表明，“道”虽虚空不可见，但作用则不可尽。它博大精深，就像是万物之宗主。它养育并包容天地万物，无始无终，无止无境，贯通宇宙自然和人类社会，并支配它们的运动变化。“道”作为最高的、绝对的抽象，是看不见、听不到、摸不着的超越感官的存在。然而，它又存在于自然万物和社会生活中，世界上没有脱离具体事物的“虚悬孤致之道”，也就有了“道在器中”“道不离器”的说法。

最早的有关“道”“器”关系的比较完整的论述有“形而上者谓之道，

形而下者谓之器”之说。孔颖达在《周易正义·疏》中对其解释说:“道是无体之名，形是有质之称。凡有从无而生，形由道而立。是先道而后形，是道在形之上，形在道之下，故自形外已上者谓之道也，自形内而下者谓之器也。形虽处道器两畔之际，形在器，不在道也。既有形质，可为器用，故云‘形下者谓之器’。”“道”与“器”是对立的，但又统一在“形”当中，是相互依存的，这两者缺一不可。故而，道器是平等而不可分割的。“道”是“显诸仁，藏诸用”，“道”就隐藏在老百姓的日用之中。

（2）大巧若拙、朴散为器。

大巧若拙，强调的是素朴纯全的美，自然天成，不造作，朴素而不追求浮华。拙道，即天道，大巧若拙，体现了崇尚自然的中国哲学思想。大巧若拙由老子提出，大巧就是不巧，故老子以拙来表达。老子认为，最高的巧，就是不巧，不巧之巧，可以称之为天巧，自然而然，不劳人为，从人的技术性角度看，它是笨拙的，没有什么技术含量；但从天的角度看，它又蕴涵着不可逾越的美感，它是道之巧，有纯全之美。故而，巧的最高境界在于顺应自然规律，大巧若拙主张建立生命的本然，回到生命的最初境界，若论设计，则是要求设计不能有多余的浮华装饰，应该回归到功能与使用本身。

道家认为创造器物时，既要通过造物者的努力，没有任何人为造作的痕迹，又要顺应自然，充分发挥物的自然本性，浑然天成。这种造物观，是受老子的“无为而无不为”思想的影响而产生的。从“道”出发，道家要求真正的巧并不在违背自然规律去卖弄自己的聪明，而在于处处顺应自然规律，在这种顺应之中使自己的目的自然而然地得以实现。老子曾言:“朴散则为器，圣人用之，则为官长，故大制不割。”《论衡·量知》中也说道:“无刀斧之断者谓之朴。”朴即未经加工的木材，未经雕琢的素材，也有解释为“混沌未分的原始状态”。道家认为成器活动应该基于“朴散”的思想之上，遵循自然物的本源，尊重自然材料的特性和特点，不违背天道活动。

老子的“朴散为器”的思想告诉人们，任何器物的创造和制作，都应遵循自然的原则。要以“见素抱朴”之心，处在“无为”的状态之下来完成作品。老子主张“朴散为器”“复归于朴”，就是使“为器”之器回归到无人为妄加的自然状态，按照天道自然的造物理想，尊重和善于发现每个器物组成因素的本来面貌和特性，充分认识和运用，才能使每个器物的作用得到最大的发挥和利用。只有当人们的心态朴素、纯净，其造出的器物才能够达到去除伪饰的“大象”自然之境。只有当正确的造物思想指导人类的造物活动时，才能保证人类成器活动不误入歧途。

（五）墨家——“爱利并举”的生态实施途径

墨家的环境伦理思想是以“兼爱”“交利”作为实现人与自然和谐的前提;以“节用”“非乐”作为实现人与自然和谐的实现措施;以“非攻”“反战”作为实现人与自然和谐的实现保证。可见，墨家的环境伦理思想是非常具有特色的，它是把“爱利并举”作为墨家生态思想得以施行的途径。

墨家的“兼爱”思想蕴含着对人的爱再扩大到对所有生命的爱、对物的爱、对大自然的爱，再到对整个宇宙的爱的逻辑必然性，从中透露出墨子对生态平衡的关怀，以及墨子的生态智慧。

墨家的“交利”思想虽然主要是人类之间的交相利，但其思想的必然逻辑也包含了人与自然环境之间的交相利。可见墨子的爱是以实际利益为基本内涵，而这实际利益又属于利他主义的范畴。正如李文波所说：“在墨子那里，兼相爱、交相利就是规范人与人之间交往关系的社会伦理价值，深刻体现了墨家关注现实、义利统一和极重功利的思想。”

墨子“非乐”“节用”的思想都是以“兼爱”为前提的，也是实现“兼爱”的具体途径。墨子造物思想的核心是“兼相爱，交相利”，而实现理想的具体措施便是“兴利节用”，“兴利”与“节用”并举又是墨子“兼爱”说的核心。墨子的造物思想不是针对某个具体器物或者事件，而是关注人与整个社会的和谐发展，造物的目的是器物都要恰当地配合当时的社会和环境，建构和谐的社会秩序。

我们可以从中国古代传统的生态思想理念中了解到以上几位古代思想家的生态观。虽然角度不同，但最终都离不开天人合一、天人和谐的主旨思想；而传统生态观影响下的造物思想，不管是基于哪个流派的言论和观点，其思想学说的关键词都体现出了自然、和谐、朴素、中和、含蓄、质朴、节俭、务实、合宜等中国古代可持续的生态和谐思想。由此可见，中国传统思想文化中所体现出的生态观，奠定了几千年来中国的生态文明思想基础。正如孔子所言：“述而不作，信而好古，窃比于我老彭。”中国作为具有五千年历史的四大文明古国之一，因其古老的东方文明和悠久的历史、灿烂的文化、深厚的底蕴，而展现出独特的魅力，令世界瞩目。作为炎黄子孙，我们更应该继承和发扬传统的生态观思想，并将其应用于现代设计之中。只有这样，才能使得现代设计在具有深厚文化底蕴的同时，符合时代的发展要求，从而焕发出新的生命力，历久弥新。

三、当代可持续发展理念的产生和发展

（一）可持续发展理念的产生

可持续发展理念的产生、发展和完善有其漫长的过程，蕾切尔·卡森在 1962 年出版的《寂静的春天》为环境保护问题发出了第一声呐喊，这也被认为是可持续发展理念的萌芽。

1987 年，世界环境与发展委员会发表了一篇影响全球的报告——《我们共同的未来》，该报告包括共同的关切、共同的挑战和共同的努力 3 大部分。第一部分观点鲜明地提出了“可持续发展理念”，并将其定义为“发展要满足当代人的需要，但不能破坏后代的需要”，其中指出了两个重要

概念："需要"的概念，尤其是世界上贫困人民的基本需要，应将其放在特别优先的地位来考虑；"限制"的概念，技术状况和社会组织对环境满足眼前和将来需要的能力施加的限制。第二、三部分具体分析了全球人口、粮食、物种和生态系统、能源、工业和城市等方面的情况，系统探讨了人类所面临的一系列重大经济、社会和环境问题。呼吁世界各国做出行动，同时也有力论证了可持续发展的紧迫性和重要性。

可持续发展不仅面临环境问题，同时还面临贫穷，人口增长，食物供应、工业发展、自然资源的有限性，生物多样性损失以及代内、代与代之间不平等等问题。这些问题综合起来可以分为四大块：环境可持续、经济可持续、社会可持续、文化可持续。

1992 年，在里约热内卢举行的联合国环境与发展会议通过了《关于环境与发展的里约热内卢宣言》《21 世纪议程》和《关于森林问题的原则声明》3 项重要文件。同时，共有 154 个国家签署了《气候变化框架公约》，148 个国家签署了《保护生物多样性公约》，大会还通过了有关森林保护的非法律性文件《关于森林问题的政府声明》。从学者的最早发声到地区性的倡议文件，再到全球性的政策文件，可持续发展逐渐成为全人类的共同追求。

（二）可持续发展理念的不同认知及内涵

1. 生态学的角度——承载的极限

生态学是研究生物与环境之间相互关系及其作用机理的科学。1866 年德国生物学家恩斯特·海克尔（Ernst Haeckel）初次把生态学定义为"研究动物与其有机及无机环境之间相互关系的科学"。通过研究发现，任何生物的生存都不是孤立的，同种个体之间有互助、有竞争；而植物、动物、微生物不同物种之间也存在复杂的相生相克关系。人类作为生态系统的一个部分，在为满足自身的需要而不断改造自然的同时，自然反过来又影响着人类。在目睹人类生存与发展给生态带来的诸多负面影响后，生态学陆续产生了多个研究热点，如生物多样性的研究、全球气候变化的研究、受损生态系统的恢复与重建研究等。所以，生态学最早意识到人类与环境休戚相关，并通过生态学研究的方式收集了有力的证据来证明人类活动给环境与资源带来的巨大压力，由此引发人们最初对环境污染的广泛关注，也促使人类开始反省和思考发展与环境之间的问题。

当我们站在生态学的角度谈论可持续发展时，更多指的是保护地球的承载能力。地球生物圈本身是具有自我调节功能的，只因人类的过度开发和利用才打破了这种动态平衡。因此，生态学参与可持续发展最直接的方式是用生态学理论来治理目前的环境问题；其次是将生态学的理论嫁接到经济、文化等方面，从而实现其他领域的良性发展以及依靠自身去协调社会发展和生态环境的关系，形成一个多方协同，内力、外力共同作用的多重生态圈。

2. 经济学的角度——需求与限制

经济，最初为了满足人类物质生活需要而诞生，在欲望驱使下它渐渐沦为人们牟利的一种工具，科技的进步推动人类的经济活动空前繁荣，却是以牺牲环境为代价。最早意识到这个问题的是发达国家，因为环境问题开始显现，然而从承认这个事实到在全球范围内达成共识经历了很长的一段时间，原因在于很多国家还挣扎在贫困线上，发展中国家正步入经济快速增长时期，而发达国家也想借助经济扩张进一步控制世界经济活动。可持续发展明显具有需求和限制矛盾的两个方面。其一，必须肯定只有依靠发展才能改变落后地区人们的生存质量，尤其是一些极度贫困的国家，这些地区的经济生产力极低；其二，要认清环境压力和经济发展方式是相互依存的。农业政策或许是因土地、水体和森林遭受破坏而制定出来的，能源政策也可能是因全球温室效应以及许多处于发展中的国家为取得燃料而砍伐森林而制定出来的。经济作用于环境，而所有这些压力反过来又都威胁着经济的发展。

所以，科学而有节制的经济活动也是为了更好更可持续的发展，经济学与生态学必须在决策和立法过程中保持一致性。经济学不仅仅在于创造财富，生态学也不仅仅在于保护自然，二者同样也是为了改变人类的命运。另外，发展总是与经济联系在一起，甚至有时被当作经济评价的唯一标准。诚然财富是人类社会的最基本保障，但是我们把一个国家的国内生产总值（GDP）指标作为衡量生活质量和幸福的标尺则有失偏颇。

把 GDP 作为衡量经济繁荣的指标，是一种只以货币考虑经济效益得失的方法，GDP 的确是全球发展水平最重要的指标，但是我们还要考虑其他因素。如联合国开发计划署在《1990 年人文发展报告》中提出的人类发展指数（Human Development Index，简称 HDI）就是对传统 GDP 指标的挑战结果，也是衡量国民幸福更全面的指数，即以预期寿命、教育水平和生活质量三项基础变量，按照一定的计算方法得出的综合指标。

3. 社会学的角度——公平与公正

为什么社会学会对环境感兴趣？一方面，因为种种环境问题并不是自然世界本身产生的，而是人类具体行为的结果，所以它们也是社会问题。另一方面，如同环境与经济互为作用，环境也同许多社会和政治因素相联系。例如，人口膨胀对许多地区的环境和发展具有非常深远的影响，但其膨胀的部分原因是由妇女的社会地位及其他文化准则等因素造成的。而且，环境压力和不均衡的发展也能增加社会压力，可以认为社会中权力的影响和分配是大多数环境与发展问题的关键。因而可持续发展必然包括社会的公平与公正，特别是保护弱者等方面的人道主义的提倡。

人们关于社会内部的不平等问题，讨论最多的是贫富差距以及由此带来的诸多重大社会问题。在发达国家，贫富差距最终会导致人们的生理和精神层面出现问题，主要反映在社会成员的寿命、健康和幸福差异方面。

这还只是发达国家所面临的情况，更糟糕的是在贫困国家，贫富差距和对资源的争夺带来的或许是犯罪、死亡甚至社会动荡。对于国家内部的社会不平等，每个社会成员都有切身的感受，但最大的社会问题并不在国家内部，而是在国与国之间。世界上有一大部分人每天都在辛苦劳作，却依然贫困。例如在孟加拉国，服装占该国出口经济商品总数的77%，服装行业是孟加拉国的支柱产业，在制衣厂工作的制衣工人有77%是妇女，她们每天工作接近12小时，每周工作7天，这样一年所赚的钱却只有500美元，相当于美国制衣工人收入的零头。这是一种世界性的现象，发达国家之所以富裕，不仅得益于它们拥有先进的技术和高度发达的生产力，还得益于它们控制着世界的经济。因此，贫困不仅仅是一个“技术问题”，还是一个“政治问题”。人类必须解决关于资源如何在社会内部以及世界各地进行分配的问题。

可持续发展理念包括：(1)代内公平，即当代人在利用自然资源满足自身利益时要机会平等，同时任何国家和地区的发展都不能以损害其他国家和地区的发展为代价；(2)代际公平，是指当代人与后代人共同享有地球资源与生态环境，实质是当代人对环境资源的利用不能妨碍、透支后代人对环境资源的利用，要建立有限资源在“不同代际间”的合理分配与补偿机制，而实现“代际公平”的前提是代内公平得以实现。

可持续发展对于公平的追求是一个漫长的过程，但是刷新评价人生价值与意义的标准确实就在一念之间：有限度地追求利益并且不损害后代人的生存权利。如果自下而上，每个人都能从单纯追求物质利益和个人享受的观念中解脱出来，选择一种更为合理的生活方式，承担起应尽的责任和义务，那么，公平与公正离我们并不遥远，即使我们离物质的公平还有一段路要走，起码我们可以做到在精神世界平等地对话。另外，可持续发展不仅要满足发达国家的需求，还要满足发展中国家和落后国家的需求，而不同地区的需求有很大的差异，需要从需求层面有区别地对待。从全球角度看经济和社会发展，思考如何解决新兴工业化国家和发展中国家资源消耗的严重不平等问题，应该成为社会学家、政治家、学者、研究人员严肃思考和讨论的问题。

4. 文化学的角度——多样性共存

文化的价值在于使人获得认同感、归属感、幸福感；而文化多样性的价值在于文化的丰富性、平等的对话、国际和平与安全。多元文化的共存有利于平息社会冲突，增强社会凝聚力，促使社会更具包容性。所以，当新的信息和传播技术在推动全球化的进程中对文化多样性发起挑战时，联合国教科文组织便开始担负起保护和促进丰富多彩的文化多样性的特殊职责。在2005年由该组织颁布的《保护和促进文化表现形式多样性公约》中，文化多样性被定义为“各群体和社会借以表现其文化的多种不同形式。这些表现形式在他们内部及其间传承”。“文化多样性不仅体现在人类文化遗产通过丰富多彩的文化表现形式来表达、弘扬和传承的多种方式，也体现在借助各种方式和技术进行的艺术创造、生产、传播、销售和消费的多种方式。”《保护和促进文化表现形式多样性公约》站在人类文化发展的高度提出保护文化多样性的重要性，作为人类共同的遗产，应对其加以珍惜和爱护。正如联合国教科文组织前总干事松浦晃一郎先生所说：“文化多样性于全人类之必要正如生物多样性于自然之必要。”因此，《保护和促进文化表现形式多样性公约》将“保护和促进文化表现形式的多样性”定为首要目标，然而当时人们并没有很清晰地认识到文化的发展会成为经济增长的新引擎，只是提到“文化是发展的主要推动力之一，所以文化的发展与经济的发展同样重要……”。接下来的 10 年，《保护和促进文化表现形式多样性公约》承认政府出台保护和促进文化表现形式多样性政策的主权，强调文化活动、产品及服务的双重属性：文化维度和经济维度——传递身份认同感和价值观，培养社会包容度与民众归属感；同时还提供就业和收入、推动创新和经济可持续增长，尤其是全球性文化创意产业的迅猛发展，使得世界各国最终认识到文化及文化多样性对经济、对可持续发展的重大意义。于是，《 2030 可持续发展议程》于 2016 年 1 月正式启动，除了将减贫、健康、保护环境和国际合作作为奋斗目标之外，首次在全球层面将“文化”“创意”和“文化多样性”写进议程，作为可持续发展的核心推动力量。正如联合国前秘书长潘基文所说，太多好的发展计划以失败告终的原因在于未考虑文化环境。文化与经济组合的多种优势，既可作为促进人权和基本自由的动力，也可以作为社会经济可持续发展的动力。

那么可持续设计在文化发展以及文化多样性方面将做出什么样的贡献呢？每一个民族都有自己独特的设计文化，或者称之为手工艺传统。手工制作的产品通常具有实用价值，并且深深植根于地方文化与传统，可以帮助人们增强文化认同感，反映独特的审美价值。在许多发展中国家，手工生产至今都是就业的一个重要门路，在出口经济中占很大比重。根据联合国 2008 年《联合国创意经济报告》(*Creative Economy Report*) 显示，手工艺品是发展中国家领先全球市场的唯一创意产业。因此，可持续设计应当要关注传统工艺的继承与发扬，这对发展中国家的贫苦大众、妇女、残疾人以及其他社会边缘群体极为重要。非营利组织手工艺人援助协会认为，只有当传统手工艺人比较富足时，手工业才有生存空间。设计师扶持手工艺人是其中的一条途径，设计师的介入可以促进传统工艺与现代工业生产进行结合，并创造就业机会，使得手工艺人的收入分配更合理。然而，手工艺生产又不能完全依赖于现代工业和商品经济，因为手工艺本质上要保留制作的传统和文化的内涵，一旦完全商业化，则极有可能丢失手工艺的原汁原味。那么，设计师如何在尊重和保护当地资源以及丰富的文化传统的前提下帮助手工艺人自主设计产品呢？这还需要我们进行深入的探讨。

四、中国政府关于可持续发展的相关部署

（一）科学发展观

科学发展观的第一要义是发展，核心是以人为本，基本要求是全面协调可持续性，根本方法是统筹兼顾，指明了中国高层推动中国经济改革与发展的思路和战略，明确了科学发展观是指导经济社会发展的根本指导思想。具体内容包括：以人为本的发展观、全面发展观、协调发展观和可持续发展观。

1. 必须坚持把发展作为党执政兴国的第一要义

要牢牢抓住经济建设这个中心，坚持聚精会神搞建设，一心一意谋发展，不断解放和发展社会生产力。要着力把握发展规律、创新发展理念、转变发展方式、破解发展难题、提高发展质量和效益、实现又好又快发展。

2. 必须坚持以人为本

要始终把实现好、维护好、发展好最广大人民的根本利益作为党和国家一切工作的出发点和落脚点，尊重人民主体地位，发挥人民首创精神，保障人民各项权益，走共同富裕道路，促进人的全面发展，做到发展为了人民、发展依靠人民、发展成果由人民共享。

3. 必须坚持全面协调可持续发展

要按照中国特色社会主义事业总体布局，全面推进经济建设、政治建设、文化建设、社会建设，促进现代化建设各个环节、各个方面相协调，促进生产关系与生产力、上层建筑与经济基础相协调。

4. 必须坚持统筹兼顾

要正确认识和妥善处理中国特色社会主义事业中的重大关系，统筹个人利益和集体利益、局部利益和整体利益、当前利益和长远利益，充分调动各方面积极性。既要总揽全局、统筹规划，又要抓住牵动全局的主要工作、事关群众利益的突出问题，着力推进、重点突破。

（二）生态文明建设和美丽中国

1. 基本概念

生态文明建设是把可持续发展提升到绿色发展高度，为后人“乘凉”而“种树”，就是不给后人留下遗憾而是留下更多的生态资产。生态文明建设是中国特色社会主义事业的重要内容，关系人民福祉，关乎民族未来，事关“两个一百年”奋斗目标和中华民族伟大复兴中国梦的实现。党中央、国务院高度重视生态文明建设，先后出台了一系列重大决策部署，推动生

态文明建设取得了重大进展和积极成效。习近平同志在十九大报告中指出，加快生态文明体制改革，建设美丽中国。

2. 大力推进生态文明建设

（1）2012 年，党的十八大做出“大力推进生态文明建设”的战略决策。

建设生态文明，是关系人民福祉、关乎民族未来的长远大计。面对资源约束趋紧、环境污染严重、生态系统退化的严峻形势，必须树立尊重自然、顺应自然、保护自然的生态文明理念，把生态文明建设放在突出地位，融入经济建设、政治建设、文化建设、社会建设各方面和全过程，努力建设美丽中国，实现中华民族永续发展。

坚持节约资源和保护环境的基本国策，坚持节约优先、保护优先、自然恢复为主的方针，着力推进绿色发展、循环发展、低碳发展，形成节约资源和保护环境的空间格局、产业结构、生产方式及生活方式，从源头上扭转生态环境恶化趋势，为人民创造良好生产生活环境，为全球生态安全做出贡献。

①优化国土空间开发格局。国土是生态文明建设的空间载体，必须珍惜每一寸国土。发展海洋经济，保护海洋生态环境，坚决维护国家海洋权益，建设海洋强国。

②全面促进资源节约。节约资源是保护生态环境的根本之策。要节约集约利用资源，控制能源消费总量，加强节能降耗，推进水循环利用。

③加大自然生态系统和环境保护力度。良好的生态环境是人和社会持续发展的根本基础。扩大森林、湖泊、湿地面积，保护生物多样性。加快水利建设，增强城乡防洪抗旱排涝能力。加强防灾减灾体系建设，提高气象、地质、地震灾害防御能力。

④加强生态文明制度建设。保护生态环境必须依靠制度。积极开展节能量、碳排放权、排污权、水权交易试点。

（2）2015年，《中共中央国务院关于加快推进生态文明建设的意见》发布。

意见明确了加快推进生态文明建设的基本原则：一是坚持把节约优先、保护优先、自然恢复为主作为基本方针；二是坚持把绿色发展、循环发展、低碳发展作为基本途径；三是坚持把深化改革和创新驱动作为基本动力；四是坚持把培育生态文化作为重要支撑；五是坚持把重点突破和整体推进作为工作方式。

（3）2015 年，加强生态文明建设首度被写入国家五年规划。

2015 年 10 月 26 日，十八届五中全会召开，会议发布了“十三五”规划的十个任务目标：①保持经济增长；② 转变经济发展方式；③ 调整优化产业结构；④ 推动创新驱动发展；⑤ 加快农业现代化步伐；⑥ 改革体制机制；⑦ 推动协调发展；⑧加强生态文明建设；⑨ 保障和改善民生；⑩推进扶贫开发。其中，加强生态文明建设（美丽中国）首度写入五年规划。

（4）2017 年，习近平同志在十九大报告中指出，加快生态文明体制

改革，建设美丽中国

人与自然是生命共同体，人类必须尊重自然、顺应自然、保护自然。习近平同志在十九大报告中指出，我们要建设的现代化是人与自然和谐共生的现代化，既要创造更多物质财富和精神财富以满足人民日益增长的美好生活需要，也要提供更多优质生态产品以满足人民日益增长的优美生态环境需要。必须坚持节约优先、保护优先、自然恢复为主的方针，形成节约资源和保护环境的空间格局、产业结构、生产方式、生活方式，还自然以宁静、和谐、美丽。

一是要推进绿色发展。加快建立绿色生产和消费的法律制度和政策导向，建立健全绿色低碳循环发展的经济体系。构建市场导向的绿色技术创新体系，发展绿色金融，壮大节能环保产业、清洁生产产业、清洁能源产业。推进能源生产和消费革命，构建清洁低碳、安全高效的能源体系。推进资源全面节约和循环利用，实施国家节水行动，降低能耗、物耗，实现生产系统和生活系统循环链接。倡导简约适度、绿色低碳的生活方式，反对奢侈浪费和不合理消费，开展创建节约型机关、绿色家庭、绿色学校、绿色社区和绿色出行等行动。

二是要着力解决突出环境问题。坚持全民共治、源头防治，持续实施大气污染防治行动，打赢蓝天保卫战。加快水污染防治，实施流域环境和近岸海域综合治理。强化土壤污染管控和修复，加强农业面源污染防治，开展农村人居环境整治行动。加强固体废弃物和垃圾处置。提高污染排放标准，强化排污者责任，健全环保信用评价、信息强制性披露、严惩重罚等制度。构建政府为主导、企业为主体、社会组织和公众共同参与的环境治理体系。积极参与全球环境治理，落实减排承诺。

三是要加大生态系统保护力度。实施重要生态系统保护和修复重大工程，优化生态安全屏障体系，构建生态廊道和生物多样性保护网络，提升生态系统质量和稳定性。完成生态保护红线、永久基本农田、城镇开发边界三条控制线划定工作。开展国土绿化行动，推进荒漠化、石漠化、水土流失综合治理，强化湿地保护和恢复，加强地质灾害防治。完善天然林保护制度，扩大退耕还林还草。严格保护耕地，扩大轮作休耕试点，健全耕地草原森林河流湖泊休养生息制度，建立市场化、多元化生态补偿机制。

四是要改革生态环境监管体制。加强对生态文明建设的总体设计和组织领导，设立国有自然资源资产管理和自然生态监管机构，完善生态环境管理制度，统一行使全民所有自然资源资产所有者职责，统一行使所有国土空间用途管制和生态保护修复职责，统一行使监管城乡各类污染排放和行政执法职责。构建国土空间开发保护制度，完善主体功能区配套政策，建立以国家公园为主体的自然保护地体系。坚决制止和惩处破坏生态环境行为。

（三）“绿色”发展理念

我国绿色发展理念的提出是对可持续发展理念的发展（更加务实和针对性更强）。

1.《2010 中国可持续发展战略报告》的主题为“绿色发展与创新”

《2010 中国可持续发展战略报告》重点围绕应对国际金融危机、全球气候变化和解决国内资源环境问题的三重挑战，探讨了绿色复苏、系统创新、低碳技术、新兴产业发展等广泛议题；根据国内外发展绿色经济的经验、存在的问题和障碍、路径选择与制度安排等，提出了“十二五”期间及今后十年，中国应以绿色发展为统领、以绿色创新为桥梁、以资源环境绩效和结构调整为重点目标，构建综合发展框架，统筹各种相关的新发展理念，发挥多种手段的组合效益，创造出新的绿色发展模式，实现建设绿色中国的构想，为自身乃至全球的可持续发展做出重要贡献，以迎接高效的可持续的低碳未来。

2. 对于“绿色发展”的解读

2015 年，“绿色发展”被写入国家的十三五规划，进一步深化并推动了可持续发展理念的实践，“绿色发展”理念主要包含以下 5 个方面：

（1）绿色经济理念。

绿色经济理念是指基于可持续发展思想产生的新型经济发展理念，致力于提高人类福利和社会公平。“绿色经济发展”是“绿色发展”的物质基础，涵盖了两个方面的内容：一方面，经济要环保。任何经济行为都必须以保护环境和生态健康为基本前提，它要求任何经济活动不仅不能以牺牲环境为代价，而且要有利于环境的保护和生态的健康。另一方面，环保要经济。即从环境保护的活动中获取经济效益，将维系生态健康作为新的经济增长点，实现“从绿掘金”。要求把培育生态文化作为重要支撑，协同推进新型工业化、城镇化、信息化、农业现代化和绿色化，牢固树立“绿水青山就是金山银山”的理念，坚持把节约优先、保护优先、自然恢复作为基本方针，把绿色发展、循环发展、低碳发展作为基本途径。

（2）绿色环境发展理念。

绿色环境发展理念是指通过合理利用自然资源，防止自然环境与人文环境的污染和破坏，保护自然环境和地球生物，改善人类社会环境的生存状态，保持和发展生态平衡，协调人类与自然环境的关系，以保证自然环境与人类社会的共同发展。

（3）绿色政治生态理念。

习近平总书记在中央政治局第十六次集体学习时首次提出“要有一个好的政治生态”，并在此后多个场合强调要净化政治生态。绿色政治生态理念是绿色发展理念的重要内容，是将绿色发展理念上升到政治高度。绿色政治生态理念是指政治生态清明，从政环境优良。绿色生态是生产力，绿色政治生态同样能够极大促进社会生产力的发展，最终实现绿色政治生态的巨大效能。

（4）绿色文化发展理念。

绿色文化，作为一种文化现象，是与环保意识、生态意识、生命意识等绿色理念相关的，以绿色行为为表象的，体现了人类与自然和谐相处、共进共荣共发展的生活方式、行为规范、思维方式以及价值观念等文化现象的总和。绿色文化是绿色发展的灵魂。作为一种观念、意识和价值取向，绿色文化不是游离于其他系统之外，而是自始至终地渗透贯穿并深刻影响着绿色发展的方方面面，并在其中起到灵魂的作用。要推动绿色文化繁荣发展，要从以下几个方面努力：①要树立绿色的世界观、价值观文化。②要树立绿色生活方式和消费文化，“用之无节，取之无时”将后患无穷；③ 要树立绿色 GDP 文化，不能把 GDP 作为衡量经济发展的唯一指标。④ 要树立绿色法律文化。2014 年修订通过的《中华人民共和国环境保护法》，集中体现了党和国家对加强环境保护法治、努力破解环境污染难题、大力推动生态文明建设的坚定决心，有助于树立绿色法律文化，形成全面、完善、长效的环境治理机制体系，为调整经济结构和转变发展方式保驾护航。

（5）绿色社会发展理念。

绿色是大自然的特征颜色，是生机活力和生命健康的体现，是稳定安宁和平的心理象征，是社会文明的现代标志。绿色蕴涵着经济与生态的良性循环，意味着人与自然的和谐平衡，寄予着人类未来的美好愿景。十八届五中全会提出，要“促进人与自然和谐共生，构建科学合理的城市化格局”。《国家新型城镇化规划（2014 – 2020 年）》提出，要加快绿色城市建设，将生态文明理念全面融入城市发展，构建绿色生产方式、生活方式和消费模式。这意味着，“十三五”期间的城镇化要着力推进绿色发展、循环发展、低碳发展，节约集约利用土地、水、能源等资源，强化环境保护和生态修复，减少对自然的干扰和损害，推动形成绿色低碳的生产生活方式和城市建设运营模式。绿色社会成为一种极具时代特征的历史阶段，辐射渗入到经济社会的不同范畴和各个领域，引领着 21 世纪的时代潮流。

第三节　绿色设计与可持续发展的关联

一、绿色设计的定义、产生的背景、相关的应对措施及基本理念

（一）绿色设计的定义

绿色设计是在生态伦理的思想指引下提出的一种设计概念，通常也称为生态设计（EcologicalDesign，ED）、环境设计（Design for

Environment，DFE）、生命周期设计（Life Cycle Design，LCD）或环境意识设计（Environmental Conscious Design，ECD）等，由于它们的目标和任务基本相同，都是设计生命周期环境影响最小的产品，因而经常被互换使用，2000 年以后，绿色设计的说法逐渐成为主流。绿色设计就是通过设计去解决生态与供给矛盾的思维及实践过程。其主张绿色设计思想应贯穿于产品从设计、制造、销售、使用到废弃处理的整个生命周期；其价值主要体现在尊重生命、节约资源、保护环境 3 个方面；其作用与意义是为推动可持续发展服务。

（二）绿色设计产生的背景

面对日趋严重的全球化生态危机治理问题，中西方学者、社会各领域专家开始竭尽所能，纷纷提出建设性的想法和建议。其中，美国设计理论家、教育家维克多·帕帕奈克（Victor Papanek），于 1971 年出版的《为真实的世界设计》（*Design For The Real Word*）堪称西方设计理论的经典。帕帕奈克呼吁“设计要考虑自然资源的有限性”，引起了人们的广泛共鸣。此后出现了“绿色设计”“生态设计”“人文设计”等众多具有伦理思想的设计理念。“绿色设计”的核心就是要关注人与自然的和谐关系，尊重自然本身的生存规律；关注人与人的和谐关系，推动区域协调发展，构建社会整体的可持续发展模式，从整体和长远来看，它也是创造经济效益的最佳选择。帕帕奈克在其著作中重点讨论了设计为谁服务的伦理问题，并用“真实”和“虚幻”这对哲学概念，来指涉设计的两类服务对象，指出设计师必须学会面对真实的服务对象进行“重新设计”。他明确地提出了设计的三个主要问题：

第一，设计应该为广大人民服务，而不是只为少数富裕国家服务，他强调设计应该为第三世界的人民服务。

第二，设计不但应该为健康人服务，同时还必须考虑为残疾人服务。

第三，设计应该认真地考虑地球的有限资源使用问题，设计应该为保护我们居住的地球的有限资源服务。

在当代，伦理价值作为设计的一种价值取向已进入到设计理念的高端层次，同时，这种高端层次设计理念对各种广义的设计活动产生了积极的指导性作用。大到国家发展战略，中到城市规划，小到产品设计以及设计的各个具体门类，诸如建筑设计、工业设计、艺术设计等方面发挥着作用，并成为一条普遍性的原则。

人类的一切设计活动都是以满足人们的某种需要为前提和目的的，无论是为满足共性需求，还是为满足个性需求而进行的设计活动都必须是一种合目的性的理性行为，必须遵守一定的设计原则。其中，实用、经济、美观是被人们所公认的 3 条基本设计原则，而伦理思想的提出则是为了保证设计活动更加合理而有序地进行。帕帕奈克所提出的设计伦理思想作为实用、经济、美观等基本需求的有效补充，使之更加完善、合理与和谐。

设计伦理是生态伦理思想拓展出的多个领域中应用范畴的“子系统”之一。生态伦理的本质是“以人为本”，使“人”处于一种合理的关系之中并使人的价值得到充分的尊重与展现。将生态伦理价值导入设计过程中形成的设计伦理就是指在整个设计活动中，包括设计理念与设计实践等方面，设计创意、设计过程与设计结果等环节，都必须考量与人的合理关系。

（三）绿色设计相关的应对措施

面对人类社会发展所面临的严峻问题，从20世纪60年代开始，环境保护由学术界率先发声，世界各地的民间组织继而掀起了轰轰烈烈的保护运动。国际民间生态环保组织将环境保护运动推向高潮，联合国及各国政府也不得不开始重视民众的呼声，通过环境立法和鼓励公众参与等措施来遏制全球环境污染的进一步恶化。国家间不断加强合作和拓宽合作领域，利用多种组合措施来解决国际环境问题。这一面向复杂社会及全球环境问题而不断升级应对措施的整个过程，也是绿色设计基本理念形成并逐步稳定的过程。

1. 学术界的发声与自省

19世纪中叶，查尔斯·罗伯特·达尔文、恩斯特·海克尔等科学家发现：在进化过程中，物种和环境之间的相互作用意义非凡，因此他们构思了一门新科学，即生态学。而正是这些自然学对生态的研究和掌握的证据促成了环保理念的诞生。他们认为人类的活动迅速改变着全球环境，许多不当的行为破坏了自然生态，并对某些自然资源构成了威胁，这些先锋自然学家建议设立环保项目、森林保护区以及修复已经遭到破坏的自然环境。

以维克多·帕帕奈克为代表的设计界也发出了有力的声音，其标志性成果是1971年出版的《为真实的世界设计》。在书中，他提出设计应该为大众服务，应该为保护我们居住的地球的有限资源服务，反对制造不安全、花哨、不当或基本无用的产品。帕帕奈克这种对设计界直言不讳的批评，以及对设计价值严肃反省的态度在当时是极为超前的，也因此颇具争议。1995年，其晚年思考大成《绿色律令》（*The Green Imperative*）出版，该书在《为真实的世界设计》思考的基础之上，对“设计伦理”“设计生态学”等问题进行了深入的讨论，并通过大量的案例分析证明，设计可以而且必须对人类生存环境的持续恶化负责。

整体而言，近现代关于环境保护的思想在时间上落后人类同时期的其他活动太多，但终于还是出现了，来自学术各界的声音越来越强，最终让个人、社会、政府、国家、全世界正视环境保护这一问题，并虚心自省在工业发展与自然生态间应该做出的努力，找到一个平衡点。

2. 非政府环保组织的活动

美国非政府环保组织的活动在当今世界上是最活跃、最富有成效的，这是因为第二次世界大战前后美国经济迅猛发展对环境造成了严重破坏，在一些城市，尤其是洛杉矶，烟雾污染已经引起人们的关注。人们开始关心周围的生存环境和自身的生活质量，这使得环保运动有了广泛的群众基础；此外，学术界的呼声也加速了环保运动的开展。1972 年，美国副总统阿尔·戈尔在给《寂静的春天》作序时这样评价："如果没有这本书，环境运动也许会被延误很长时间，或者现在没有开始。"从此，美国的非政府环保组织呈现蓬勃向上的发展势头。统计数字表明：在 20 世纪 60 年代，美国成立了 3200 个非政府环保组织；到 1992 年，美国已有大约 1 万多个各种各样的非政府环保组织，其中规模最大的 10 个组织，其成员从 1965 年的 50 万人增至 1990 年的 720 万人。除了美国之外，其他西方发达国家也以各自不同的方式组建自己的非政府环保组织，并在环境保护运动中发挥着越来越重要的作用。此外，非政府环保组织还呈现出环保领域的多样化和区域化等特点。非政府环保组织的贡献在于：第一，为环境做出切实有效的保护和努力，迫使有违自然和社会生态的企业停止不法行为，以各种方式干预和控制生态环境的恶化。例如全美鸟类保护民间组织"全美奥杜邦协会"，积极支持当时反对使用杀虫剂滴滴涕（DDT 双对氯苯基三氯乙烷）的运动，并最终取得了胜利。第二，促进政府的环境立法和环保政策的改善，并从政府、国家层面保护自然环境和自然资源。第三，推动公众环境保护意识的觉醒，进而形成一种社会道德规范。

3. 政府机构多措并举

环境问题伴随着经济活动而产生却不受市场规律的调节，民间环保组织对经济活动的监督和约束十分有限，因此，强化政府机构在环境保护中的地位和作用成了世界各国不可回避的责任。20 世纪早期，各种环境保护措施相继出台，到今天已经形成多措并举的态势。

从各国的实践情况来看，社会对管制措施的接受度高，能够达到很好的环境保护效果。管制手段主要是行政当局根据相关法律法规和标准，直接规定活动者产生和排放污染所允许的数量和方式，或对生产投入和消费过程直接提出环境要求。其表现形式为环境标准、排污许可证、产品环境性能标准、产品能源消耗定额等。其中法律法规是管制的重要组成部分，目前世界各国的环保法规呈现出涉及面宽、划分细致、立法严格等趋势。除了管制措施之外，各种经济措施逐渐建立和成熟，主要包括：税收手段——对燃料、环境不友好产品和包装物征收环境税是发达国家环境保护政策方面的通行做法，一般是针对能源的消耗量、污染的排放量、环境不友好产品和包装的产量征税，同时也对减少能源耗费和污染等行为给予税收方面的优惠；环境收费——包括排污收费制度、生活污水处理、垃圾处理和危险废物处理的收费等；财政补贴或生态补偿——财政补贴通常采用拨款、贷款、税收减免和贷款贴息的形式提供，生态补偿计划目前只有少数发达国家在实施，例如英国鼓励农场主在经营中考虑生态保护，对于促进并增强自然景观和野生动植物价值的生态保护支出，在签订自愿协议的基础上，对农场主给予补偿。就我国的环境措施来看，政策体系已经初步建立，但还需要完善。管制仍然是最重要的手段，经济手段还很不成熟。

4. 联合国环境规划署的使命

环境问题无国界，国际社会逐渐认识到环境保护已不仅仅是本国的事，还必须在国际层面予以应对。1972 年 12 月 15 日，联合国大会作出建立环境规划署的决议。1973 年 1 月，作为联合国统筹全世界环保工作的组织，联合国环境规划署（United Nations Environment Programme，简称 UNEP）正式成立。联合国环境规划署的使命是“激发、推动和促进各国及其人民在不损害子孙后代利益的前提下提高自身生活质量，领导并推动各国建立保护环境的伙伴关系”。这是第一个设在第三世界国家的重要联合国机构。肯尼亚第一任总统乔莫・肯雅塔邀请联合国将环境规划署设立在肯尼亚，并且最终淘汰其他申请国将联合国环境规划署设置于此。联合国环境规划署工作最大的成效就是促进了国际条约和协定的协商工作。1972 年联合国在斯德哥尔摩召开的第一次人类环境与发展会议提出了保护和改善人类环境的目标，拉开了可持续发展国际合作的序幕，同年的第 27 届联合国大会将每年的 6 月 5 日定位世界环境日。联合国环境规划署还与联合国教科文组织合作，通过培训教育工作者和向学校提供环保教育材料来发展环境教育。1992 年在巴西里约热内卢召开的联合国环境与发展会议具有里程碑意义。这次会议标志着可持续发展全球行动的正式启动。各国不仅在可持续发展方面达成了广泛的共识，确立了国家协调机制和各自的可持续发展战略，同时发达国家对发展中国家的援助也进入了实质性阶段，并相继发表了《里约宣言》《21 世纪议程》《关于森林问题的原则声明》以及签署了《气候变化框架公约》《生物多样性公约》《巴黎协定》等一系列维护全球环境的国际条约。联合国环境规划署取得的成绩主要有以下三个方面：第一，管理维护信息收集和查询的“地球监察”程序；第二，为国际环境法的完善提供外交支持，并起到部分重要条约秘书处的作用；第三，教育和激发各国人民认识到环境问题的重要性，以及采取措施应对问题的必要性。

（四）绿色设计的基本理念

绿色设计的基本理念的确立主要从绿色设计的对象、目标、实现路径及本质四个方面进行阐述。设计的对象已经从传统的“物”转向了“非物”。在追求世界整体的生态协调可持续愿景的背景下，人类社会必须将绿色发展作为人类社会发展的重大战略举措，将绿色设计作为绿色发展的重要手段。绿色设计的设计对象也从原来的设计造物扩大到一切造物活动与消费方式，并提供生态协调型产品和为建立绿色生活方式打造绿色消费模式基础。总体来说，绿色设计的实现路径就是要坚持创新，抛弃传统的线性经济发展模式，将环境保护理念贯彻到整个产品生命周期，建立"问题意识"，通过技术整合，转向循环经济发展模式，构建出更有利于人类与自然和谐健康发展的生存方式。

二、绿色设计内涵的发展及基本原则

（一）绿色设计内涵的发展

绿色设计这一概念从提出至今，经历了三个重要的阶段，随着社会环境的变化及不断出现的新问题，其概念和内涵也在不断完善和丰富，形成了相对完整的绿色设计基本原则。

1. 绿色设计——过程后干预

第一阶段始于 20 世纪 80 年代末，可称为早期的"绿色设计"（Green Design）阶段，强调使用低环境影响的材料和能源，思想核心是废物管理分级策略，即"3R"原则（Reduce、Recycle、Reuse），该模式有效地展示了按优先顺序，采取不同的策略处理废物：减少消耗、回收利用以及重复利用。该阶段首次将环境问题纳入设计思考之中，设计师开始意识到设计必须要考虑环保。但是，早期的"绿色设计"思想与行动有较大局限性，要么专注于单一问题或生态影响的某个方面，如"可拆卸设计""持久性设计"，要么停留在"过程后的干预"，是在意识到问题和危害后采取的缓解和补救措施，这只能在一定程度上缩小危害的强度，延长危害爆发的周期，是一种"治标不治本"行为。

2. 绿色设计——过程中干预

第二阶段曾经称之为"生态设计"（Ecological Design），也称"产品生命周期设计"（Product Life Cycle Design）。其核心思路是全面思考产品的各个阶段、各个方面、各个环节的环境问题，并致力于减少产品整个生命周期中的环境负面影响。换句话说，环境成为设计过程中必须考虑的一个重要因素，与一般传统因素（功能、美观、质量、成本、品牌形象等）有同等的地位，在某些情况下甚至比传统的价值因素更为重要。

产品生命周期的每个阶段对环境都有不同程度的影响，这一点知易行难。对于不同的产品而言，设计师在设计过程中需要利用已掌握的可靠数据做出明智的选择：哪些环节或方面影响最大，并对此提供最有效的策略或方法。生命周期评估（Life Cycle Assessment，简称 LCA）使产品生命周期不同阶段的环境影响对比成为可能，是推行生态设计最常用的方法和工具，它使用系统的方法、量化的指标，可用于指导和规范设计过程。

生命周期评估工具有相对廉价的网络设备，也有更复杂、更昂贵的，后者通常为大型机构所采用。有些则利用计算机的运算功能，只需要输入关于产品生命周期的一些数据，就能得到结果，对设计师有极大帮助。

3. 可持续设计——突破性创新

可持续发展所指不仅有环境问题，同时还包括贫穷、人口增长、食物供应、工业发展、自然资源的有限性、生物多样性损失以及代内、代与代之间不平等问题。这些问题综合起来可以分为四大块：环境、社会、经济和文化。

围绕设计如何应对可持续发展的讨论，之前的关注点仅仅停留在对环境的影响上。随着设计边界的不断延伸，以及在环境、经济和社会等方面产生重大（无论是积极的还是消极的）的连锁反应，设计逐渐在解决各类可持续性议题的过程中扮演着重要的角色；更重要的是，设计可以改变或影响人们的态度和行为。绿色设计已经逐渐突破了传统设计的认识和内涵，说明设计通过与可持续发展的完美契合能够为人类带来福祉。可持续发展要求绿色设计从环境、经济、社会、文化等多方面来考虑设计的影响和责任，绿色设计解决问题的思维模式亦需要不断发展更新。

（1）服务设计——解决问题。

“服务设计”（Service Design）超越设计只对有形产品的关注，进入“综合性服务创造”的领域，是一种从设计器具到设计“解决方案”的转变。一直以来，有关“服务”的规划与设计活动都被认为是属于市场营销和管理领域的范畴，而“设计”也只是针对有形的事物所实施的活动。虽然美国卡内基梅隆大学心理学教授赫伯特·西蒙（Herbert A. Simon）在其著作《关于人为事物的科学》（*The Sciences of the Artificial*，1985）中提出了“设计是问题解决的过程”的观点，但这个突破设计传统边界的观点在当时还是太超前。直到 21 世纪，当设计思维越来越受到人们的重视，服务设计也逐渐从有形的产品向无形的服务重心转移，设计的价值开始在“服务”领域显露出来。1991 年，德国科隆应用科技大学（现科隆工业大学）国际设计学院（KISD，在发展服务设计研究中一直处于核心地位）的迈克尔·埃尔霍夫（Michael Erlhoff）教授在设计领域里第一次正式提出了“服务设计”概念。2001 年，全球第一家服务设计顾问公司 live ｜ work 在伦敦开业。2004 年，德国科隆应用科技大学国际设计学院、美国卡耐内基梅隆大学、瑞典林雪平大学、米兰理工大学和多莫斯设计学院联合创建一个国际服务设计联盟 SDN（Service Design Network），致力于服务设计的学术与实践推广。当下，服务设计致力于将商业环境中诸多因素进行整合，创造出新型的商业模式与战略。正如保罗·霍肯（Paul Hawken）在《商业生态学》中所讲：企业需要将经济、生物和人类的各个系统统一为一个整体，实现企业、消费者和生态环境共生共栖的循环，从而开辟出一条商业可持续发展之路。因此，不管是基于无形的服务，还是创造可持续的商业模式，相比设计有形的产品，服务设计无疑是最可持续的设计。

（2）可持续生活方式设计——源头控制。

服务设计让人们的生活在依赖物质产品的同时开始享受各种服务与体验，其渐渐成为人们生活中不可或缺的一部分，而这一部分是不必通过工厂生产，不会耗费地球上的资源，也不会对环境造成污染（当然，某些服务本身也需要设备的支持和能源的消耗，在这里只是相对物质产品所造成的生态影响而言）。但人们的生活不能完全脱离物质，只由服务构成，所以，从根本上讲，实现社会经济的可持续发展还有赖于人们的价值观和消费观的变革。因为即便产品是绿色环保的，若人们的生活习惯、消费习惯不环保（比如一盏节能灯 24 小时开着），也同样违背了可持续设计的初衷。这时候，通过设计的方式去影响和改变人们的行为习惯是最直接和有效的。

目前，人们开始越来越多地关注可持续的消费模式和生活方式，干预的方式通常是提醒、倡议或道德约束，其效果并不理想。尤其是受到西方经济、文化、消费的影响，我国绝大部分老百姓对幸福生活的理解仅仅停留在“消费主义”的层面，把幸福的指标与对商品的拥有和消费力作正比关联，很难自觉地摆脱对物质的过度依赖和浪费。从这个角度来讲，可持续设计不仅要涉及产品和服务，还必须关注使用这些产品和服务的方式及行为模式。

（3）社会创新设计——建构意义。

社会创新设计（Design for Social Innovation）是近几年出现的一个新的中西方共同研究的设计领域。社会创新一直面向可持续的方向发展，因此它是当下可持续设计研究的最前沿，是绿色设计在内容上的完善与深化。关于社会创新一词，意大利米兰理工大学马可・曼奇尼（Marco Mancini）教授在《设计，在人人设计的时代》中是这样定义的：“关于产品、服务和模式的新想法，它们能够满足社会的需求，能创造出新的社会关系或合作模式。换句话说，这些创新既有益于社会发展，又增进社会发生变革的行动力。”“从实践的角度来讲，社会创新所做的就是将现有的资源和技术进行重新组合，从而创造新的功能和意义。”在这个过程中，社会创新带来了截然不同的思考方式和解决问题的策略。以日益严重的全球人口老龄化问题为例，其中的重点是：怎样才能让所有的老年人获得更好的照顾？墨守成规的解决方案是：创造更多细化的专业化社会服务。而社会创新的解决方案是：人口老龄化不仅仅是一个社会问题，也是解决问题的触发点，我们应该支持老年人群积极参与解决问题的过程。这种突破式的创新思维方式已经为我们带来了不少的案例：包括为老年人提供的合住住宅（老年人在这里通过不同的互助形式得到帮助）；老年人和年轻人的合住模式（例如在“家有学生”案例中，家有空闲房间的老年人为愿意给予其帮助的年轻人提供住处）；在各个年龄段居民合住的住宅里，不同岁数的居民可以互帮互助。透过社会创新的视角可以看出，会有许多办法能让老年人在帮助他人的同时改善自己的生活。

（二）绿色设计的基本原则

绿色设计的基本原则主要包括品质原则和价值原则，品质原则是推进绿色设计的基础，价值原则是关键。

1. 品质原则——环境、资源、能效、服务和人文

（1）环境品质主要是指绿色设计的整个实施过程和结果对环境所产生的负面影响要最小化，包括选择更环保的原材料，生产过程的低污染甚至无污染，生产废弃物的资源化和再利用。

（2）资源品质是指要从设计、生产及产品制造的全流程考虑资源的投入，包括优先使用资源丰富的材料，设计物质集约度更小的物品，以及材料和产品的循环利用。

（3）能效品质是指尽量从设计角度出发，包括从营销、物流、包装、仓储等方面，使产品做到高效、低碳、节能；同时，探索开发新能源产品。

（4）服务品质主要立足于用户需求，从服务设计的角度出发，通过创新，在满足用户需求的同时，尽可能做到低碳。

（5）人文品质主要指从文化的角度思考文化的可持续，因为地域文化是世界文化的重要组成部分，地域文化的传承是全球文化可持续发展的重要内容。

2. 价值原则

价值原则主要指产品的市场价值、环保价值和社会价值，而绿色设计追求的是综合价值。传统造物观念下设计生产的产品过多地追求产品的市场价值，而忽略了环保价值，随着人类赖以生存的自然环境遭到越来越严重的破坏，传统消费观念与环保问题之间的矛盾逐渐升级，才促使人类开始思考如何去平衡这个矛盾。绿色设计的目标就是不断提高产品的综合价值，同时构建可持续发展的绿色生活方式，最终实现人与自然的和谐共生。

三、绿色设计助力可持续发展

（一）可持续发展愿景

建设可持续的人类社会是可持续发展的愿景，是一个整体的系统性问题，主要体现在以下 5 个方面：

1. 共同发展

地球是一个复杂的系统，每个国家或地区都是这个系统不可分割的子系统。系统的最根本特征是其整体性，各子系统之间都相互联系、相互影响，只要一个子系统出现问题，都会直接或间接影响其他子系统，甚至会诱发系统的整体突变，这在地球生态系统中表现尤为突出。因此，可持续发展追求的是整体发展和协调发展，即共同发展。

2. 协调发展

协调发展包括经济、社会、环境三大系统的整体协调，也包括世界、国家和地区三个空间层面的协调，还包括一个国家或地区经济与人口、资源、环境、社会以及内部各个阶层的协调，持续发展源于协调发展。

3. 公平发展

世界经济因各国发展水平存在差异而呈现出层次性，这是发展过程中始终存在的问题。但是若因不公平公正而引发或加剧这种发展水平的层次性，就会从局部上升到整体，并最终影响到整个世界的可持续发展。可持续发展思想的公平发展包含两个维度：一是时间维度上的公平，当代人的发展不能以损害后代人的利益为代价；二是空间维度上的公平，一个国家或地区的发展不能以损害其他国家或地区的利益为代价。

4. 高效发展

公平和效率是可持续发展的两个轮子。可持续发展的效率不同于经济学的效率，可持续发展的效率既包括经济意义上的效率，也包含自然资源和环境的损益的成分。因此，可持续发展思想的高效发展是指经济、社会、资源、环境、人口等协调下的高效率发展。

5. 多维发展

人类社会表现出全球化的发展趋势，但是不同国家与地区的发展水平是存在差异的，而且不同国家与地区又有着不同的文化、体制、地理环境、国际环境等发展背景。此外，由于可持续发展是一个综合性、全球性的概念，要考虑到不同地域的可接受性，因此，可持续发展本身包含了多样性、多模式、多维度选择的内涵。在可持续发展这个全球性目标的制约下，各国与各地区在实施可持续发展战略时，应该从本国国情出发，走符合本国或本地区实际的、多样性的、多模式的可持续发展道路。

（二）可持续发展的原则

实现可持续发展，需要遵循公平性、可持续性、和谐性、需求性、高效性和阶跃性 6 个原则。

1. 公平性原则

公平性原则是指机会选择的平等性，具有 3 方面的含义：一是指代际公平性；二是指同代人之间的横向公平性，可持续发展不仅要实现当代人之间的公平，而且也要实现当代人与未来各代人之间的公平；三是指人与自然、与其他物种之间的公平性。这也是可持续发展与传统发展的根本区别之一。各代人之间的公平性原则要求任何一代都不能处于支配地位，即各代人都有同样选择的机会空间。

2. 可持续性原则

可持续性原则是指生态系统受到某种因素的干扰后仍能保持其生产率的能力。资源的持续利用和生态系统可持续性的保持是人类社会可持续发展的首要条件。可持续发展要求人们根据可持续性的条件调整自己的生活方式。在生态可能的范围内确定自己的消耗标准。

3. 和谐性原则

可持续发展的战略就是要促进人与人之间及人与自然之间的和谐，如果我们能真诚地按和谐性原则行事，那么人类与自然之间就能保持一种互惠共生的关系，只有这样，可持续发展才能实现。

4. 需求性原则

人类需求是由社会和文化条件所决定的，是主观因素和客观因素相互作用、共同决定的结果，与人的价值观和动机有关。可持续发展立足于人的需求而发展，强调人的需求而不是市场商品，是要满足所有人的基本需求，向所有人提供实现美好生活愿望的机会。

5. 高效性原则

高效性原则不仅要根据其经济生产率来衡量，更要根据人们的基本需求得到满足的程度来衡量，是人类社会整体发展的综合和总体的高效。

6. 阶跃性原则

随着时间的推移，社会的不断发展使人类的需求将不断提高，所以可持续发展本身隐含着从较低层次向较高层次的阶跃性过程。

（三）绿色设计对于可持续发展战略的作用与责任

1. 绿色设计是加强可持续发展的最佳途径

绿色设计的最大作用并不是创造传统的商业价值，它是一种适当的社会变革过程中的方法与措施，是将正确的生态环境价值观念全面应用到设计领域，引导设计师认真思考有限的地球资源的使用问题，为保护地球环境服务。绿色设计正是设计师针对人类社会面临的种种危机，重新审视设计的本质、内涵及价值的结果。绿色设计也反映了人们对于现代科技文化所引起的环境及生态破坏的反思，同时也体现了设计师道德和社会责任心的回归。绿色设计有其应有的基本价值，它不同于传统的价值追求，绿色设计的价值追求是多元化的，多元化所带来的丰富交替的价值构成了动态价值体系。可持续发展就是绿色设计最基本也是最重要的价值追求，同时也是绿色设计的逻辑起点和理论基石。

2. 绿色设计是实现可持续发展的有效途径

20 世纪 80 年代，世界众多国际组织普遍认可并接纳可持续发展观念，并将可持续发展的要义界定为“维护基本的生态过程和生命支持系统；保护基于物种多样性与生态系统的可持续利用”。可持续发展理论是一个包容性的理论，其中蕴涵社会、经济与环境的协调发展。联合国 1987 年发表的著名的 *The Brundt Land Report* 将“社会发展、经济发展和环境保护”作为可持续发展的“核心支柱”。与此同时，在产品设计领域，涌现出大量的绿色设计产品，从绿色材料到绿色建筑，从绿色能源到绿色产品，可持续发展理论成为指导设计的工具和方法，并成为实践检验的标准。绿色设计的目的，就是克服传统的产业设计的不足，使所制造的产品既能满足传统产品的要求，又能满足适应环境与可持续发展需要的要求。这就意味着，要在设计介入产品生产这个过程中寻找新的方法，利用新的技术开发新的资源或能源，为消费者生产具有同样功能和服务的产品，实现经济与社会的可持续发展。这种挑战是生产者延伸责任的一部分，生态保护由设计的末端介入变为设计的源头介入，以降低产品生命周期中的废物产出量，使其危险程度最小化，可利用性最大化，使产品轻量化，延长使用寿命。同时要求在设计开发生命周期中，使潜在环境损害最小化，或者改善，或促进环境自身修复与维持能力的产品。在具体的产品设计过程中，绿色设计既是一种设计方法，也是一系列可持续发展指标的集成，更潜移默化地影响人们的价值观。

（四）以绿色设计的价值创造为抓手

绿色设计在可持续发展理论和实践引导下不断审视自己，力图保持创作的活力，随着社会的发展逐渐被人们所接受，其被赋予了新的内涵。实现一个具有复原能力的系统需要可持续发展，或者说需要一种让各种文化百花齐放的可持续发展。社会和技术创新的融合与人类生活和思考的方式不断互动，使可持续发展也随着社会和技术创新一同演进，在这个过程中，新的行为和价值观慢慢呈现，与传统的主流行为和价值观分道扬镳。这个过程为我们如何提高人们的生活品质提供了新的思路，让我们对幸福有了更深层次的理解，同时影响着我们的价值取向。可持续发展，将相关的理念与品质带入了公众的视野，让更多的人理解可持续的理念和品质，只有有了“可持续”的行为才能获得“可持续”的品质。以绿色设计的价值创造为抓手，不断探索贴近可持续发展的设计之道，为实现建构人与自然全面和谐的生态社会、为实现我国的绿色发展而服务就是绿色设计的价值和责任所在。

本章小结：

本章将人与自然的相互关系演变作为起点，梳理了可持续发展的源起、概念、内涵及原则，对绿色设计的定义、产生的背景、理念及原则方面内容做了较为详细的梳理和概述。人类在社会发展过程中所面临的挑战，不断地反思并寻找突破口，而绿色设计正是在这一过程中被提出来的解决问题的重要行动措施，并成为人类实现可持续发展的有效途径和重要抓手。

本章重点：

1. 绿色设计与可持续发展的关系。
2. 绿色设计的定义、基本理念和任务。

思考：

1. 什么是生态危机？什么是生态平衡？保持生态平衡有什么好处？
2. 什么是可持续发展？可持续发展的愿景是什么？
3. 绿色设计产生的背景与任务？
4. 重温古代思想家有关生态的学说观点的意义？

本章附录：

中国古代生态与可持续思想学说经典语录：

孔子："钓而不纲，戈不射宿。"

管仲："山林非时不升斤斧，以成草木之长；川泽非时不入网罟，以成鱼鳖之长。"

孟子："苟得其养，无物不长；苟失其养，无物不消。"（"百物不失"，"百物皆化"，才是人与天地同和、同节的结果，才是一种真正的生态和谐，才是可持续的自然轮回。）

《中庸》："万物并育而不相害，道并行而不相悖，小德川流，大德敦化，此天地之所以为大也。"

（总结了对自然界以及人与自然关系的认识。）

老子："人法地，地法天，天法道，道法自然。"（意即人只不过是自然之一部分，天道与人道、人与自然是和谐统一的。人以地为法则，地以天为法则，天以道为法则，道的法则就是自然而然。）

老子："去甚、去奢、去泰。"

老子："见素抱朴，少私寡欲"，"罪莫大于可欲，祸莫大于不知足；咎莫大于欲得。故知足之足，恒足以。"（人类要维持其生存，就必须从自然界获取其生存所需的物质材料，但凡事都有一个度，超过了一定的度就会适得其反，只有知足知止，才能远离危险，避免祸患，立于不败之地。）"是故甚爱必大费；多藏必厚亡。故知足不辱，知止不殆，可以长久。"

庄子："万物不伤"，"圣人处物不伤物，不伤物者，物亦不能伤也。唯无所伤者，为能与人相将迎。"

第二章　绿色设计方法

引语：绿色设计是人类社会实现可持续发展的重要措施。绿色设计的思想方法是将市场经济、生态系统、社会系统甚至整个世界作为一个统一的综合体，将环境问题纳入设计思考之中，改变过去一味单纯追求商业利益和经济发展的思维模式，使人们意识到设计必须从生态整体系统的视角思考问题、分析问题、解决问题；绿色设计的实践方法体系构建必须以有利于生态可持续、资源可持续、社会可持续为追求目标；密切关注有关工业科学技术和传统造物智慧，以技术延伸、技术压缩、技术转化、技术整合的创新方式，在绿色材料开发与资源增效、绿色生产与营销策略、绿色产品开发与推广、绿色采购与服务方式提供、低能耗消费与循环利用策略、弱势群体服务解决方案以及民族文化传承与区域经济振兴等方面开展设计实践活动，在践行设计为可持续发展服务的行动中不断丰富、验证、完善绿色设计方法。

第一节　绿色设计基本方法

现代工业设计体系是在人类将追求经济发展作为唯一目的的时代建立起来的，要实现绿色设计不但要更新设计思维方式，还需要在技术和方式方面不断创新。技术革新为绿色设计提供了各种手段，使绿色设计的各种理念以及设计意图能够得到有效实施。

一、技术整合与跨界设计

在社会环境日益复杂化的当下，一方面设计的边界在不断扩展，另一方面设计学科根据知识结构体系在不断细化。而现实中所遇到的实际问题并不是按照知识体系的划分而存在的，需要设计师会同相关的专业人士一起，依据问题的指向协同创新，进行相关的跨界设计和技术整合。

（一）产品对设计的更高要求促使设计跨界思考

传统设计在实践应用过程中被不断细分，分为了诸如产品设计、环境设计、视觉传达设计等专业方向，细分导致各个具体设计分类之间的壁垒越来越深，在强调个性的同时又削弱了设计的共性。在当今社会，产品所承担的责任，比如经济责任，需要开发出满足人们消费需要的产品来达到企业赢利发展的目的；社会责任，需要调整各种社会关系，例如对弱势群体的人文关怀、对民族和区域文化的可持续对策等；环境责任，产品在其整个生命周期中都要做到对环境友好或实现环境伤害最小化。而这三种责任汇集在一起也就构成了推动社会可持续发展的责任。

由此可以看出，为满足可持续发展的要求，人们对生产、消费活动中的产品定位有了更多、更高的要求，这使设计也变为一种跨学科、跨专业、跨组织的综合性活动。以往按照社会分工和知识分类进行的诸如机械设计、工业设计、电气设计等分类已经不能满足开展绿色设计活动的需要，通过设计跨界思考来解决相关问题成为一种趋势和必然。

从美国学者赫伯特·西蒙提出人工科学这个概念开始，设计的跨界思考也就开始了。对于绿色设计而言，产品在材料选择、生产工艺、使用方式、废旧处理等方方面面都涉及对于我们赖以生存的环境的影响，因此需要我们做出更多技术的整合和跨学科的思考。

（二）绿色产品往往是思维与技术整合的产物

绿色产品是指产品本身及其生产过程具有节能、节水、低污染、低毒、可再生、可回收等特点的一类产品，它是绿色科技应用的最终体现。绿色产品能直接促使人们消费观念和生产方式的转变，其主要特点是以市场调节的方式引导消费并逐步形成绿色生活方式，实现环境保护目标。公众以购买绿色产品为时尚，促进企业以生产绿色产品作为获取经济利益的途径。综上所述，我们可以看出，通过绿色设计持续推出覆盖百姓生活的绿色产品，可以引导人们的消费价值取向。然而一个真正的绿色产品的面市还需要技术的支持，比如材料科学、先进的制造技术等。只有当思维与技术得到整合时，绿色产品才能够真正走向成熟。

（三）效率革新与降能耗设计

满足大众对于追求美好生活的需要必然涉及对物资的利用和能源的消耗，那么就需要我们在设计中考虑到物资和能源的使用效率与降低能耗。

经济的发展，一般要遵循这样的模式：供应方使用自然资源制造基础设施、消费产品和消费方式；需求方即消费者使用产品并且处置废弃物品。在此过程中，需要消耗能源和自然资源以及自然空间。在传统的模式中主要依靠加大自然资源的投入和能源的消耗来推动经济的发展；而在可持续发展理念的指导下，在生产和消费过程中必须强调由消耗资源到追求生态效率革新的转变。所谓效率革新主要是指：我们生活得越来越健康长寿，财富在增加，能源与材料的使用效率在提高，空气质量不断改善、废物逐步减少。生态效益的取得对于可持续性发展有至关重要的作用，对于效率革新者而言就是要在降低对环境影响的同时，为人们不断增长的消费需求提供产品与服务。

在可持续发展理念的统领下，绿色设计的策略和方法应该始终贯穿于产品的整个生命周期，在产品开发创意的初期就需要对降能耗进行总体的设计考量。伴随着社会物质水平和国民收入及福利的稳步提升，我国能源消耗也在迅速增加且资源瓶颈逐步显现。这使得我们在进行产品设计时需要将绿色设计的策略和方法贯穿于产品整个生命周期的各个阶段，比如需要使用树脂材料的产品，在产品开发初期的材料选择阶段，就应该在保证产品使用功能的条件下，从 8000 多种热树脂材料中选择生产过程耗热较少的作为设计的主要对象。

（四）减量化产品设计

减量化产品设计主要是指在发展循环经济时，在技术可行、经济合理以及有效节约资源和保护环境的前提下，对产品实行减量化设计，以实现抑制污染产生和节约资源。其作用主要体现在：首先是节约资源和抑制污染；其次是对再利用和资源化的渗透，使末端管理更加高效，从而做到在循环经济的源头上就加以控制，让我们能够更加高效地发展循环经济。

1. 产品减量的目的与思路

产品减量旨在采用事先预设预防的方式，减少构成产品物质材料的使用量、生产与使用过程中污染物质的排放量、产品运行过程中的能源消耗量。产品减量通过将环境污染的末端治理方式转向源头减量的预防方式来减轻环境污染，在发展经济的同时，达到保护环境的目的。

产品减量的思路应该基于产品的整个生命周期进行考虑，即在设计之初就应该有目的地考虑产品在生产、流通以及消费等环节如何进行减量。以流通环节为例，在设计产品包装时，要在满足保护产品的前提下尽量减小包装的体积和包装的层数，在包装材料的选择上尽量选用强度高和可降解的材料，在设计风格的选择上尽量采用简约化的设计，以便抑制污染产生和末端回收利用。

2. 产品减量的方式

产品减量的实现方式需在绿色设计原则指导下进行，首先必须对产品进行综合分析和评价，全面掌握产品的物理、化学属性以及生产工艺。然后在此基础上对产品进行减量化设计，产品减量的方式主要有以下三种。

（1）在满足产品使用功能的前提下尽量缩减产品的体积，体积的缩减会大大减少产品生产制造中材料的使用量。

（2）在材料的选用上尽量选择能重复使用、能降解和轻量化的材料，比如用镁合金材料代替汽车上的金属部件，其自身质量大大轻于同体积的钢铁，使汽车的油耗大大降低。

（3）在满足产品使用功能的前提下，尽量采用简单的结构和模块化的设计，简单的结构便于降低生产制造过程中的能耗，模块化的设计方便产品的维修和使用后的回收再利用。

（五）长寿命产品设计

所谓的长寿命设计主要指的是在确保产品在现阶段运行使用过程中平稳、健康运行的前提下对其使用寿命进行延长，延长产品的使用时间，减少因二次维修和更换所带来的资金投入，同时对于环境保护和资源的节约也起到了促进作用，有效地降低能源浪费，以促进生态节约型社会的建立和发展。

1. 产品长寿命设计的原则及对应方案

产品的长寿命设计并不是指无限制地延长产品的使用寿命和生命周期，而是应用各种先进的设计理念和工具，设计出能够满足目前和未来一段时间内的市场需求的产品。产品长寿命设计主要以最大限度地延缓产品的使用寿命、节约资源和减少对环境的压力为原则，设计策略和方法包括开放性设计、可维修性设计、可重构性设计等。

（1）开放性设计主要是指在产品设计中要留有余地，留下足够的“消费者空间”，允许消费者自由选择、搭配和再设计产品，即让消费者参与到产品设计中，发挥他们的想象力和创造力，不断调整产品的功能、使用方式以及形象风格等，以满足消费者日益增长的多元化的需求，而不至于使产品在没有结束其生命周期的情况下被提前淘汰。

（2）可维修性设计主要是指在进行产品设计时要让产品能够在一定资源支持下和一定的时间内，按规定和维修保养级别进行维修后，保持或恢复到可正常使用状态的能力。这样能够延长产品的生命周期，不会因为产品出现一些小故障就被淘汰而提前结束使用。

（3）可重构性设计主要是指在设计阶段，需要按多种结构和形式设计开发和管理产品，以满足不同用户需求。实际上，重构方法在产品开发过程中已经被使用了，被称为大批量定制生产。大批量定制生产是企业在为客户提供满意的产品和服务的同时保持大批量生产规模效益的一种新型模式。它是通过重构现有产品来满足客户多品种要求的一种方法，同时也是延长产品生命周期的重要手段。

2. 基于产品损毁的逆向设计

基于绿色设计的理念，尽管在设计时我们通过尝试使用各种手段和方式来延长产品的使用寿命，但是当产品的生命周期结束时，产品的损毁在所难免。传统状态是产品发挥出其所有的功能之后，产品的寿命就此终结。但是事实上，当产品整体寿命终结时，还会有许多零部件存在过剩的寿命，就此废弃会造成不必要的浪费，没有做到物尽其用。所以我们在设计的开始阶段就应该从产品损毁出发进行逆向设计，即等寿命设计。一般情况下产品的等寿命设计主要包括以下三个方面。

（1）由两个以上零件组装的产品，不管各零件的材料是否相同，当其中一个零件丧失功能（尚未达到预定寿命），又没有维修价值时，整个产品的寿命便提前终结。此时进行“等寿命设计”的目的在于，通过设计延长该零件的使用寿命，或缩短其他过剩寿命的零件的使用寿命，促使所有零件一起达到产品的预定寿命。

（2）对于由多件产品（或部件）组成的成套装置，当其中的一个部件失去功能，在维修或更换该部件之后，仍能延续装置的寿命，这时产品（或部件）与装置是一个倍比匹配的关系。此时进行等寿命设计的重点是减少可能需要维修或更换部件的数量与更换频率。

（3）对于具有某种特定功能的产品，其寿命值可依据功能的丧失来评价。但对于多功能的产品，在其主要功能丧失后，还会继续发挥其他附加功能，如某些核心产品消耗完后，其内外包装可以改装成工艺品或回收再利用。对这类产品进行等寿命设计时，必须考虑产品的附加功能对人类、对环境有益无害，并制定出回收的方法和可利用的途径。

3. 技术、方式、材料对延长产品使用周期的作用

在可持续发展理念支撑下的绿色设计需要研究产品的使用寿命，从而来确定产品的设计寿命。一般情况下，产品的设计寿命是指：产品设计时的预计不失去使用功能的有效使用时间，从而在理论上保证产品使用时间的长久性。具体而言，在设计中产品的设计寿命与所使用的材料、所采用的技术以及产品的使用环境和方式等有关。对于材料的选择而言，不能仅仅考虑材料的单一性能要素，而应该将诸如强度、硬度、耐疲劳性等性能进行综合考虑，避免因为一项性能失效而造成产品整体寿命的缩减。对于技术的选择而言，要根据产品在使用过程中对于某项性能的具体要求而定，比如就抗磨损而言通常采用加工硬化、表面热处理、化学热处理、表面薄膜强化等方式对其进行处理以延长产品的使用寿命。对于使用环境和使用方式而言，要力求保证产品在良好的使用环境中并采用正确的操作方式，从而使产品达到或者是接近产品的设计寿命。

（六）一物多用产品设计

一物多用思想于东方造物文化中由来已久，在物资相对匮乏的古代，功能是在造物设计中优先考虑的内容，其在传统民间器物设计中应用广泛。在当今社会，这一思想得到了延续，比如瑞士军刀的设计，采用折叠的方式将刀、剪刀、指甲锉、启瓶器等功能集于一身。在可持续发展理念不断发展的当下，一物多用的产品设计思想同样适用于绿色设计，一物多用应用于产品设计，并非是将众多功能生硬堆砌，而是试图运用一种合理的

造型来解决几个有关联的生活问题，从而达到节约资源和降低能源的消耗，实现节能减排的目的。

1. 产品的节能减排应从源头开始

大众以某种方式进行着日常的生活和工作，而我们的产品系统支撑着这种方式的运行。产品的生产制造和生命周期的结束造成资源、能源的消耗和环境的污染，一物多用则可以整合系统中各个产品的功能，让多个产品变为一个产品，减少资源、能源的消耗和废弃物对环境的污染。具体的设计方法主要是为产品赋予两种或两种以上的功能，从而使产品具有多功能的特点。这里的多功能并非几种功能的随意组合，而是一种合理的、相互补充的组合方式，产品的几种功能都能够得到有效的利用，不会出现部分功能闲置的问题。产品的功能组合可以有效地实现一物多用、物尽其用，从而达到节约资源、保护环境的目的。

2. 提高产品效率的节能设计

产品对于大众的意义主要在于其功能而不是物质层面的占有，对于一些使用效率低下且功能单一的产品，通过提高该产品的使用效率就能减少生产该种产品的绝对数量，从而达到节能减排的目的。一物多用实现产品功能的共享以提高产品的使用效率已成为绿色设计的一个重要的设计方法。产品功能的共享是指在物质层面的一种共享方式，即产品的设计是为了同时满足多个用户或者公众的需求。这种设计方法的理论基础是："人们的需求是通过产品的使用来实现的，但对于部分产品来讲，人们往往是在特定的时间段内使用，在其他时间段内这种产品往往处于闲置状态，造成资源的浪费。生态设计鼓励生产出可以被多个用户共享的产品，从而提高产品的利用率，减少对资源的占有，提高整个社会的生态效率。"

3. 改变使用方式的节能设计

一物多用除了整合同一个系统中各个产品的功能于一个产品中，采用共享的方式提高产品的使用效率以外，在产品生命周期内的不同阶段改变产品的使用方式无疑也能够减少供应产品的种类和数量。这一思想在李渔的《闲情偶寄》中就有记载，李渔在书中所提到的暖椅是椅、是床、是案、是轿、亦是熏笼，在不同的情境中具有不同的使用方式来满足不同的功能需求。在这样的设计思想指导之下具体的设计方法主要有：其一形态变化。所谓形态变化，是指通过折叠、打开等结构上的调整，达到形态上的改变从而实现不同的功能。在结构上需要简单易用，同时牢固安全。比如沙发床通过折叠结构来改变其形态以满足一物多用的要求。其二放置方式转换。这是一种仅仅通过产品本身放置方式的改变，来实现不同功能的方法，因为不需要任何工具，所以简单、经济、巧妙。比如茶几，本是实现茶几的功能，而将其翻转过来则成为一个座椅。其三组合方式的变换。这种方法是以两个或两个以上的单独产品，通过不同的组合方式来实现不同的功能。

二、新技术应用与生产、生活方式创新

新技术的应用能够带来生产方式和生活方式的创新，进而改变人们的观念，并不断激发新技术的革新。

（一）新技术应用拓展了绿色设计视野

绿色设计寄托着人类可持续发展的美好夙愿，应用新的技术手段无疑能够拓展我们的视野，为可持续发展带来更多的创新方式。

1. 新能源技术与产品设计

能源关系到人类社会的方方面面，改革开放以来，我国经济高速发展，工业生产和人们的生活水平得到显著提高，与此同时，以消耗大量不可再生资源为代价的传统发展模式已经不足以支撑大众对于美好生活的追求。因此，寻求和开发新能源已成为一项迫切的任务。寻找新能源，并在产品中融入节能技术，设计出绿色、低碳环保的产品是当今世界的一大发展趋势。

以汽车设计为例，汽车的不断普及为人们的出行带来了极大的便利，同时汽车也带来了能源的过度使用、污染物的过度排放、道路的拥堵等一系列问题。因此，未来的汽车设计不但要解决人们的出行问题，更需要考虑环境、能源等一系列问题。那么在可持续发展理念的指导，在进行汽车设计时需要将新能源技术纳入整体的绿色设计中进行考虑。汽车使用能源包括石油、天然气、煤层气、煤基燃料、生物质燃料、石化能、核能及可再生能源制氢和电能。依据能源的来源，汽车新能源可以分为石化燃料和非石化燃料两类。石化燃料是指用“煤变油技术”和“天然气变油技术”产生的可燃性液体作为燃料，或者直接将天然气作为燃料。非石化燃料是指氢能、太阳能、风能、水能、生物能、地热能等燃料。目前，新能源技术已经在汽车上得到不同程度的应用，主要有天然气、液化石油气、醇类、氧燃料、电能等。需根据车辆不同的功用，选择不同的动力来源。基于不同的新能源技术的选择和应用，在设计时需要设计出不同的汽车结构，同时在造型和材料的选择上，还需考虑车身轻量化的问题。

2. 3D 打印技术

3D 打印技术又称“增材制造技术”，最初出现于 20 世纪 80 年代，因其最初主要用于快速原型设计而被称为“快速成型技术”，是依据三维 CAD 模型数据将材料逐层累加制造实体零件的技术，具有层层叠加制造、

快速制造、绿色制造、单件低成本制造、复杂形体制造、分布式制造、控形控性制造、复合材料与复合结构一体化制造等特征和优势。3D 打印技术的出现改变了传统的设计和制造方式，为可持续发展理念下的绿色设计提供了新的视野和实施路径，主要表现在以下三个方面。

（1）3D 打印技术缩短了产品的开发周期，3D 打印技术根据数字化设计模型进行直接生产，不需要模具和刀具，省去了制造模具、刀具的过程，能够使设计模型快速成型，在设计初期的造型评审阶段和批量制造方面均具有时间上的优势。例如，在产品设计过程中，需要对产品设计的形态、色彩、体积感、装配关系、人机关系进行测试和评价，传统制造模型的方式为手工制作或机械加工，要投入较高的人力成本和时间成本。对于小批量生产的产品，3D 打印技术可实现快速制造，满足消费者的需求。这些优势无疑能够以最少的资源和能量消耗来精确地满足消费的需求，进而提高产品的生产效率。

（2）3D 打印技术是分布式制造模式的重要支撑技术，生产资源的分布影响产品的制造过程和设计模式。在分布式制造模式下，设计和生产体现为众创与众包，分散的设计师、创客参与同一个设计，分散的 3D 打印设备也可以完成分散的制造任务，这一过程减少了设计和生产组织成本、物流成本，促进了众创设计的实施。通过信息在互联网上的流动代替物质层面的物资和产品在高速路、铁路等交通通道的流动，能够减少流通环节的碳排放量，同时分布式的制造更能够精准制造而避免浪费。

（3）3D 打印技术能够实现复杂网孔结构、镂空结构、梯度结构一体化制造，在产品的形态和结构上释放了更大的创新空间，为设计创造了更多的可能性。这一优势降低了制造复杂产品所需资源和能量的消耗，从而拓展了绿色设计造型选择的范围。

3. 石墨稀等合成材料

所谓合成材料，就是人们通过化学方式合成得到的新型材料。合成材料自诞生之日起，就使人们的生活越来越舒适、便利和快捷，同时也改变着人们的生活方式。在生活中，我们可以发现不少由合成高分子材料构成的物品。合成材料的不断创新可以为绿色设计的方式创新和视野拓展带来新的可能。以石墨烯为例，石墨烯是目前世界上已知的人工制得的最薄的物质，也是第一个真正意义上的二维富勒烯。从本质上讲石墨烯是构成碳纳米管、富勒烯以及石墨块材等的基本单元。石墨烯具有良好的力学、电学和热学性能，能够用于生产优良的薄膜材料、储能材料、液晶材料等。在绿色设计的产品创意中对其进行应用，一方面能够提升产品生命周期的品质，另一方面能够减少资源、能源的使用和废弃物的产生，降低环境污染。

（二）以既有技术开展方式创新的绿色设计

我国三一集团有限公司是一家以“工程机械”为主体的装备制造企业，其主导产品包括混凝土机械、挖掘机械、起重机械、筑路机械、桩工机械、风电设备、港口机械、石油装备、煤炭设备、精密机床等全系列产品，其中挖掘机械、桩工机械、履带起重机械、移动港口机械、路面机械、煤炭掘进机械为中国主流品牌，混凝土机械为全球品牌。

1. 目前存在的问题与绿色措施

问题：工程机械是用于工程建设的施工机械的总称，广泛用于建筑、水利、电力、道路、矿山、港口和国防等工程领域，种类繁多。随着社会的发展，工程机械已经成为社会建设必不可少的工具，但其在设计与制造过程中还存在很多的问题，例如，工程机械产品的零件多且复杂，常常会由于一个零件或模块的损坏而造成整机报废，并且产品的体积大、质量大，给回收带来了很大的难度等。因此，工程机械产品的绿色设计势在必行。

措施：工程机械的绿色设计首先应当遵循绿色设计的“3R”原则，即 Reduce（减少）、Recycle（再生）和 Reuse（重新使用），不仅要尽量减少物质和能源的消耗、减少有害物质的排放，而且要能够方便产品和零部件的分类回收及再生循环或者重新利用。

其次，对于工程机械领域而言，其绿色设计还应遵循以下原则：

（1）闭环设计原则。在产品整个生命周期中，包括产品的设计、制造、运输、销售、使用、废弃处理等六个阶段均符合绿色设计特征，提高对资源的利用效率，实现“从摇篮到摇篮”式设计。

（2）资源回收再利用原则。在机械产品设计中，应最大限度地提高产品的可拆卸性和回收再利用性，减少对环境的破坏。

（3）节能降耗原则。在设计中尽量选用清洁能源，在满足基本的生产工艺要求的条件下，力求产品在整个生命周期循环中能耗最少。

（4）成本优化原则。在设计初期建立基于整个机械产品全生命周期的成本管理模型，综合考虑产品生命周期的各个阶段。

（5）技术先进原则。应采用最先进的技术体现绿色设计效果，可以采取开发性设计、适应性设计、组合选型设计等方法，并加以创造性的应用，以获得最佳的经济效益。

（6）污染最低原则。设计时实行预防为主的清洁生产策略，充分考虑如何消除污染源，从根本上防止环境污染。

产品生命周期设计是最常用的绿色设计方法之一，机械产品的生命周期是指产品论证设计到制造、使用、维修再到报废所涉及的各个阶段的总和。生命周期设计可以实现产品功能性、环境性和成本性的协调，以达到最佳的环境效益与经济效益。我们可以从产品生命周期的各个阶段寻找工程机械产品绿色设计的突破口，如图 2-1 为工程机械产品生命周期过程简图。

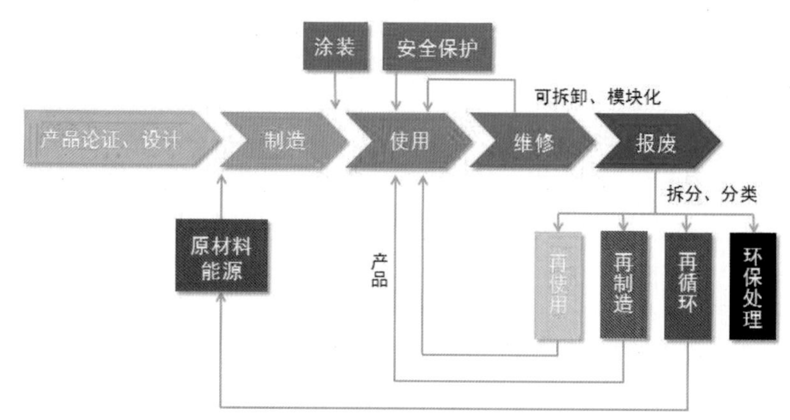

图2-1　工程机械产品生命周期过程简图

2. 产品全生命周期角度考虑工程机械的绿色设计

设计人员在设计伊始就要明确机械产品绿色设计的目标，从全局考虑并对产品进行评估和分析，以确保绿色特征贯穿于产品生命周期的全过程，在产品的整个生命周期中为了环境、健康、安全的目标进行系统性考虑。

（1）能源选择。工程机械产品是耗能较大的产品，传统的机械产品在使用时多采用汽油、柴油等不可再生能源，燃烧时产生了大量的有害气体，特别是柴油车排放的气体中含有致癌的污染物，在危害人体健康的同时也对环境造成了较大的污染，所以在设计中应该尽量选用清洁能源。

（2）涂装设计。工程机械产品的涂装是产品外观设计环节的一部分，在涂装上应采用环保材料，减少涂料中重金属元素的含量，色彩搭配上力求美观。

2016 年 9 月，三一集团有限公司在挖掘机涂装方面有所动作，与晨阳水漆展开深度合作，将其高品质的工业漆作为三一公司挖掘机唯一指定的喷涂材料。该公司从车间工人的健康和国家环保标准出发，对挖掘机用漆的选择有着非常严格的要求。晨阳水漆之所以被选用，得益于其不含甲醛和有毒重金属，并且没有刺激性气味，对人体无毒无害。另外，涂刷水漆还具有节能减排、低碳环保等优势。早在 2016 年年初，三一重工就开始了对推土机、铲车六大结构件的喷涂，开创了水漆在工程机械整机上涂装的先河。此次选择对挖掘机进行水漆喷涂，更是对工业涂装领域的一次引领，如图 2-2 所示。

图2-2　三一集团有限公司开发的纯电动小型挖掘机

作为涂料行业领先的民族品牌，晨阳水漆首先从建筑涂料市场发力，但是涂料最大的市场还是在工业漆和木器漆等高端领域。重庆晨阳水漆有限公司还根据不同的地域、不同的使用环境，做出不同的设计方案。此次携手三一集团有限公司，也意味着其在工程机械行业迈出了成功的一大步。

三一水漆涂装挖掘机的问世对整个挖掘机领域节能环保的发展将起到

绝对的推动作用。用心落实绿色制造，用销量去推广绿色制造，这才是推进绿色制造发展的有效途径。

（3）产品使用阶段的安全保护设计。2014 年 3 月 31 日，三一集团有限公司与绿地在长沙签订合作计划，将在建筑领域推行 A8 砂浆大师，先行在绿地·海外滩项目试用（图 2-3）。绿地集团或将在全国所有楼盘中使用这种最新的绿色环保施工模式。

图2-3　三一 A8砂浆大师在绿地·海外滩项目施工

在使用三一 A8 砂浆大师后，绿地·海外滩项目施工效率大幅提升，原定的工期大大缩短；用三一 A8 喷涂墙面，渗水较以往减少了 90%。另外，砂浆不用人工现场搅拌，并且直接通过砂浆泵送到高层，不用借助施工电梯。这些都大大降低了施工成本，提高了施工的安全性和环保性，产品综合价值得到了很大的提高。

（4）案例总结。近十年来，在可持续发展背景下和国家相关部门的支持下，我国工程机械的绿色设计得到了一定程度的发展。国内一些高等院校和研究院（所）对工程机械的绿色设计进行了广泛的研究探索，围绕机械工业中九个行业对绿色技术需求和绿色设计技术自身发展趋势进行了调研，在国内首次提出适合机械工业的绿色设计技术发展体系，同时还进行了车辆的拆卸和回收技术的研究等。现在国内更多工程机械制造企业也在积极开展绿色设计行动，追求经济、社会、环境三者的共赢。然而，目前工程机械的绿色设计仍然任重而道远，仍然需要继续积极研究绿色设计的方法，探讨如何进一步发展“绿色智造”的途径。

3. 家电类产品设计案例

家用电器可以说是我们居家生活中最常使用的产品，同时也是生活中主要的能源消耗产品。家电产品种类繁多，更新换代快，零件多且复杂，废弃后往往会产生大量不同类型的垃圾，并且部分家电还含有重金属，进行掩埋后往往会造成土壤和地下水污染。绿色家电设计的主要任务是针对现有家电的缺点进行改进，绿色家电除了具有节能、高效的特性之外，还需注意能否将材料用量、组件种类降至最低，要考虑能不能拆卸回收，是否可以再生制造、二次利用，且要避免有害物质的使用。

问题：绿色家电在我国还处于起步阶段，从设计的角度来讲，绿色家电不仅要考虑家电产品本身的绿色工艺，也要考虑产品所在系统的绿色程度，包括家电产业链、家电市场、用户行为等。

家电产业链对人类社会的危害，突出表现在四个方面：在生产环节造成的环境污染；在使用过程中造成的资源与能源的消耗和浪费；在使用过程中可能存在危害人身体健康的不利因素；废弃后处理不当对环境产生的负面影响。

措施：在绿色家电的设计中，大多数厂家只注重某一效能的增进，如低耗电、少排放等，而对于促进家电的资源再回收性能，投入的研发经费并不高，绿色概念并没有应用到产品生命周期评估和整个绿色产业链中。所以，从完整的绿色家电生产设计概念的角度来看，应该注重产品的全生

图2-4 卡赫T12/1干式吸尘器

命周期和绿色供应链。

产品整个生命周期：设计，原料采购，生产阶段，物流运输和销售，使用阶段，报废与再利用、回收（涵盖在报废阶段的拆解和回收）。

（1）产品研发设计。

在设计产品时应充分考虑如何将环保概念纳入其中，遵守减量（Reduce）、再利用（Reuse）、回收（Recycle）三个原则，即绿色设计的“3R原则”。当前国内也有专注于家电回收的平台，如格力公司不仅引入先进技术处理废旧电器，还开放多个网点集中处理。相较于在生产末端将时间精力耗费在减少废料、污染和处理回收物上，还不如在源头的规划设计阶段就做好准备。

近两年来，有机发光二极管（OLED）显示技术成为电视行业的主流，OLED因其突出的表现力与低碳环保理念，成为全球公认的绿色低碳显示设备。该显示技术具有自发光的特性，采用非常薄的有机材料涂层和玻璃基板。当有电流通过时，这些有机材料就会发光，OLED显示屏幕可视角度大，能够大幅节省电能。

2012年，联邦德国生态设计奖获奖作品卡赫T 12/1干式吸尘器能够达到750W的功率，相当于平常吸尘器1300W功率的效果，节省了40%的电量。另外，约95%的使用材料是可以循环利用的，极大减少了资源消耗，也保证了产品较长的使用寿命。同时，其使用时所产生的噪声相比其他机器减少了70%。（图2-4）

2011年，伊莱克斯公司推出了两款使用回收塑料制成机壳的吸尘器，其噪声分贝值很低，使用的集尘袋S-Bag成分是玉米塑料，自然环境下可自然分解，吸尘器的机身55%的面积是用回收塑料制成的，90%以上都可以被回收。（图2-5）

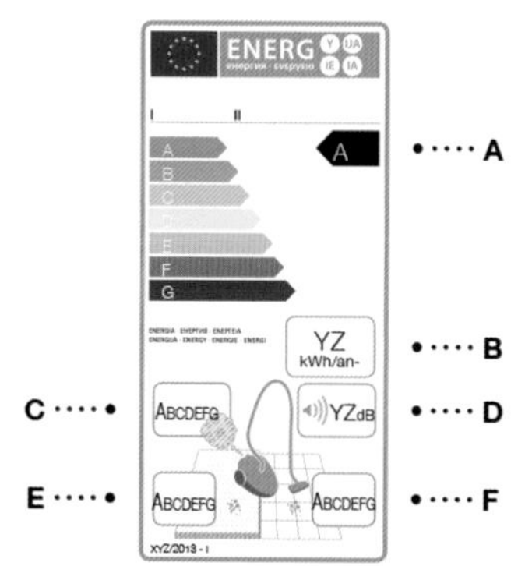

图2-5 吸尘器绿色设计分析

（2）原材料选择与生产。

2012年7月，松下开创了一种对废弃的二氧化碳进行再利用的新途径。通过应用氮化物半导体作为光电极，实现了具有简单结构的有效系统。简单的结构在实际系统的可扩展性方面具有显著的优势。（图2-6）

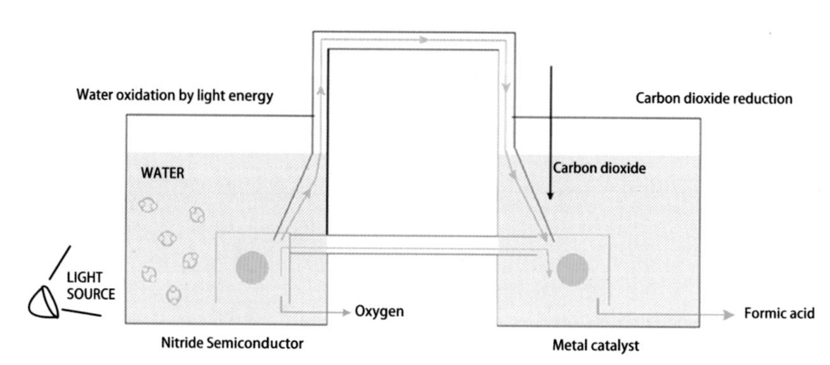

图2-6 二氧化碳再利用原理

（3）产品的包装运输。

绿色包装是指从原材料到产品的加工生产和使用过程中对环境与人类健康无伤害，可以回收循环利用或者比较容易降解的包装。在保证包装功能的条件下，用料少、废弃物少、资源浪费少，做到包装适度、简化包装。对于包装用材，无毒无害，不与人体和产品发生反应，同时便于回收再利用，掩埋或做其他处理时不产生污染物。

以海尔为例。海尔集团从十几年前就开始将环保包装列为重点课题和发展方向，经过十几年的努力，海尔产品环保包装材料的应用比例已由原来的 40% 提升到现在的 86.5%，具体表现如下：

① 冰箱、洗衣机、空调等产品包装设计已形成了环保方案的优选模块，保证环保材料的优先使用。

② 大力推进产品护衬向环保材料蜂窝纸板方向转化；产品包装底座外壳由 PE 塑料板改换成可降解的中空板、瓦楞板等；推进以纸代木，以纸代塑料制品的转化。

③ 建立完善的环保材料使用标准和使用体系，从制度和体系上推进环保材料的使用和开发：纸方管代木代塑技术、纸浆模塑成型工艺、加强筋防潮防湿技术、光分解塑料纸技术等正在使用和推广中。

④ 打造更适合民生和发展的包装模式——智能包装：对可循环使用的智能包装，海尔的理解是需要具备两个优先条件：一是产品（包装）具备可识别跟踪系统，二是包装部件能经得起多次（几十次到上百次）的市场周转。（图 2-7）

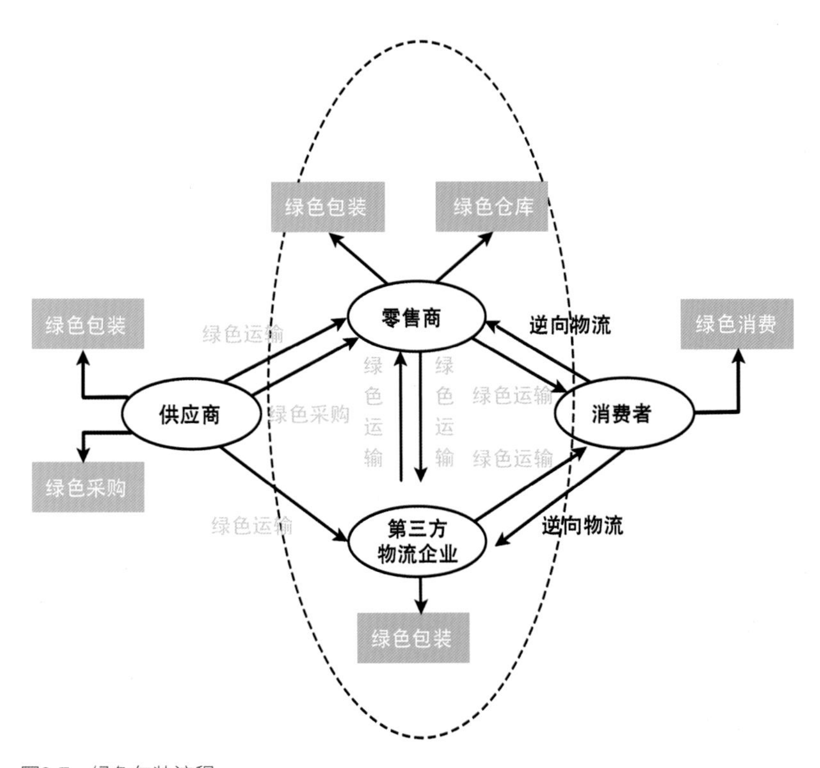

图2-7　绿色包装流程

（4）废旧家电的回收利用范例。

以格力电器为例。从 2011 年开始，格力电器先后在长沙、郑州、石家庄、芜湖分别投资设立再生资源全资子公司，针对洗衣机、电视机、空调、冰箱、电脑，通过采用国际先进拆解处理技术，对废弃电子、电器产品进行无害化处理。到 2017 年，上述几个再生资源生产基地的生产能力已达到现有产能的 1.5 倍，格力逐步扩大经营范围，不断向电子废弃物的深处理（比如贵金属提取）、废塑料的改性利用和报废汽车的拆解等领域延伸。

针对如何更好地处理废旧电子、电器产品这一问题，格力建立了以产品、消费者、再生资源基地与原材料厂家四方稳固的循环发展模式，将废旧家电拆解产物分为可再生与不可再生，其中可再生产物作为原材料流通至下游产业，不可再生产物按照国家相关部门要求交付给有回收资质的厂家做无害化处理。

① 从企业社会责任角度考虑绿色家电。众多家电企业纷纷加入绿色环保的行列中来，并将其作为企业可持续发展的重要内容，在每年的环境报告、社会责任报告、可持续发展报告中总结工作优劣、提出发展目标，努力加快推进家电绿色化。

② 制定系统的发展战略。以 LG 公司为例，公司从产品研发、设计、生产到营销全周期落实清洁生产，致力于减少原材料供应、制造、流通、使用、废弃再利用等产品周期全过程中产生的环境影响，强化产品亲环境性，提高客户价值。LG 电子通过整合人类（Human）、能源（Energy）、资源（Resource）三大亲环境要素，制定“绿色产品战略”（图 2-8）。LG 公司针对人类、能源、资源、包装几个模块提出了发展性的战略要求，并在几年的应用中取得了一些进展。

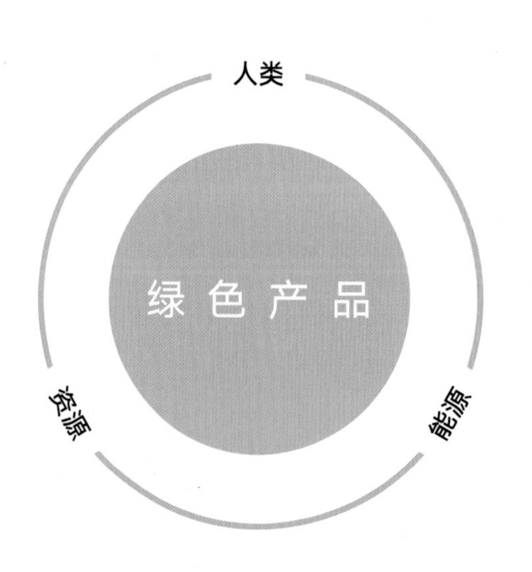

图2-8　绿色产品战略

以 LG 电子产品为例。LG 在 2012 年为电视机和手机制定了绿色包装设计准则，自 2013 年起，又增设了其他产品组，如电脑、空调、冰箱、洗衣机、真空吸尘器等产品的绿色包装设计准则。LG 制定了 22 项包装开发清单，包括减少包装体积和重量、优化物流效率、最低限度地使用有害物质等，特别是禁止使用违法获得的木材和其他野生植物。包装盒至少使用 50% 的再生纸，包装用纸要求至少保证达到 80% 的再生化。此外，LG 鼓励供应商使用经森林管理委员会（FSC）森林认证体系认可计划（PEFC）认证的包装用纸。

③ 制定详细的评价体系。以松下绿色产品评价体系为例。松下电器以“产品环境评价”为基础，根据评价结果将环境性能得以提高的产品和服务认定为“绿色产品”。该标准不仅应用于松下电器产品之间的比较，还应用于与其他公司产品之间的比较。自 2011 年起，在原有项目的基础上增加了关于生物多样性以及水的判定标准，使用评价标准更加充实丰富。（图 2-9）

策划　设计　出厂

设定目标值　中间评价　最终评价

评价项目		评价标准
产品本体	防止全球变暖	二氧化碳排放量、节能
	有效利用资源	节约资源、轻量化、小型化、再使用零部件的数量、长期实用性、再生资源使用量等，容易取出电池的结构，有关回收再生的相关标示等
	水、生物多样性	节水、保护生物多样性
生产工序（对象产品的评价）		与其他公司的比较
	防止全球变暖	二氧化碳排放量、节能
	有效利用资源	节省资源、包装材料排放物的质量、资源使用量、工厂废弃物等
包装	有效利用资源	节省资源、轻量化、小型化、泡沫塑料的使用量、再生资源使用量等
使用说明	有效利用资源	节省资源、轻量化、小型化、再生资源使用量
	化学物质管理	本公司化学物质管理准则（产品、工厂）
LCA评价 信息管理		全球变暖
		绿色采购、供应链上的信息提供等

图2-9　绿色产品评价体系

以 LG 碳足迹评价为例。碳足迹是显示产品在生产制造过程中能源消耗的重要指标，对于不同类型的电器如空调、冰箱、电视机等，可以显示出在各个环节中的不同消耗，以便针对不同类型家电的特定问题进行改善。

（5）制定具有前瞻性的发展目标。

以松下电器为例。松下电器从品牌定位出发，制定“氢能源社会”发展战略，为企业的未来发展设定了方向。松下制造的家用燃料电池于 2009 年在日本市场上市销售。该产品利用从天然气体中提取的氢气发电产生的热能来为家庭提供暖气和热水。作为未来技术开发的一部分，松下正在研究通过使用我们专有的光催化剂技术和可再生能源（即阳光）从水中产生氢的太阳能氢发生技术（光催化剂）。松下不断探索氢生产技术的每一种可能性，包括能源和环境新技术先锋计划，该计划由日本新能源和产业技术开发组织（NEDO）资助，计划在 2030 年左右实现。高密度存储技术的研发持续进行，松下正在努力开发一种纯氢型燃料电池，以高效率和低成本直接利用氢气发电，以期在不久的将来实现向每个家庭供应氢气。（图 2-10）

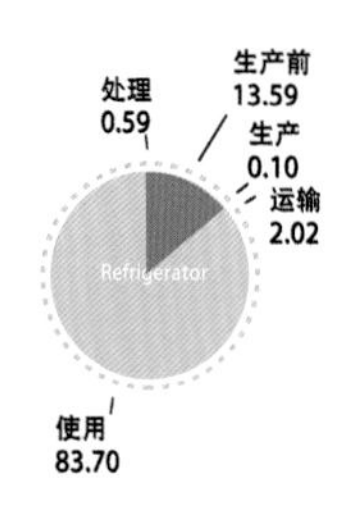

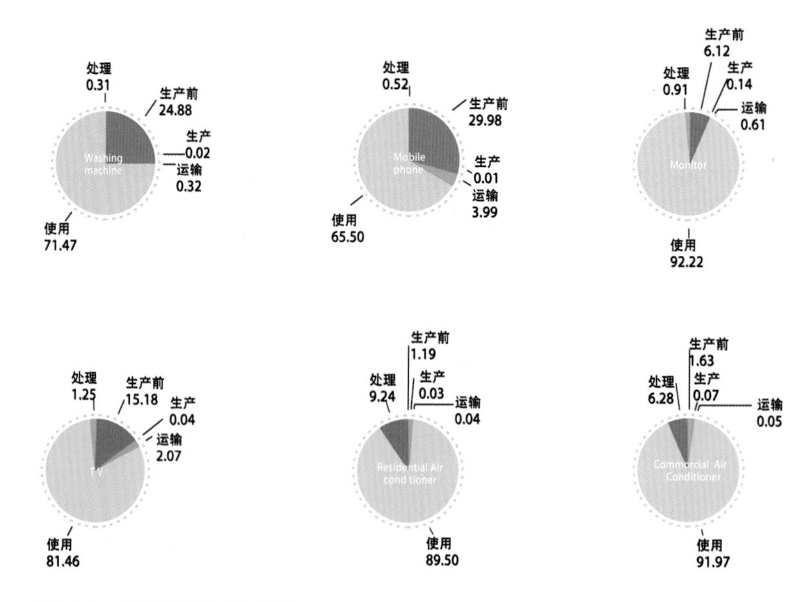

图2-10　“氢能源社会”体系

（6）案例总结。

综合来看，不同类型的家电面临不同的设计难题，除了专注于产品自身的研发、生产、运输过程的绿色设计外，家电产品与家居环境的配合、与用户的互动也存在可绿色化的空间。

为了满足市场发展需求和用户的使用需求，家电企业应该从绿色设计角度考虑升级换代。以彩电为例，企业除了重点关注用户对彩电的数字化、清晰化等特性的需求外，还应关注彩电的辐射量、耗电量、使用寿命、回收利用等特性，以期实现家电的绿色发展。

绿色设计还应该关注使用者的健康和愉悦感。以洗衣机为例，除了关注产品高效、节能、环保的需求外，还要充分考虑其对人体健康和衣物寿命的影响，例如负离子和臭氧技术在洗衣机上的运用。

4. 乘用车绿色设计案例

如何积极应对全球气候变暖所带来的挑战，最大限度地节约能源，减少温室气体排放，是汽车生产经营中面临的重要议题之一。2015 年，戴姆勒股份公司通过持续导入各项低碳技术和节能项目，实现了与生产有关的二氧化碳排放量相较于 2007 年降低了 20% 的目标。戴姆勒公司通过运用新的节能生产方法和更高效的工艺流程以及使用可再生与低碳燃料，进一步降低了汽车的二氧化碳排放量。

问题：由于全球汽车保有量大，且流动性大，造成城市交通空间拥挤、石油资源大量消耗，大气污染问题严重。因此，研究开发能源节约型、高回收率型、环境友好型的绿色汽车就成为汽车工业的主要发展方向之一。

（1）措施：从生产制造的角度考虑汽车绿色设计。

① 提高能源效率。如何积极应对全球气候变暖所带来的挑战，最大限度地节约能源，减少温室气体排放，是戴姆勒股份公司生产经营中面临的重要议题之一。自 2011 年起，戴姆勒建立了 35 个热电联产模块，总容量约 183MW，可满足戴姆勒大约 6% 的用电与供热需求，大大降低了工厂运营过程中二氧化碳的排放量。 戴姆勒对乘用车业务的上下游二氧化碳排放量进行搜集与监控。2015 年，在上游生产阶段，二氧化碳排放量约为 1340 万吨；售出的车辆在其生命周期中二氧化碳排放量约为 4200 万吨（按累计行驶 150000km 计算，数据包含燃料生产产生的二氧化碳）。（图 2-11）

戴姆勒能源消耗量

戴勒姆能源消耗量				2014	2015
百万千瓦时					
电力	4,685	4,870	4,545	4,586	4,452
区域集中供热	913	949	973	824	884
天然气	4,161	4,305	4,971	4,922	5,075
燃料油	104	84	78	55	85
液化气	96	99	108	98	92
煤	181	139	69	61	55
燃料	325	322	315	305	296

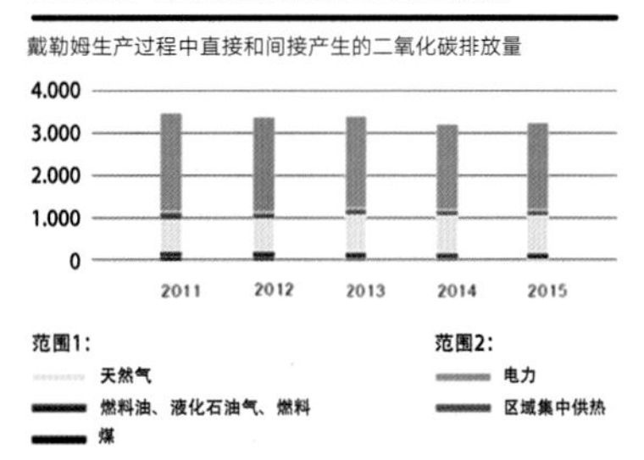

图2-11　戴姆勒能源消耗量和生产过程中直接和间接产生的二氧化碳排放量

戴姆勒在所有生产工厂都开展节能项目，并精确地跟踪记录相关成效。主要节能措施包括：

A. 采用智能关机和待机控制装置，避免生产间歇期产生不必要的能耗。

B. 降低因压缩空气泄露、热损耗、过度的工艺要求（如温度条件的设置）等造成的能源浪费；发掘生产工艺自身和厂房基础设施等方面降低能耗的潜力。

C. 利用现代化的生产技术和新型厂房替代旧生产设施，最大限度地提高能源效率。

D. 通过开展各种活动及沟通交流，不断提高员工和管理人员的节能意识；奖励提出节能建议的人员和部门。

② 清洁生产。戴姆勒综合考虑产品生产过程对自然环境的影响，通过制定严格的管理政策和实施有效的措施，加强对生产过程中的废气排放、废弃物以及水资源管理，以降低环境负荷，实现资源的合理利用。

通过使用不破坏臭氧层的专用制冷剂，戴姆勒排放的臭氧层破坏物质残余量已微乎其微。戴姆勒通过引进无溶剂喷漆系统，大幅度降低因使用溶剂而产生的废气排放，特别是梅赛德斯－奔驰乘用车部门在这一方面已成为行业中的标杆。北京福田戴姆勒汽车有限公司2015年投入近1.4亿元，实施水性漆、燃煤锅炉以及叉车改造等一系列环保减排项目，减排挥发性有机化合物约254.4吨、二氧化硫约176吨、氮氧化物约69.7吨、烟尘约37.9吨。

多年来，戴姆勒始终坚持回收利用原材料、间接材料和其他物资。这些做法使戴姆勒实现了91%的废弃物回收率。戴姆勒在华生产企业践行集团的废弃物管理规定，以多种方式负责任地处理生产运营过程中产生的各种废弃物。北京福田戴姆勒汽车有限公司对废漆渣、污泥、含油废物等危险废物均按要求分类收集后存放于厂区危险废物储存间中，委托有资质单位进行转运处置。2015年，共处置危险废弃物283批次，共计1528.3吨。

戴姆勒竭力防止运营过程产生水污染，尽可能地减少从自然界直接取水，特别是在气候干旱的国家更应如此。戴姆勒不直接将废水排至湖泊和河流中，而是经过当地污水处理厂处理后，再通过公共污水系统排放。通过引进新的涂装工艺及流程，戴姆勒有望在2022年实现梅赛德斯－奔驰乘用车生产工厂水资源使用量降低15%的目标。

北京奔驰汽车有限公司在工厂建设了雨水地面收集、调蓄系统和虹吸式屋面雨水收集系统，年均雨水控制与综合利用量达360000m³，实现雨水用量占年用水量的20%。不仅如此，北京奔驰汽车有限公司还在涂装车间升级改造含镍污水处理系统，增加离子交换处理设施；在喷漆车间污水站新增两台板框压滤机，扩大处理能力并提高处理效果。

③ 生态系统保护。戴姆勒生产工厂的总面积约48000000m²，其中建筑物和交通运输区域大约占总面积的61%。戴姆勒通过开发高密度、多层次的建筑对有限的土地公共资源进行高效利用，还在工厂内部设置了户外区域，作为本地动植物的栖息地。通过这些举措，戴姆勒在工业建筑中有效地促进了生物多样性的发展。为了更好地衡量经营活动对生物多样性的影响，戴姆勒制定了生物多样性指标，并且已经开始着手对该指标的实际可行性进行测试。该指标依据集团各个区域的环境价值，划分为水平区域和垂直区域两类。

戴姆勒尽可能地预防任何土壤和地下水污染。其制定的内部指导准则中，对所有生产基地处理土壤和水污染提出了最低标准，而这些标准通常高于工厂所在地的法律法规要求。

（2）从汽车产品本身的生命周期考虑汽车绿色设计。

① 贯穿全生命周期的环保理念。在一辆车的生命周期中，大部分的一次能源消耗和二氧化碳排放都源于车辆的使用阶段，比如在配有内燃发动机的乘用车辆中，这一比例达到80%。因此，为提高车辆的燃油效率、降低二氧化碳排放量，戴姆勒进行了积极的探索和实践，例如：

轻量化设计：梅赛德斯－奔驰GLC级车型的新型铝制混合车身大约会比传统钢制车身轻50kg，减重25%。

天然气发动机：其二氧化碳排放量比柴油发动机低 20%。第一批符合“欧六”标准的天然气发动机已于 2015 年投入生产。

降低风阻系数：低风阻是实现出色燃油经济性的关键所在，在时速低于 70km 时，气动阻力的影响大于其他所有行驶阻力的总和。全新梅赛德斯－奔驰长轴距 C 级车中应用了智能进气格栅（Air Panel），当发动机冷却系统需求较低时，智能进气格栅的格栅条将关闭，以防止空气流过发动机舱，在降低风阻的同时进一步降低燃油消耗量。而当发动机舱需要散热时，格栅则将智能开启。戴姆勒汽车在中国的油耗量如图 2-12 所示。

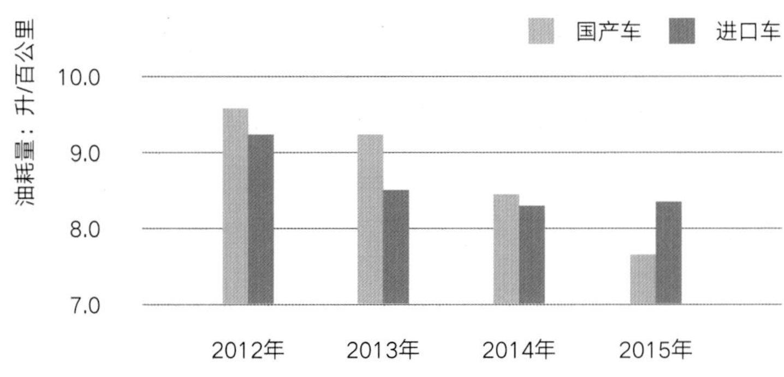

图2-12　戴姆勒汽车在中国的油耗量

② 资源保护与利用。车辆的生产过程通常需要消耗大量物料，戴姆勒的发展重点之一是尽可能减少使用自然资源，尤其是尽可能减少使用不可再生或容易对生态造成重大负担的原材料。戴姆勒同样重视零部件的修理以及已用材料的回收再利用。戴姆勒积极参与替代燃料的研究和测试，以期逐步摆脱化石燃料的限制。戴姆勒不断减少对化石燃料的使用，增加天然气燃料、合成燃料、生物燃料、氢燃料和可再生能源的使用。（图 2-13、图 2-14）

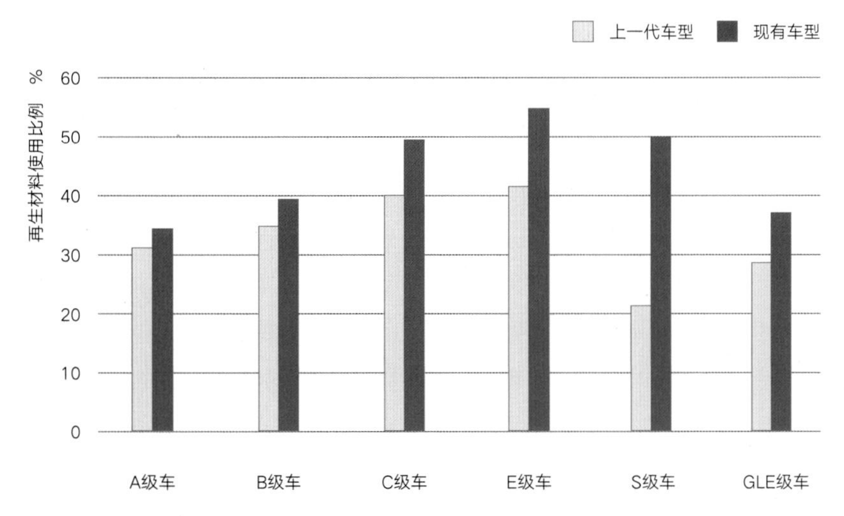

图2-13　戴姆勒主要车型的再生材料使用比例

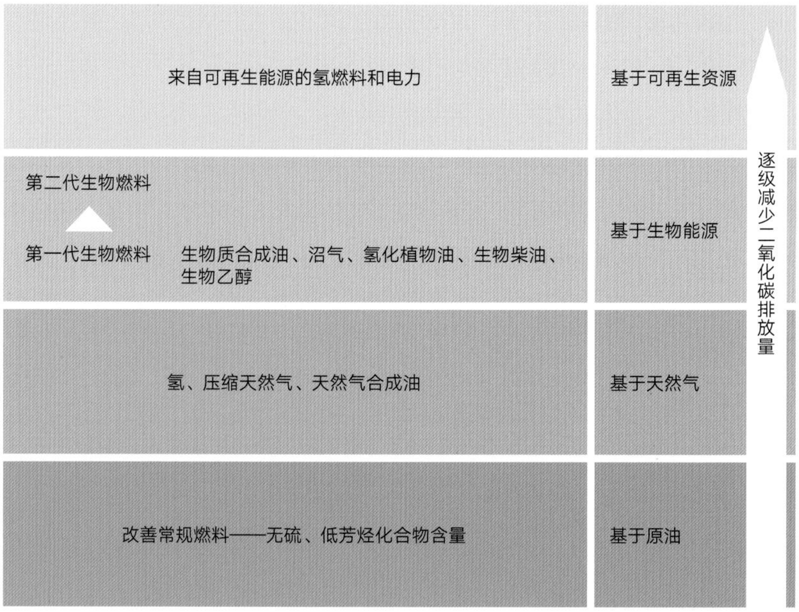

来自可再生能源的氢燃料和电力	基于可再生资源
第二代生物燃料 ▲ 第一代生物燃料　生物质合成油、沼气、氢化植物油、生物柴油、生物乙醇	基于生物能源
氢、压缩天然气、天然气合成油	基于天然气
改善常规燃料——无硫、低芳烃化合物含量	基于原油

逐级减少二氧化碳排放量

图2-14　戴姆勒汽车燃料进化路线图

（3）案例总结。

汽车产业是目前人类社会中尤其重要的一个产业，也是目前人类社会几大产业中发展相对较为完善的产业，但在汽车的生产、使用和报废过程中伴随着大量的资源和能源消耗以及生态环境污染等问题。由此可见，汽车制造产业目前的制造模式亟须转变。“绿色制造”的生产模式是一种先进的现代制造模式，其综合考虑了包括产品的报废、回收在内的全生命周期中自然生态环境、各类资源消耗以及产品经济效益三者之间的关系。“绿色制造”的根本目标就是在降低产品在其全生命周期中对自然生态环境的破坏的同时提高对各类能源和资源的利用率，进而实现协调和优化制造企业的经济效益和社会效益。

第二节　循环经济与绿色设计

20 世纪 60 年代，美国经济学家肯尼斯・波尔丁（Kenneth Boulding）提出了循环经济的概念，总体上说循环经济概念属于生态经济的范畴，其所阐述的观点本质上要求在经济流程中尽可能减少资源投入，并通过相应系统的措施避免和减少各种废弃物的产生，通过再生利用手段减少废物最终处理量。循环经济的概念自提出以来，学术界从环保、技术范式、经济增长方式等角度对其进行了界定，目前被广泛接受的是国家发改委对循环经济的定义：“循环经济是一种以资源的高效利用和循环利用为核心，以减量化、再利用、资源化为原则，以低消耗、低排放、高效率为基本特征，符合可持续发展理念的经济增长模式，是对大量生产、大量消费、大量废弃的传统增长模式的根本变革。”从该定义来看，循环经济对工业设计提出了新的要求。20 世纪 80 年代，为适应可持续发展的需要，绿色设计概念应运而生，绿色设计理念反映出了设计师应该具有的社会责任心，体现出了设计界对传统工业社会大批量生产和消费设计大规模消费所造成的环境与生态破坏的反思。设计不应该只是为了创造商业价值，更不应该只是追求过度包装和过分装饰。在环境和生态遭受到严重破坏的当下，设计的目光应该更多地聚焦于地球资源的合理利用和地球环境的保护，应为实现人类社会可持续发展提供可靠有效的行动措施。

一、什么是循环经济

同济大学可持续发展与管理研究所所长诸大建教授指出：循环经济不仅仅只是废弃物处理，我们必须站在新的高度来认识它，简单来看循环经济可以分为三个环节，第一个环节是原材料，既可以是原生材料，也可以是再生资源；第二个环节是制造，在制造环节应更多地关注效率，比如说如何提高工作效率，延长产品使用寿命，如何不卖产品卖服务，服务不同的循环阶段；第三个环节是消费，消费完成后再回收，加工处理后使其变为原材料的供给。从以上环节可以看出循环经济概念包含着丰富的内涵与外延内容。站在生态学和绿色设计的角度对循环经济进行解读主要包含以下两个方面。

（一）循环经济的内涵

循环经济（Circular Economy）是指在人、自然资源和科学技术的大系统内，在资源投入、企业生产、产品消费及其废弃的全过程中，把传统的依赖资源消耗的线性增长的经济，转变为依靠生态型资源来循环发展的经济。循环经济能够得以实施和顺利运行主要需要解决的问题包括：制度性问题，即政策对于市场主体的引导问题；技术性问题，即减少和循环使用资源的相关技术的开发问题；产业问题，即在建立闭环产业链时的问题。从设计的角度出发，循环经济是一种践行可持续发展理念的新的经济发展模式，包含着从源头的设计控制以及减少和循环使用废物的质的飞跃，其着眼点还在于经济。

1. 循环经济是一种实践可持续发展理念的新经济发展模式

随着强调人与自然和谐共处的可持续发展理念的深入，自然资源极限以及环境容量成为经济发展中必须考虑的问题。我国经济在经历了改革开放 40 多年的快速发展之后，人民物质生活水平得到了极大的提高，但是其中伴随着资源过量消耗、能源消耗过高、环境污染、生态破坏等问题，是一种不可持续的经济发展模式。而在可持续发展理念指引下的循环经济则是力求减少资源使用或是变废弃物为资源的“清洁生产”，是实现向生态化方向转型的经济体系，通过提供高质量的产品和服务，力争在环境与经济综合效益最优化的前提下实现可持续发展生态经济系统。发展循环经济，转变增长方式是解决环境与发展问题的关键，是可持续发展理念在经济领域中的实践探索。

2. 实现从末端治理到源头控制，从利用废物到减少废物的质的飞跃

传统的经济发展模式往往遵循着一种“先污染环境再进行治理”的可怕魔咒，经济增长越快环境破坏就越严重。一方面造成工业生产的自然资源面临枯竭，另一方面由于工业生产以及产品使用后的废弃物的随意排放和丢弃导致空气、水源、土壤等受到严重污染，表现为雾霾笼罩、湖泊营养化、土壤重金属超标等。当环境污染达到难以容忍的地步时，又花重金进行治理，使原本有限的资源、资金又一次被大量消耗。在可持续发展理念指引下，循环经济将环境问题的解决从末端治理的方式转变为源头控制的方式，将前一个生产周期的废物转变为下一个生产周期的原料，或者是尽量减少废料的产生，从而实现“清洁生产”。循环经济首先考虑自然生态系统的可承受力，尽可能节约自然资源，不断提高自然资源的利用率，实现资源的循环利用。在生产过程中，企业要通过减少材料的使用，实现低排放甚至零排放的目标，并逐步建立起生态工业网络。对于传统的经济发展模式而言，循环经济无疑是一种质的飞跃，是一种可持续的经济发展模式。

3. 循环经济要着眼于经济

经济是一个社会学概念，包含着人类活动中生产、流通、分配、消费等各个环节。对于循环经济的理解仅仅停留在保护环境和节约资源的一般性层面是不够的，在可持续发展理念的指引下循环经济具有协调人与资源、环境、生态等关系的作用，是一种经济发展的新模式。循环经济学是以“自然—人类社会—空间”三维系统为支撑，研究在既定资源存量、环境容量、生态阈值综合约束下，以缓解资源、环境、生态问题为目标，运用经济学方法研究物质流、能源流的运行机制、方式、技术、效率的一门应用经济学科。循环经济需要模拟自然生态系统中“生产者—消费者—分解者（或还原者）”的三元结构，从而实现经济活动中各要素的互动整合，实现物质循环、能量梯级利用和无废（少废）生产的基本功能。

（二）绿色循环生产力

绿色生产力是以“绿色”为核心价值的生产力。历史上，经济发展与环境保护存在不少矛盾，很长一段时间里，我国各地的经济高速增长都是建立在对环境的破坏与对资源大量消耗的前提下的。经过几十年的努力，我国已经建成门类齐全、独立完整的工业体系，创造出了巨量的社会财富，支撑了经济社会的快速发展，并成为带动世界经济发展的重要力量。但

是，我国工业发展仍然没有摆脱高投入、高排放的发展方式，资源约束趋紧、生态系统退化、发展与人口资源环境之间的矛盾日益突出，成为制约经济社会可持续发展的主要瓶颈。作为循环经济的第二大环节，企业实行绿色循环生产力势在必行，特别是制造企业应该把循环经济作为主流，优化生产组织模式，提高生产效率，减少有害污染物的排放，最终实现循环经济贯穿企业整个供应链的变革。

1. 绿色发展直接影响甚至直接决定生态文明建设的成效

生态环境日益恶化的事实表明，现有的生产力已经难以为继，必须对现有的生产力进行革命化的改造，可持续发展理念引领下的绿色发展无疑是一条生产力的革新之路。绿色生产力是生产力的生态转型，是一种更先进的生产力，其发展影响着生态文明建设的成效。绿色生产力的发展必然打破资本逻辑、工业文明的生产关系及其相关滞后的制度机制等，从而为生态文明建设开辟道路。在绿色可持续发展理念的引领下，确立自然资源资产公有的根本制度，在资源确权管理使用、国土空间开发保护、环境治理、生态保护等方面，政府和市场双翼并举各得其所，切实改善生态环境质量，为人们提供绿色生态产品，实现绿色富国、绿色惠民。

2. 宏观上：循环经济是促进经济增长与资源节约、环境保护的经济发展模式

推动形成绿色发展方式和生活方式，是发展观的一场深刻革命。一方面我们要促进生产力进一步发展来满足人民群众追求美好生活的愿望，另一方面我们的所有活动都应该以“尊重自然、顺应自然、保护自然”为根本的出发点，即要协调好经济增长与资源节约、环境保护之间的关系。依据前文论述，循环经济是一种依据生态循环规律的经济发展模式，也就是人类依照生态循环系统再造一个循环圈来协调经济增长与生态危机之间的矛盾。

3. 微观上：循环经济是企业实现经济绿色发展的方式

传统工业生产力及其生产与消费方式对资源和环境的损害，已经使人类面临增长的极限，人类必须全力推动传统工业生产力的转型与升级，使之走上可持续的发展道路。十八大以来，党中央国务院高度重视生态文明建设，提出将“绿色化”与“新四化”协同推进，不断实现生产方式绿色化、生活方式绿色化，弘扬生态文明主流价值观，推进生态文明制度建设，这是党的十八大“五位一体”战略布局从理念到实践的关键一步，也是扭转中国经济增长方式，开创社会主义生态文明建设新时代的关键一步。对于绿色发展的理解不能简单地停留在对环境生态的保护上，而是要具有经济可持续发展的主动需求，那么发展循环经济也就成为企业实现经济绿色发展的必然选择。

二、循环经济的绿色设计中贯穿“减量化、再利用、再循环”的理念

产品的绿色设计中贯穿了“减量化、再利用、再循环”的理念。绿色设计包含了各种设计领域，凡是建立在对地球生态与人类生存环境高度关怀的认识基础上，一切有利于社会可持续发展，有利于人类乃至生物生存环境健康发展的设计，都属于绿色设计的范畴。绿色设计具体包含了从创意、构思、原材料与工艺的无污染、无毒害选择到制造、使用以及废弃后的回收处理、再生利用等各个环节的设计，也就是包括产品的整个生命周期的设计。要求设计师在考虑产品基本功能属性的同时，还要预先考虑防止产品工艺及在使用过程中对环境带来的负面影响。

（一）以 3R 为准则的绿色设计

“3R 原则”是循环经济活动的行为准则。发展循环经济其核心就在于对各类资源进行充分利用和循环利用，尽可能减少资源的浪费和损耗。而作为发展循环经济支撑的绿色设计，必须将“减量化、再利用、再循环”作为其行为准则。

1. 减量化（Reduce）原则

要求用尽可能少的原料和能源来完成既定的生产目标和消费目的。这就能在源头上减少资源和能源的消耗，大大改善环境污染状况。例如，我们使产品小型化和轻型化；使包装简单实用而不豪华浪费；使在生产和消费的过程中废弃物排放量最少等。

2. 再使用（Reuse）原则

要求生产的产品和包装物能够被反复使用。生产者在产品设计和生产过程中，应摒弃一次性使用而追求利润的思维，尽可能使产品经久耐用和反复使用。

3. 再循环（Recycle）原则

要求产品在完成使用功能后能重新变成可以利用的资源，同时也要求生产过程中所产生的边角料、中间物料和其他一些物料也能返回到生产过程中或是重新加以利用。

（二）科技创新推动绿色循环生产力

绿色生产力以自然为师，强调人与自然的和谐相处，同时以循环经济的模式呈现在人类社会中，直接指向可持续发展目标。和其他生产力的构成一样，绿色生产力也是由实体性要素和智能性要素构成。其中，实体性要素包括绿色化的劳动资料、绿色化的劳动对象和具有绿色意识的劳动者。

智能性要素主要包括绿色技术与绿色管理。在众多的要素中绿色技术贯穿了绿色生产力和循环经济的始终，推动其不断发展。绿色技术是贯穿渗透于各生产力要素的要素，是推行生态化、清洁化的生产方式，是实现原材料和废弃物循环再利用、实现经济与生态协调发展的重要技术支撑。

1. 技术创新

技术创新是推动绿色循环生产力的根本途径及实现产业绿色转型的基本形式，能从改造提升传统产业，发展高新技术产业、新兴产业、园区经济和现代农业等方面为产业绿色转型提供技术支持。这样的技术创新要以无害、利于生态发展、促进人与自然和谐发展为目标。技术创新对绿色生产力的作用主要表现在循环经济中，其中主要包含两个大类的具体技术，其一为绿色生产的技术和绿色产品的技术，即从最初的设计、包装、生产、售后，到最后的报废全部实现绿色化的技术；其二减量技术、再利用技术、资源化技术等都是绿色技术。减量技术是在生产的源头就注重节约资源、减少污染、保护环境的技术；再利用技术就是延长原料或产品使用周期，通过反复使用来减少资源消耗，提高资源利用率的技术；资源化技术就是将废弃物变为有用的原材料或产品的技术。

这样的技术创新不可能一蹴而就，是一个长期不断发展的演进过程，一项成功的技术创新往往能够辐射到循环经济的各个领域中，其所产生的连锁效应往往会带来产业结构、市场结构、外贸结构等方面的变化，而这样的变化又会成为下一个技术创新的起点。由此不断往复来推动绿色生产力的不断发展。比如：膜分离技术、活性炭技术以及生物工程技术等不断持续的技术创新被广泛运用于环境保护中，起到根除废水、废气和废渣污染的作用。

2. 模式创新

在大众创业、全民创新的经济新常态下，各行各业都在积极探索转型发展途径。基于“互联网＋”背景下的商业模式创新、生产模式创新、流通模式创新等手段可打造出贯穿于生产、流通、应用各环节的循环经济的产业链模式。“循环”无疑是循环经济和绿色生产力的核心概念，就生产和消费来说主要包括物质和能量两个方面。从物质方面来说，借鉴生物学的物质代谢理论，创造一种新的模式使生产和消费过程中的自然资源能够在一个项目、企业、地区、国家乃至世界范围内得到闭环运行，使整个系统的物质循环实现闭环或者是最大限度地减少废物的排放。

3. 服务创新

服务创新可以被看成循环经济和绿色生产力的催化剂，创新的服务能够为企业和个人践行循环经济理念和发展绿色生产力创造条件。比如国家电网推出的“私人定制”电力新能源项目，让太阳能光伏发电技术进入寻

图2-15 国家电网的“私人定制”项目

常老百姓家中，除了可以满足自家使用外，还能将多余的电能并入国家电网产生效益，这样一来，就让前面所说的新技术、新模式等依托新产品真正地发挥作用（图 2-15）。类似的服务创新还有很多，比如金融服务创新的杠杆作用也能有效地推动循环经济的发展。

第三节 基于系统革新的绿色设计

产品与消费的系统革新是基于可持续发展的绿色设计的高层次追求，是典型的适应性绿色设计，也是绿色设计进入成熟期的标志。通过系统革新可以改变消费行为模式，让资源得到进一步高效利用。

一、非物质化设计

作为解决环境问题的重要措施之一，我们应该重视发展非物质经济。设计上应该尝试由“物”的设计向“非物”的设计转换，从考虑各种物的属性来满足人的需要转向一种“关系”性的思考，通过设计在各种关系的不断协调之中使人与物之间、人与人之间、人与自然之间、人与社会之间达到新的平衡，从而推进可持续发展。

（一）非物质经济特点

非物质经济并不是指完全不使用物质及能源，而是指试图最大限度地节省资源和能源的高福利经济。非物质经济是以消费极少资源来达到繁荣目标的经济。实现非物质经济也是实现循环经济的关键。

发展非物质经济也需要物质载体。例如书籍的生产和消费需要纸张或阅读器，但非物质生产和消费的节能减排空间很大。大力发展非物质经济可在促进经济增长的同时大幅度地节能减排。一般来讲，物质生产之单位 GDP 能耗要大于非物质生产之单位 GDP 能耗，而且物质产品的量值比通常远小于非物质产品的量值比。可见，物质经济增长达到极限后，可通过发展非物质经济而谋求可持续增长。这要求人们的消费偏好发生根本性的转变，由偏重物质消费转变为偏重非物质消费。

1. 经济发展与资源能源大量消耗脱钩

经济发展与资源能源大量消耗脱钩，带来的好处就是减少能源消耗，减少污染物与废弃物产生。传统经济的发展都是在消耗大量的资源和能源的基础上进行大批量的生产来满足消费，这一过程带来的结果是资源和能源的减少与废弃物对环境的污染，是一种不可持续的方式。而非物质经济的发展不是建立在资源和能源的基础上，其核心资源是一种非物质化的资源，如文化、服务、体验等。以文化创意产业为例，以某一文化作为产业发展的起点，将其转译在某一产品、服务、体验等之中，形成文化创意产品来满足人们的精神需求和对某种生活方式的追求，在使用产品、体验服务的过程中消费者对其中所包含的文化进行诠释，这种诠释不但不会减少文化资源，反而会使文化资源在不断的诠释过程中得到增值，因此是一种可持续的发展方式。

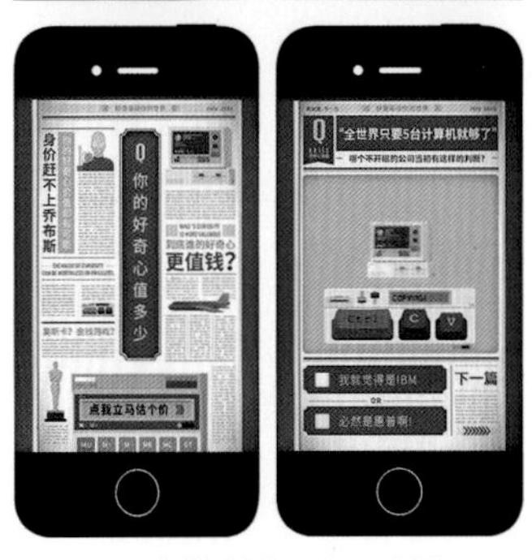

图2-16　传统传媒与电子传媒

2. 商业经营销售的是产品性能而不是产品本身

商业经营销售的是产品性能而不是产品本身。比如人们已经习惯从购买传统的纸质传媒向使用数码终端获取资讯的消费模式过度，现在相较于传统媒体，数字媒体为人们提供了更及时、更便捷、更准确的资讯服务。目前看来，传统的纸质传媒还是有特殊的受众与消费人群，只是整个资讯传播市场已经发生了巨大的改变，如何应对新时期的需求，是目前传统媒体所面临的头等大事。这样的转变也使我们关注的重点从传统的纸质物质信息转向非物质的信息，在这样的转变中设计所关注的焦点已不再是产品本身而是产品承载信息的性能。（图 2-16）

3. 消费者在体验服务的过程中实现了自己的消费目的

物质经济时代，人们以对商品的占有为目的，追求大尺寸、大排量的汽车，大房子等各类产品，只有在拥有了足够多物质的情况下人们才能得到满足，找到幸福感。但是，在具有创新意义的非物质经济时代，通过服务体系的完善与社会舆论的正确引导，消费者在少消费甚至是不直接消费的情况下，仍然可以得到满足，找到幸福感，从而减少对物质的追求。非物质经济时代的考量主要是基于：我们之所以需要物质，并不是为了占有物质本身，而是为了获得其中所蕴含着的服务来达到某种目的。那么，通过调整各种关系来实现尽量少的产品的私人占有和尽量多的服务体验共享，就能让消费者在体验服务的过程中实现自身的消费目的而不是用占有产品的方式来达到目的。

4. 多样化的服务是非物质经济的基础

从上述三个特点的讨论中我们可以发现，传统粗犷式的物质经济发展模式，更多地涉足物质资源消费领域，而非物质经济就不仅限于此，多样化、多元化的服务成为非物质经济的基础，它不仅涵盖传统的物质消费领域，还包含新时期的信息产业、文化产业、金融产业以及服务产业等。

5. 实行租赁服务，以共有业务代理的方式获得商业利益

共享概念早已存在。传统社会里，朋友之间借书或共享一条信息，包括邻里之间互借东西，都是一种形式的共享。但这种共享受制于空间、关系两大要素：一方面，信息或实物的共享要受制于空间的限制，只仅限于个人所能触达的空间范围；另一方面，共享需要有双方的信任关系才能达

成。随着互联网信息时代的到来，各种网络虚拟社区、BBS、论坛开始出现，用户开始在网络上向陌生人表达观点、分享信息，这让共享经济拥有了开阔的发展空间。

2010 年前后，随着 Uber、Airbnb 等一系列实物共享平台的出现，共享开始从纯粹的无偿分享、信息分享，走向以获得一定报酬为主要目的、基于陌生人且存在物品使用权暂时转移的“共享经济”。这样的共享经济体现出了非物质经济的主要特征，是一种非物质经济的主要表现形式，物质的共享为人们带来更加多样化的服务和体验，让非物质经济能够得到可持续的发展。(图 2-17 至图 2-20)

图2-17 2016年出现在重庆街头的Car2go

图2-18 2016年9月北京海淀区智享自行车系统正式运行

（二）非物质化设计的对象、目标

非物质化设计是非物质经济发展的重要组成部分，现代信息技术的飞速发展为发展非物质经济提供了技术条件和基础设施。作为非物质经济的实施途径之一，共享经济同样具有前面提到过的形式多样化的特征。过剩资源是共享经济产生的根源，时间、物品、知识都可以被看作共享的资源，通过相应平台的搭建，再通过合理的按需分配制度，最终获得回报 (利益)。我们在这里讨论的对象是工业设计领域的非物质化设计。非物质经济中一切过剩的物品都可以被看作是非物质化设计的对象，上面讲到的一系列共享平台所涉及的所有产品也都可以被看作非物质化设计的对象，其目标直接指向用尽量少的物质来满足消费者对高质量生活的需要。

1. 适于共同拥有，便于租赁使用，具有普适性能和便民服务终端的产品

非物质化设计还针对那些适于共同拥有、便于租赁使用、具有普适性能和便民服务终端的产品。其中既包括物质化的产品，也包含服务设计的内容。当下的社会，消费者对于某种产品的需要往往是暂时性的，而为了获得这种暂时性的需求满足，消费者不得不购买和占用这种产品，如婴儿车、婴儿床等。非物质化设计则将关注的焦点从具体的产品转向服务，重点考虑如何满足这种暂时性需求，同时在不需要时产品不至于变成废品，而流转向下一个需求该产品的消费者。这样的转变就使设计不仅仅需要关注物质产品本身，同时也需要关注携带者服务的产品的流转系统。

图2-19 交通工具共享平台、闲置房屋出租平台、物流共享平台

2. 延长产品使用寿命，适于长时间公共使用

绿色产品的长寿命设计并非仅仅一味地延长产品的服役期，它具有丰富的内涵。比如：量产化的产品，最重要的性能衡量指标就是产品的可靠性，高可靠性的产品会受到消费者的喜爱从而赢得市场，同时高可靠性的产品因为正确的使用方法、合理的结构以及准确的材料运用能明显提高产品的使用寿命。对产品进行长寿命设计，能够使产

品更好地进入产品流转系统之中，为更多的人提供相关服务。产品寿命的提升能够为人们提供更多的相关服务，也就有效地节省了资源、能源，更好地保护了环境。

图2-20　劳动力共享平台 、ofo共享单车平台、健身房共享平台

3. 产品具有整体再利用或零部件再利用、易拆卸分解回收等特点

所有的产品都有自己的使用寿命，而寿命的长短直接关系到资源利用率以及浪费率。提高产品使用寿命已经成为企业与设计师的重要任务，同样产品在使用寿命结束后能够被再次利用，成为新的资源，这更是设计师需要通过设计来实现的目标。零件的互换性是指从一批或多批同型号的零件中任取一件，不需要额外地整修就能装配到产品中，以满足产品的性能要求。零件的互换性有利于组织协作和专业化生产，对保证产品质量，降低成本及方便装配、维修具有重要意义。

产品具有整体或零部件再利用和易拆卸分解回收的特点。过去，产品因为拆卸回收困难直接造成回收成本增加，当回收成本接近再使用效益的时候，企业就会停止回收行为，这造成了大量物资浪费。可组装式设计（Design for Assemble）以及可拆卸式设计（Design for Disassemble）是绿色设计的重要的设计方法。（图 2–21）

4. 产品安全可靠，具有易理解的使用说明及安全提示

产品语意清晰，安全可靠，具有易于理解的使用说明，避免因错误操作而降低使用寿命，具有安全提示等特点。不正确的使用是造成公共用品损坏的主要原因之一，通常人们很少有时间慢慢去仔细研究公共用品的使用方式，他们追求的是使用便利的产品。在这种情况下，如果公共用品的使用方式指示不清晰，甚至有违常规，那就会造成使用者的不正当、野蛮使用，带来公共用品的损坏并造成浪费。又或者因为产品语意不清晰，造成使用困难、不方便，人们不愿意使用，产品利用率低，也违背了共享设计的初衷。因此，这就要求公共用品必须具有普适性。

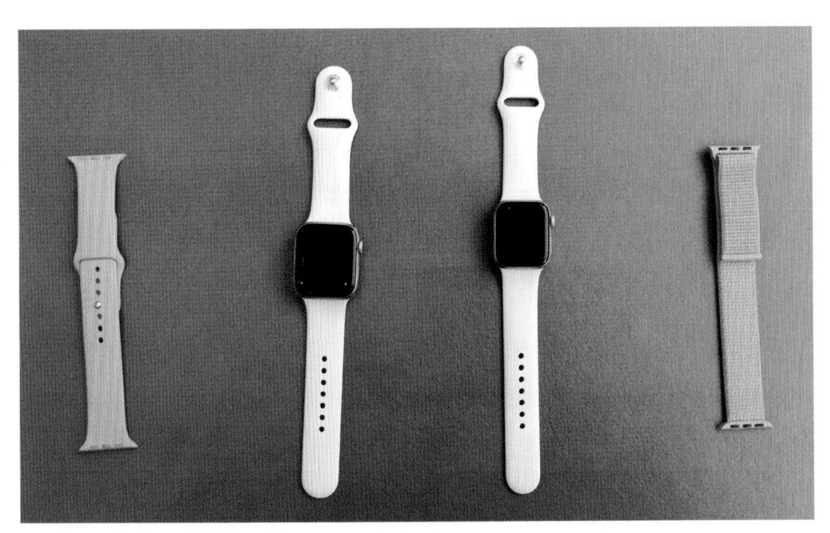

图2-21　手表的可拆卸

5. 具有与使用环境相适应的设计对策和良好的服务体验

在产品设计中，非物质因素的一个重要的概念就是服务体验，构建“用户与产品互动—体验价值—关系质量”的系统是产品设计的不懈追求。循环经济指导下的产品非物质设计应该根据具体的使用环境来创造良好的服务体验。主要的设计策略是依据大众对该产品的心理期许，诸如：圆润、时尚、温馨等的认识进行造型，同时考虑产品在环境中应该扮演的角色对其相关的品质赋以相关的意义。这样的策略需要采用产品语意设计的具体设计方法，在所指明确的情况下，依据类型学的规约找到产品造型的能指，依托这样的设计对策来为产品创造一个良好的服务体验。

6. 具有绿色生活方式的倡导意义和作用

随着我国生态文明建设的逐步推进和绿色发展理念的贯彻落实，“生活方式绿色化”概念日益凸显。学术界关于生活方式绿色化的研究逐渐增多。“践行绿色生活”的倡导不时出现在各大报刊及各类绿色活动中。近年来，党中央国务院高度重视“生活方式绿色化”的问题，在各种重要文献中频频强调，要“实现生活方式绿色化”。因此，在进行产品的非物质意义建构时，设计师应该将“绿色生活方式”作为建构意义的内涵的主要指向。生活方式是指人们生活活动的各种形式和行为模式的总和，它反映的是怎样生活，怎样生活才是好生活的方式、方法。生活方式并不等同于衣食住行游等日常生活领域，而是包括劳动生活方式、消费生活方式、闲暇生活方式、政治生活方式、交往生活方式、家庭生活方式、宗教生活方式等全部生活领域，是日常生活和非日常生活（不包括非生活性因素）的统一体。在产品中注入“绿色生活方式”的内涵并很好地与产品的功能外延相结合，让大众在产品的使用过程中不断地认识“绿色生活方式”的意义，并将其转化为自身生活的价值观、思维方式和行为模型，在生活实践中自觉践行绿色生活方式。

二、公共服务产品及系统设计

以循环经济为视角，倡导消费者成为循环经济的参与者，重要的是需要大众转变自身的消费行为模式，从传统的对产品永无休止地“占有”转变为享受产品所带来的“服务”，这样的转变一方面满足了可持续发展的要求，另一方面又向产品服务设计与系统创新发起了新的挑战。

培育节约资源、保护环境的消费观，提倡绿色消费，形成可持续消费模式，提倡健康文明、有利于节约资源和保护环境的生活方式与消费方式；鼓励使用绿色产品，如能效标识产品、节能节水认证产品和环境标志产品等；抵制过度包装等浪费资源的行为；政府机构要发挥带头作用，逐步把节能、节水、节材、节粮、垃圾分类回收、减少一次性用品的使用等变成全社会的自觉行动。从设计的角度出发需要通过开发服务产品、完善服务系统来回应上述问题，以便实现既能满足可持续发展的要求又能提高人们的生活质量的目标。

在系统创新方面，通过利用新经济时代社交化的开放态度，充分调动公众的积极性，最大限度地调动公众参与的积极性，例如网约车平台的建设，使很大一部分人从想要拥有私家车的想法，变为使用更为便捷、成本更加低廉的提供“共有”服务的网约车。类似的例子还有基于网络平台的精准营销（不同网络服务平台的广告推送）等，这些共享经济社区平台的搭建也为系统创新带来一种绿色生活方式。（图 2-22）

图2-22　《400个“盒子”的社区城市》青山周平

（一）创造支撑产品的系统平台

系统平台原本是指电脑软件运行的系统环境，包括硬件环境和软件环境。当下社会，利用互联网平台将线下的相关实物产品进行联结，使其共同成为为大众提供服务的产品系统，这些系统主要有公共交通平台、公共医疗平台、公共交互终端平台以及便民服务系统等。

1. 公共交通平台

在大众的生活和工作中出行扮演着十分重要的角色，汽车的普及让人们的出行更加方便，但是大量的汽车的出现使城市的交通变得拥堵，对环境造成严重的污染。公共交通平台能够缓解交通压力，提升绿色出行率。以“自行车 + 轨道交通”为例，北京摩拜科技有限公司推出的摩拜单车在缓解公共交通压力和短距离采用绿色交通方式出行方面取得了显著成效。其主要做法和经验有以下四个方面。

（1）建立用户监督体系。这也是出行道德文明的建设，摩拜单车上线时就有信用分制度，违停发现被人举报扣 20 分，低于 80 分以后计费会变成 100 元 / 半小时。

（2）物联网大数据精准优化车辆投放。摩拜的人工智能平台——魔方有非常精准的数据，通过数据分析能够知道每天的用户需求热力图，准确掌握每个地铁车站出入口甚至是具体方位的最大用户需求量，以便精准地把车辆投放到需求量最大的地方，投放和调度都是基于数据进行决策，而对于车辆堆积、有些热点地区没有单车等问题，都可以利用数据平台得到解决。此外，摩拜还用有趣的红包车方式引导用户把单车骑到需求热点地区，这不是简单的发红包，而是通过数据和人工智能平台驱动的方式提升单车周转效率、节省人工拖车的成本。

（3）智能推荐单车停放点，人工智能引导文明停放。基于物联网技术的停放点能够很好地规范用户停车。可以对智能停放点一定范围之内的车辆进行调度，只要用户把单车停到这个范围，就可以得到一定奖励，而且这些停放点肯定是最适合停放自行车的地方。

（4）摩拜与城市发展的融合。摩拜一直以来跟城市的各个部门紧密合作，例如上海市杨浦区人民政府以购买服务的方式聘用人员在出行高峰期进行路面调度；与一些社区合作，通过摩拜单车停车推荐点的建设，打造更适合骑行的社区；尝试更合理地将公园停放点与公园生态融合到一起；还包括实体经济的尝试，与肯德基、麦当劳都做了相关合作。

2. 公共医疗平台

在关注健康和可持续发展理念的引领下，产品服务设计与系统创新着眼于公共医疗平台的建构，利用“互联网 +”等模式为大众创造全新的就医服务体验，理想的公共医疗平台主要包括以下五个方面。

（1）自助服务系统。主要是实现全程就医自助服务，通过触摸屏完成制卡、挂号、预约、付费等自助功能。“一卡通”预缴费就诊系统使患者只要办一次卡，在就诊卡中预存金额，就可直接到相应科室刷卡扣费，方便了患者就医。其主要功能是：自助制卡、挂号、预约，专家排班、医保账户、检查检验报告、预约查询；门诊就诊记录、住院就诊记录、住院一日清单查询;医保政策、药品信息、医生资质、诊疗信息、政务公开查询等。

（2）一站式服务模式。该模式又称为预约中心模式，是由门急诊护士组成的一个特色团队，主要为患者提供一站式服务，有效地避免和缩短患者的非诊疗等候时间。其主要功能是：导医就诊、预检挂号、专家限额管理、专家信息咨询、预约挂号、检查检验预约、检查检验查询、报告打印等。

（3）预约诊疗系统。该系统可提供网上预约挂号、预约中心预约挂号、电话预约挂号、医生诊间预约挂号，要求初诊患者必须填报真实姓名、医疗卡号和有效证件号。患者可直接根据专家介绍和出诊情况进行网上自助预约。其主要功能是：网上预约挂号、医生诊间预约挂号、电话预约挂号、预约中心挂号、专家排班查询、预约成功短信提醒、退预约、预约记录查询等。

（4）卫勤服务信息化管理。首先，医院信息系统（HIS）根据电子申请单信息自动生成每日患者检查表发送至卫勤管理中心；然后，管理人员根据信息合理安排工作人员，接送患者至各检查和检验科室，并全程目标管理，做到一对一目标跟踪反馈；最后，管理人员将数据统计结果作为考核卫勤服务人员的重要绩效指标，实现患者满意度和奖惩制度挂钩。其主要功能是：电子申请、系统排班、人员动向、病人预约检查项目明细、未确认项目查询、目标管理、动态考核、情况反馈、工作量统计等。

（5）床边 POS 机点餐系统。主要用于住院患者的床边点餐，膳食营养中心定制标准化服务流程。其主要功能是：医嘱管理、预约菜单、营养成分、疾病限制、菜谱维护、菜谱定义、营养成分编码、食品禁忌维护、营养病历、菜单维护、饮食统计、随访查询等。

3. 公共交互终端平台

在当下社会，数字技术、信息技术以及网络技术等深入城市生活的方方面面，主要包括电子政务、电子商务、城市智能交通、市政基础设施管理、教育管理、社会保障管理、城市环境检测与管理、社区管理等方面。而公共交互终端平台产品旨在实现政府管理与决策的信息化、企业管理的信息化、决策和服务的信息化、市民生活的信息化。信息化的实质是去物质化，即通过数字化、网络化和智能化，为广大市民建立一个足不出户的全方位的服务终端。公共交互终端平台产品一般包括以下三个方面：其一公用电话、城市公共信息服务、城市政务信息、旅游信息、地理信息等交互式便民服务；其二法律咨询、医疗咨询、远程教育等交互式公共服务；其三再就业、消防、救济、物流配送等社会综合服务体系。

4. 便民服务系统

社区作为当代社会的基本单元，有着基层组织的核心资源，在可持续发展理念的指导下如何利用现代化信息手段进行高效的社区管理，已成为当今社会的一个重要的议题和研究方向。便民服务系统也在这样的一个大的环境中应运而生，涵盖便民服务、信息传播、社区管理、生活资讯四大方向，致力于整合小范围社区服务资源，解决日常生活琐事等社区服务问题，并紧密围绕居民实际生活需求，通过对居民生活及消费习惯进行了解，为其提供最优质的服务。在便民服务系统中主要包含三大模块。

（1）便民服务功能。根据社区居民对社区便民系统的多样化需求，社区便民服务系统最主要的体验形式便是便民服务功能。便民服务功能应包含一定的群众参与性，整合现有零散资源将其终落实到社区居民生活的方方面面，让社区居民在日常的生活中顺其自然地参与到便民服务中。便民服务功能主要包括购物和餐饮消费的融入、家政和旧物回收的融入、中介和物流的融入等。

（2）信息传播功能。在网络时代背景下，涌现出了大量网络媒体平台，城市社区居民参与平台的态度也十分积极。相较于传统的书籍、杂志、报纸等传统媒体的单向传播信息模式而言，网络媒体显现出明显的优势，主要表现在它的多层次传播模式，通过和用户直接或间接接触来实现用户的互动性参与。

（3）社区管理功能。不同于公共服务中的管理功能是在政府相关部门的指导下按章程实行，便民服务系统中的社区管理功能更人性化，它主要是对社区日常生活中的小事做一个引导和规划。社区便民服务系统中的社区服务管理功能也是依托于社区信息传播平台实现的，社区管理功能主要是发布一些最新的通知，如停电通知、停水通知、生活缴费、社区优惠活动、物业管理变动、社区动态等。还可以对社区内或社区周边的一些情况（如道路施工、城区规划等）向社区居民进行说明。

（二）基于系统平台的公共服务产品

随着市场竞争的日趋激烈，全球由卖方市场向买方市场转变，消费者的需求也越来越多样化、个性化和柔性化，产品的目标客户群的划分也日趋细化。消费者不只是关心产品的质量和价格，对于时间和个性化也提出了更高的要求。

以医疗服务产品为例，对医疗服务产品的功能进行分析，主要包括：核心功能，包括疾病的治疗、痛苦的解除、恢复机体的健康，提供健康或疾病的相关咨询、树立健康观念及掌握预防疾病的方法；形式功能，是核心产品服务的一系列配套服务，如技术手段、治疗方法、生活的照顾、药物的应用、良好的就医环境、快捷方便程度、好的质量保证、医患之间的沟通、合理的收费等；外延功能，该功能更为强调“服务”一词，包括尊重、诚信，更多地替病人考虑等，如及时接送重病员、网上或电话预约挂号、网络费用查询及健康咨询服务、发放普及健康知识手册、特殊情况设立的家庭病床、进行社区健康讲座、开展上门服务、对大额医疗费用实行分期付款以及费用方面的优惠等。

基于系统平台的公共医疗服务产品的设计有两种方法：一种方法被称为可扩展性（或参数）产品族设计，即尺度可变化，是指产品平台为满足客户需求而进行的一个或多个维度的“拉伸”或“收缩”。另一种方法被称作可配置的（或模块）产品族设计，目的就是开发出一个模块化的公共产品平台，可以进行灵活操作，如产品族成员的替换、增加及删除其中一个或多个功能模块等。这样的设计能够更好、更精准地满足消费者的需要，从而减少不必要的浪费。

第四节　社会创新

对于社会创新的理解，因人们所处角度不同理解也略有不同。网络对社会创新的定义为：各种能够满足社会需求的新的战略、概念、想法和组织，从工作条件到教育再到社区发展和健康，它们能够扩展和巩固市民社会。杨氏基金会认为：社会创新是为了满足一种社会性的目标而进行的创新活动和服务，并且它们主要通过一些以社会服务为目的的组织发展和传播。波尔·维莱认为：社会创新可以被简单地定义为可能会提高大多数人生活质量或寿命的新想法。曼梓尼认为：社会创新是一个变化的过程，在此过程中，新想法由各种解决问题的直接参与者创造。海斯卡拉认为：社会创新是指在社会文化、规范或者管理结构方面的变化，这些变化会增强其集体能力和资源，并提高其在经济和社会方面的表现。OECD LEED 认为：社会创新是指通过以下方法寻找新的社会问题解决方案，定义和设计出能够提高个人或社区的生活质量的新服务；以多种元素定义和实施新的劳动市场整合过程、新的竞争力、新的工作和其他新的参与形式，它们均能够提高个人在劳动关系中的地位。

以上定义都反映了社会创新的不同层面，综合以上的定义，站在设计学的角度我们认为：社会创新涉及新的产品、服务、模式或者是想法，在可持续发展的框架内，产品、服务、模式等能够满足社会发展的需要，能够创造出新的社会关系，是推动社会可持续发展的力量。

一、为什么设计能够使社会创新

对设计创新的内涵和外延进行深刻的理解，我们可以发现社会创新所关注的是社会关系的调整，使社会朝着可持续的方向发展，在保持现有社会资源不变的情况下，社区居民可以通过人人参与的方式来促进解决社会问题、改善某一范围人群生存状况。而在其中，设计通过自身的创意来创造产品、服务以及模式等，支持这种关系调整着社会的可持续发展。

（一）设计是创造市场价值的介质和措施

1. 社会创新设计不同于商业活动的一般性设计

社会创新设计与人们构建社会形态方式有关，是基于新社会形态和新经济模式的解决方案。它的意义是通过对社会关系的创新，为创新活动所在地的个人和集体带来福祉。它探讨面向可持续的各种社会变革，其中有关注贫穷的问题，也有关注中产阶级和上层社会的问题。

通过以上的比较发现，社会创新设计在促成新的社会形态和新经济模式可持续的推进过程中，其自身是能够产生价值的，不同于社会设计一样需要慈善的运行方式，即外部的资金或资源的注入。通过社会各社区之间关系的调整，产生新的产品、服务、体验、模式等来为参与其中的人群带来经济利益、相关服务、生活体验等。那么，设计师作为设计专家参与其中并推动社会创新设计的不断深入发展，依靠战略设计、服务设计等创建新的模式，依靠产品设计、环境设计、视觉传达设计等重构产品、服务、体验等来获得市场和社会的认可，从而获得市场价值。

2. 创新是设计工作的本质

在社会创新设计中所要做的就是将现有的资源和能力进行重新组合，从而创造新的功能和意义。人类在遇到新问题的时候，会发挥其与生俱来的创造力和设计天赋，创造出一些新事物。人们在进行创新的时候不仅仅解决了问题，他们的行动或许正在为新文明的出现奠定基础。推动社会创新的群体中的每一个参与者都具有创新的能力，而设计师则扮演着重要角色。设计师的创新源于对现有资源的创造性重组，期望通过新的方式来实现社会认可的目标。社会创新推广的生活方式和生产方式常常成功地将个人利益与社会及环境利益统一起来。在这种创新的推动之下，越来越多的人正体验着全新的、更为协作式的生活和生产方式。

3. 通过社会创新对当地资源作市场转化

社会创新设计直接指向现有资源和能力的重新组合，这就需要突破传统的关于公和私、本土和国际、消费和生产、需求和愿望的对立。通过社会创新对当地资源作市场转化，以一种新的形式来达到公和私、本土和国际、消费和生产、需求和愿望等的统一。如 2004 年，柳州一群喜欢乡村生活的年轻人从寻找土鸡开始，自发成立了民间非营利组织“爱农会”，他们尝试从社区支持农业开始，支持农户不用化肥农药、不用工业饲料进行农产品生产，然后组织城市消费者以双方协议的价格购买，慢慢地一个城市消费群体逐渐形成。经过几年的发展和摸索，“爱农会”确立了三个工作重心：合作农户网络、餐馆和社区农圩、消费者。这是社会创新的典型案例，一群年轻人设想了一种从来没有过的方式来解决自身的问题，在对农村资源作市场转化的过程中迎来了新的机遇。

（二）用设计的视角关注社会问题

社会创新是民间力量自发的、通过人人参与的方式促进解决社会问题、改善某一范围内人群生存状况的一种行动或趋势。在自然环境之下，我们创造了许多系统，以帮助我们更好地生活。可是，有一群人没能从现有系统中充分获利，身处困境。贫穷、失业、无家可归、资源与发展机会的不平等，同时，自然环境也遭受到了严重破坏。植被破坏、水污染、雾霾……产生了复杂的社会问题，我们需要用聪明、有效的方式解决这类问题。社会创新，是一群人协作努力，用创新的方式解决某个特定的社会或环境问题。

1. 关注农村“空心化”问题

近年来，农村“空心化”问题愈演愈烈，给社会主义新农村建设和城乡统筹发展带来了新的难题。从众多的研究来看，造成农村“空心化”问题归结起来主要有四个方面原因：一是城市化发展滞后；二是大规模农村人口向城市迁移；三是原有农村规划与高效农业发展的不适应；四是农村建设缺乏规划，建设管理滞后。而最根本的原因是农村经济发展缓慢，缺乏生机和活力。用社会创新设计的方法联动农村社区和城市社区，在梳理两者互动的关系中找到各自的优势，用设计的方式方法探索出一条城市社区支援农村社区发展的道路，充实农村经济，提供足够多的就业岗位，逐步解决农村“空心化”问题。

2. 关注人口老龄化问题

人口老龄化是我国当前面临的严峻的社会问题，随着人口老龄化问题的日益凸显，加强社会养老体系建设成为社会广泛关注的问题。在传统的养老模式体系中，子女承担了赡养老人的重任。但部分老人因无配偶、无子女，因无人照顾而导致生活困难。社会创新设计旨在联合政府和社会慈善机构为老年人提供各种养老服务，让老年人愉快地度过老年时光。如通过引入社会力量重点发展高端养老产业，推进“候鸟式”养老。所谓“候鸟式”养老，就是随着季节的变化，老年人像候鸟一样到不同地方生活，享受商业化的健康服务、旅游休闲、文化娱乐，在游玩中享受老年生活；再如智慧养老，就是以信息网络技术为主要支撑，综合运用物联网、大数据和云计算等新技术，改造传统养老服务方式、管理方法和商业模式，为老年人提供更加安全、便捷、健康、舒适的生活服务，是高度现代化、智能化的养老模式。

3. 关注弱势群体问题

社会由不同群体构成，弱势群体是任何社会和时代都普遍存在的。所谓弱势群体，也叫社会脆弱群体，是指凭借自身力量难以维持一般社会生活标准的困难群体。弱势群体问题已经成为我国当前突出的社会矛盾问题。社会学理论指出，利益被相对剥夺的群体可能对剥夺他们的群体怀有敌视或仇恨心理。当弱势群体将自己的不如意境遇归结为获益群体的剥夺时，社会中就潜伏着某种冲突和危险，甚至他们的敌视和仇视指向可能会扩散，产生“仇富”现象。这一现象在生活、就业、医疗、教育等社会保障问题上表现得尤为突出。因此，弱势群体问题已成为严重影响我国经济可持续发展和社会稳定的重要因素之一。应用社会创新设计能够调整弱势群体与其他群体之间的关系，对其进行“赋能”，使其有足够的能力在社会上生存，在不断的关系调整中达到理解以实现各个群体之间的互相价值。

4. 防灾、抗灾、减灾问题

中国是一个自然灾害频发的国家，防灾、减灾、抗灾历来是一项重要工作，也是一项以改善为重点的社会主义建设的重要任务。良好的生态环境，是经济社会可持续发展的重要依托，也是中华民族生存和发展的根本基础。保护和建设生态环境，关系到最广大人民的根本利益，关系到中华民族发展的长远利益，也关系到防灾、减灾、抗灾工作的成效。经过不懈努力，我国生态环境保护和建设工作取得了巨大成就，环境保护和生态建设得到加强，重点流域、区域环境治理不断推进，污染物排放总量得到一定控制，退耕还林还草、天然林保护等生态环境保护和建设工程逐步展开，循环经济建设开始起步。在这个过程中，在保证社会经济发展和生态保护平衡之间所带来的各种关系的重新建构需要社会创新设计来协调，同时社会创新设计还关注灾后对受灾群众的人文关怀设计。

二、针对问题的系统化设计方法

日本千叶大学宫崎清教授提出以“建立社区文化、凝聚社区共识、建构社区生命共同体”为目标，并以整合“人、文、地、产、景”的方法开展的造町运动，在东亚和我国台湾等地区产生了广泛影响，该方法被普遍证明对于农村社区的经济振兴与文化认同等方面有积极的意义，这一切需要通过创新设计去完成实现。设计创新是以 Young Foundation、IDEO 公司和可持续设计专家所提出的应对社会问题、增进公共福祉以实现可持续发展的方法。它强调以社会需求为目标，汇聚并融合金融资本、人力资本和社会资本，通过设计思考（Design Thinking）、产品服务系统设计（Product Service System，PSS），等方法促进具有自我生长和传播能力的产品、服务和模式的创新，为公共服务、地区发展、环境与气候、文化、民主等人类整体福利问题提供可持续的解决方案。

（一）社会调研：问题内因外因、资源基础、市场需求、政策条件

社会创新设计解决社会问题的系统方法的第一步就是社会调研。在通常情况下，社会调研包含两个部分：其一为某个社区的资产，也可以理解为某个社区在进行社会交往的过程中自身所具有的优势；其二为某个社区的需要，也可以理解为社区的愿景和理想。

1. 社区的资产调研

社区的资产一般包括：自然资本、文化资本、人力资本以及行为资本等。这些资本总体上说是基于一定社区的自然物产资源以及文化资源，每一个社区都有其独特的物产资源以及基于此形成的独特文化，其文化最终又会外化为人的行为，进而形成独特的习惯、风俗等，这些能被社会创新设计所利用，可以成为设计的起点，再加上该社区的人力资本就可以在设计的推动下形成相关的产品或服务。

2. 社区的需要调研

社区的需要是一个复杂的概念，不同的社区有着不同的愿景，这些愿

景往往体现在不同的社会需要上，或者是一个社会需要抑或是几个社会需要的复合系统。总体上说，社区的需要主要包括地域的振兴、商业的发展、文化的传承、社区的恢复以及经济的发展等。在对社区的需要进行充分的调研之后，社会创新设计就会依据社区固有的资产来满足社区需要和达成社区愿景。

（二）制定行动计划及运行机制系统

在调研的基础上，依据问题来制定行动计划和设计团队的运行机制系统，整合不同专业和学科的优势，通过非物质文化遗产保护、工业设计、景观与家居设计等综合的工作方法，建立一个设计创新联盟和基于网络的信息平台，参与式地促进当地居民文化自主意识的觉醒和产业的创新，使设计以一种更有张力的结构形式和社会认同力量（创新网络、设计网络、社会网络等）参与到各种社区的社会创新中，使基于网络的可持续的和谐社区成为可能。

（三）设计的干预及社会效益

1. 设计干预的途径

把调研所得到的信息带入文化学、社会学以及经济学等的视角进行分析后，进而得到相关的知识平台，在知识平台的基础上结合各个设计专业的优势展开有针对性的具体设计，在各个具体设计目标实现的基础上形成一种合力来满足社区的需要。（图 2-23）

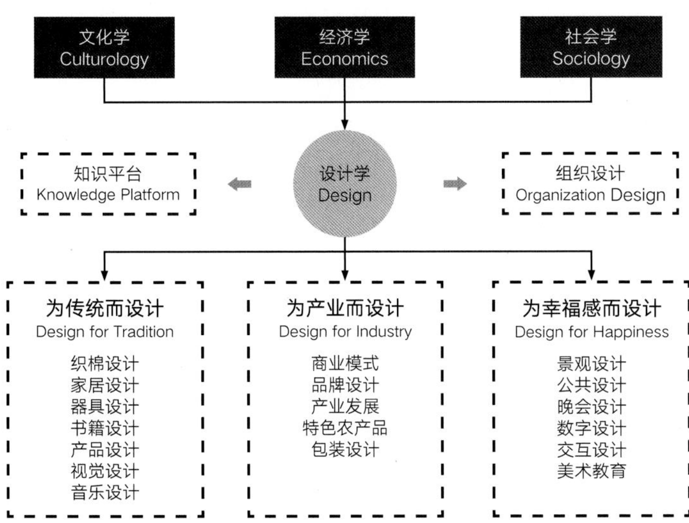

图2-23　设计干预社会创新途径

2. 设计干预的社会效益

社会创新设计不仅仅能帮助社区实现其愿景，为社区的提振贡献具体的设计来充实社区，同时还能让愿景的实现不断地持续下去，实现社区的可持续发展，这就需要对社区成员进行“赋能”，让社区成员参与到社会创新设计之中。不断地在设计实践活动的参与过程中，社区成员逐渐从参与的边缘向中心跃迁，最终实现依靠社区成员自身来推动社区的可持续发展，这也是社会创新设计的社会效益所在。

三、社会创新设计案例

（一）目标及愿景

北京时间 2013 年 4 月 20 日 8 时 02 分在四川省雅安市芦山县（北纬 30.3°，东经 103°）发生里氏 7.0 级地震，余震 4045 次。据统计，此次地震共造成受灾人口达 152 万，受灾面积 12500km^2。受灾地区均为偏远农村地区，经济发展滞后，异地就业或常规渠道就业较难，受灾后很多家庭几乎断了生计。随着灾后重建工作的推动和实施，如何从单纯的“输血式”援助到具有自我“造血”机能的实现，项目团队希望借该方案的完成，构建一个有机的造血系统：挖掘整理当地优秀传统手工艺，立足于当地丰富的乡土材料，有针对性地整合和集聚设计的力量，通过无偿扶助当地村民掌握设计的方法，使当地村民能靠自己的双手发展经济，缓解生活压力，进而脱贫致富、重塑信心。

该项目设计团队——四川美术学院在已有的研究基础上，积极尝试和探索，以雅安地区的农村灾后重建作为一个整合社会多方力量参与互动的社会创新活动，并注重活动的实践性、实效性、能落地、可借鉴、可推广。

（二）主要理念

该方案就地取材、因地制宜，以村民为主体，通过鼓励和帮扶就业等手段，助其增收，消除贫困。以深层次、宽领域、多元化、多途径，扶助贫困农村地区，从简单静态的“济与救”转变为可持续的“授之以渔”，希望借此方式推广、辐射至中国广大农村地区，将产业发展、灾后重建、经济复苏同步推进，拓展产业化，建设新农村的特色新模式与新路径。解决村民再就业问题的同时推动传统手工艺的发展，使传统手工艺焕发出新的生机与活力。

（三）案例主题思路

1. 案例主题——“自强不息、身土不二”

“身土不二”强调了人和环境的辩证关系。强调制器造物应因时、因地、因人制宜，使人的自然生命与宇宙万物协调统一。因时，即顺应季节时令的更替与变化。因地，即强调设计随地域空间的转换而变化。因人制宜，即根据不同的人的生活习惯制定不同的政策、方案。该项目实践单位四川美术学院以“自强不息，身土不二”为援助计划的主题，致力于雅安农村灾后重建和经济复苏。立足本土，希望借助当地人的双手和智慧，创造出低污染、低消耗、高附加值的产品，从而带动灾区经济发展，以绿色、生态设计的方法创造文化和经济的双重财富。

2. 研究思路与方法

（1）文献研究与田野调查相结合。

梳理雅安当地材料及传统手工艺发展中遇到的问题，并对其进行讨论和分析。通过与当地不同年龄、性别的村民的交流以及网络调查、实地走访、政府机构的组织咨询，对于雅安当地农村建设、产业培育等问题进行了解。

（2）案例研究与前期设计成果归纳相结合。

对国内外灾后重建问题进行案例与研究述评；对国内外传统手工艺再设计的文化与当地人们的生活方式、设计助力当地经济复苏等问题进行案例与研究述评；对项目小组曾经完成的并产生一定影响的设计实践案例进行总结与研究述评。（图 2-24）

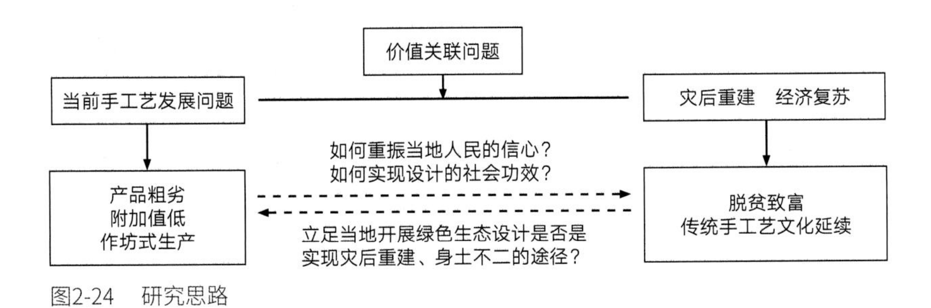

图2-24　研究思路

（四）实施内容

1. 调研

广泛调研当地传统制作技艺过程、工序、原料、图案纹饰、销量等。

2. 研发

结合当前市场需求进行应用性、针对性强的创新设计。

3. 赋能

传习所、手工业行会培训。借助设计院校的力量，联合设计院校教师和民间艺人，建立一个立足于当地的设计中心或传习所。从乡镇挑选一部分年轻人进行分期培训，通过举办相关竞赛、讲座等，培养他们的设计能力，提升其美学修养，进而为灾区百姓传授传统工艺和设计结合的理念、方法，使他们通过简单的培训就能上手操作，进而强化他们的动手能力。普及灾区百姓的设计意识，提升他们的鉴赏水平，使他们了解外部世界的需求，借助媒体的力量完成宣传和推广。

4. 生产制作

当地工匠与设计师合作或在设计师的指导下完成设计衍生品的开发与制作。建立室内装饰产品、旅游产品、包装产品等产品体系，针对客户特殊需求进行产品定制等。

5. 销售与推广

借助各类媒体扩大产品宣传，通过举办相关系列活动，增加社会对于雅安地区传统手工艺的认可，进一步宣传和推广雅安地区的传统手工艺产品。

（五）开发产品（图 2-25）

图2-25　产品方案设计

本章小结：

绿色设计源于传统设计，又高于传统设计，绿色设计从可持续发展的高度审视产品的整个生命周期，强调在产品开发阶段按照全生命周期的观点进行系统性的分析与评价，消除潜在的、对环境的负面影响，将“3R 原则”直接引入产品开发阶段，并提倡无废物设计。实现“完全”的绿色设计并非是不可能的，但是因为绿色设计涉及产品生命周期的每一阶段，同时受所处时代科技水平的限制，目前经过绿色设计的产品在有些生产消费环节还会或多或少地产生非绿色的现象，如某些材料目前尚无理想的替代品，在制造工艺过程中还无法完全取代切削液，绿色营销方式在一些经济技术欠发达的边远地区推广滞后，等等。不过，通过绿色设计我们可以努力将产品非绿色现象降至最低，并且在绿色发展的进程中我们可以逐步将“非绿”变为“浅绿”再逐步推向“深绿”，这恰恰说明了为什么绿色设计会永远处于在路上的状态，而这种状态也正成为从事设计实践和研究的人们对设计自身发展不断探索、不断追求的动力。

本章重点：

1. 绿色设计程序。
2. 绿色设计基本方法。

思考：

1. 绿色设计与循环经济的关系是什么？
2. 社会创新设计的意义与方式有哪些？
3. 传统手工艺生产绿色设计给我们带来哪些启示？

第三章　绿色设计材料与生产

引语：当环境问题日益被人们所重视和关注之时，绿色环保理念就开始推动着绿色设计材料与制造技术研究日益深入，并迅速转化成现实的经济活动。在绿色可持续发展的大背景下，顺应绿色理念的发展，加强绿色设计与可持续发展的研究变得尤为重要。绿色设计材料与生产研究是绿色设计与可持续发展的重要组成部分，它不仅具有绿色属性，还具有经济属性，具有重要的研究价值。

本章对绿色设计材料与制造技术的基本内容进行研究，找出材料与设计创新的内在联系，建立能够广泛应用的绿色设计材料与生产的技术要素，遵循造物和设计制造的理念、方式和战略，充分利用现有科学技术手段，站在社科人文的高度去审视绿色设计与制造技术的主要内容及发展方向，达成人—社会—自然三者之间的协调共生。以此，完善绿色设计材料与生产的研究层级，进一步探索绿色设计的制造技术，结合现有的研究理论与自身的研究内容，从理论和技术层面阐述绿色制造的内涵与包含的相关技术内容，探索绿色设计的理论体系与技术框架，完善绿色产业链，从而获得更高的环保效益、经济效益和社会效益。

第一节　绿色材料与技术

材料在工业发展史上一直是处于先导的地位，材料是所有科学应用的物质基础，现代高新技术的发展有赖于材料科学的进步。绿色材料的性能决定着产品的绿色性能，在产品生命周期的全过程中，材料始终影响着周围环境（图 3-1）。为了减少材料对环境的影响，在材料选择的问题上，最有效的解决方法就是开发绿色材料。

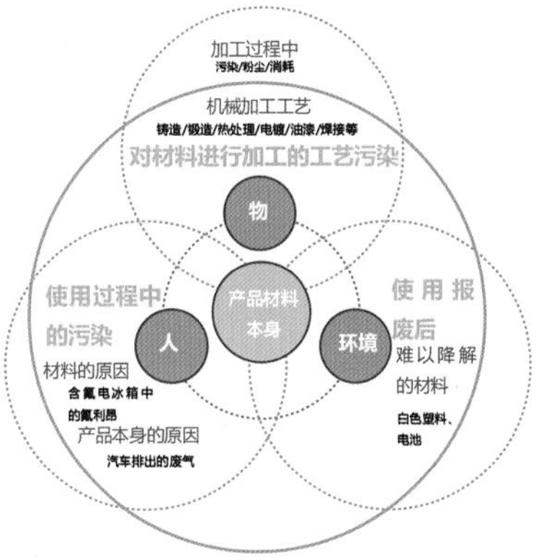

图3-1　材料对环境的影响

绿色材料指的是那种使用性能高、消耗资源少、能够和环境友好协调、对人体健康和生物不造成危害、可再生重复利用或可降解的材料。

由此可见，绿色材料应具有三个特点：首先，绿色材料具有良好的性能，同时与环境相协调；其次，绿色材料有较高的资源利用率，利用少量的资源实现产品的性能同时可循环利用；再次，绿色材料对生态环境影响较小。

一、绿色材料的种类

（一）天然材料

1. 石材

日常生活中我们所接触到的石材大致可以分为天然石材、复合石材和

图3-2 大理石桌子“交互石代”

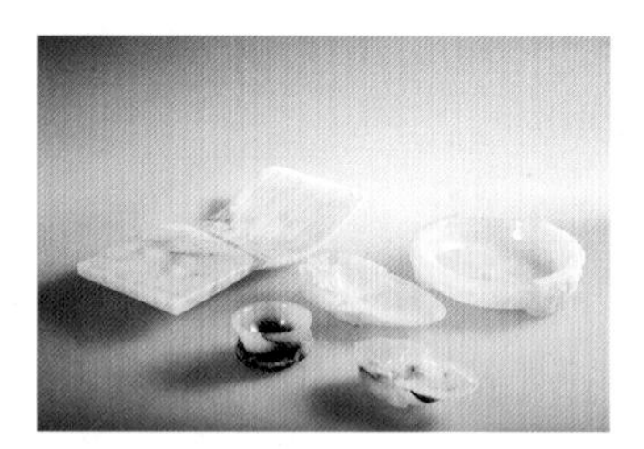
图3-3 石材器皿“石器”

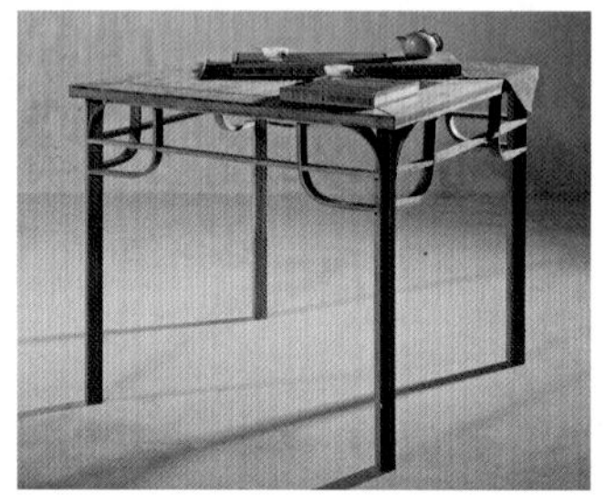
图3-4 竹材桌子“竹八仙”

人造石材。其中天然石材和人造石材用途较为广泛。天然石材中主要有花岗岩、大理石。花岗岩的优点是质地硬、耐腐蚀、抗风化能力强、耐久性高；缺点是不抗火。花岗岩颜色丰富，质地纹路均匀，一般适用于室内外墙面、地面和路面等。大理石的主要成分是碳酸盐矿物，质地较软，一般适用于室内墙地面。天然石材与其他石材相比较重，工艺上两块石材无法做到无缝拼接，所以渗透在石材里面的污渍难以清洗，天然石材较脆遇到撞击容易裂缝（图 3-2、图 3-3）。

为了顺应科技发展的需求，使用人造石材便成了发展的趋势。人造石材没有放射性物质，是一种可循环使用的室内装修材料。这类石材是把天然的矿石粉、树脂和颜料混合在一起，然后通过浇铸或者模压成型，是一种矿物填充型分子复合材料，其优点是具有天然石材般的质感，色彩均匀，基本上没有色差，并且可塑性强，易清洁，绿色环保，所以广泛应用于公共建筑领域和家装领域；缺点是颜色比较单一，不耐高温。

2. 木材与竹材

木材是传统的建筑材料，在古建筑和现代建筑中得到了广泛应用。在结构上，木材多用于建筑大的构架和屋顶。因为我国传统建筑物多为木结构，且在建筑技术与艺术上均有很高的水平，并具有独特的风格。在装饰上，木材多用于室内地面的装修以及木装饰性线条。另外，在家具生产、工艺品制作、园艺建造以及生活用品等方面的应用也非常广泛。

从严格意义上说，木材虽然是一种可再生的天然材料，是一种环境友好型材料，但随着我国森林资源的保有量迅速下滑、国家森林保护力度的加强以及国际木材供应市场的疲软，导致木材长期处于供不应求的状态。这种情况下，竹材开始得到应用。

中国地处世界竹子分布中心，具有丰富的竹材资源。全球森林面积大幅度减少，而竹林面积却以每年 3% 的速度递增，竹材是最为理想的木材替代品，同为天然材料，竹材在环境价值与经济价值等方面具有明显的优势。与木材相比，竹材生长周期短，资源相当丰富，绿色环保，纹理通直，色泽淡雅，材质坚韧，是一种可以取代木材的可持续发展的资源。竹子空心、有节、挺拔的形态特征符合我国传统文化中的伦理道德、审美意识，象征着清高、气节、坚贞。竹材独特的天然气质正符合当下人们追求文化品位和审美趣味的设计潮流，竹材是符合绿色设计的好材料，发展竹材用品能满足人们对绿色设计的追求。（图 3-4）

3. 天然植物材料

因为有人工种植的因素存在，所以一般也可以说植物材料是一种半自然的材料。植物材料可应用于建筑装饰行业以及艺术创作中。其应用方式通常并不是完完整整地对植物进行直接应用，而是保留植物的若干特性，利用这些特性去创造新的艺术品或设计作品。这是在现代生活中，人们还原自然、回归自然的一种新方式。在提取和应用实施方面还需要依靠现代科技的辅助，使最后的成品更加完整。从可持续发展的角度来看，天然植物材料的应用还具有很大的探索空间。目前，人们陆续发现了多种新的可利用植物，为了更加有效地使用大量可再生天然植物材料去取代不可再生的矿物质材料，需要我们更积极地去发现、研究植物材料的各种属性和应用能力与方式方法，使之在可持续发展中发挥出更大的作用。

（二）复合材料

复合材料，是通过物理或化学的方法将两种或两种以上不同性质的材料，合成一种具有新性能的材料。各种材料在性能上取长补短，产生协同效应，使复合材料的综合性能优于原组成材料来满足各种不同的要求。（图3-5、图3-6）

图3-5 铜胎漆器“皴”

图3-6 铸铁茶具“相逢”

1. 金属材料

金属材料是指具有光泽、延展性、容易导电、传热等性质的材料，它是金属元素或以金属元素为主构成的具有金属特性的材料的统称，一般分为黑色金属、有色金属和特种金属。

2. 非金属材料

非金属材料指具有非金属性质（导电性、导热性差）的材料。自19世纪以来，随着生产力的发展和科学技术的进步，尤其是无机化学和有机化学工业的发展，人类以天然的矿物、植物、石油等为原料，制造和合成了许多新型非金属材料，如水泥、人造石墨、特种陶瓷、合成橡胶、合成树脂（塑料）、合成纤维等。

根据相关研究报告和绿色材料的要求，绿色材料的分类及特征如图3-7所示。

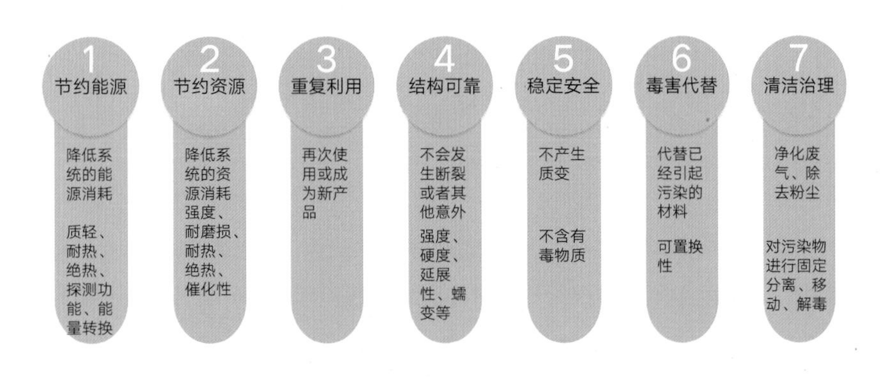

图3-7　绿色材料的特征分类及属性

（三）材料的再利用与可降解

1. 材料的持久性与可降解性在绿色设计中的运用

净化材料指的是能够清除不好的、不需要的或者有害杂质的材料。可降解材料指的是在一定时间内可自然分解的材料。

关于吸收废气废液的材料，现今主要有以下两项研究成果：① 日本科研人员发现，以方解石和火山灰为主要成分的天然矿石具有很高的吸臭、吸湿的能力，其吸附能力比沸石或活性炭高 10 ~ 20 倍。② 美国康宁公司发明的一种可以过滤一氧化碳等有害气体的净化器，它是用堇青石制成的，还可以用于除臭等。在绿色制造过程中，我们要求产品及包装的材料具有高效耐用性以及可降解性。例如塑料袋，在早些年主要是用一些不可降解的塑料材料制成，人们用过即丢，由于它们是不可降解材料，即使政府集中处理，将其埋在地下深层，都难以降解。这就意味着若干年后我们将踩在一片垃圾之上。现在社会各界相关人士以及政府机构部门都已经注意到了这个问题，限塑令的开展只是一个开端，相信今后会通过开发更多的替代品来解决这类问题，人类社会将会不断向绿色环保的方面发展。

2. 材料循环利用

可再生材料主要是固体废物回收处理之后再制造的材料。它具备以下特点：一是可作为再生资源，反复循环使用；二是对废弃物的处理耗能少，并且在处理过程中对环境造成的污染少。可再生材料主要类别如表 3-1 所示。

表3-1 可再生材料的种类

主要类别	内容说明
再生纸	一种以废纸为原料，经过分选、净化、打浆、抄造等十几道工序生产出来的纸张，它并不影响办公、学习等正常使用，并且有利于保护视力。
再生塑料	指通过预处理、熔融造粒、改性等物理或化学的方法对废旧塑料进行加工处理后重新得到的塑料原料，是对塑料的再次利用。
再生金属	具有比原金属更好的可塑性和抗腐蚀性。一类是加工过程中切削下来的边角碎料，为新碎料；另一类是废旧金属产品（成品）的回收，我们称它为“旧料”。

（四）提高产品及包装材料的绿色原料比重

绿色能源是指太阳能、水能和风能等清洁能源。太阳能是太阳的热辐射，每小时到达地球的太阳能足够满足全世界一整年的电力需求。太阳能的利用就是通过光伏材料将太阳能转变成电能，同时它也是洁净的能源，无污染，储藏丰富，可永久为人类服务。2014 年，中国的太阳能光伏组占世界总量的 78%，中国的太阳能发电量居世界首位。目前，在中国太阳能发电是比较成熟的技术，因此我国需通过大力发展太阳能来代替传统的能源。风能是现在中国第三大电力来源。中国的风电容量现已超过欧洲，且为美国的两倍，2015 年中国的风电容量已接近 150000MW。风能作为一种清洁的可再生的能源，其优点在于分布广，能够广泛应用，可以降低二氧化碳的排放量以减缓全球变暖。我国作为风力发电大国，要做到可持续发展，仍需大力发展风能发电，提高发电技术，降低风能发电成本。水力发电就是将水的势能转变成电能，水力成本低，且可持续利用、无污染，缺点是容易受到地理自然环境的影响。

除了资源的不可再生以外，石化原料在提炼及生产制造和使用过程中，还会不可避免产生一些有害的物质或气体，不仅使地球生物受到威胁，还使整个地球生态遭到严重破坏。因此，提高绿色能源材料在产品及包装上的应用就显得尤为重要，同时研究如何降低石化原料的使用、如何开发利用新能源、新材料也刻不容缓。

二、绿色材料的选择

（一）材料选择方法的现状

长期以来，在产品生产方面，由于缺少专业的材料选择人员，大多数情况下材料选择这项工作都是由企业管理层决定的，他们在选择材料的时候，常常仅依靠以往经验，因此存在许多隐患。

经验选材和半经验选材是目前最主要的选材方式。而现代选材方法主要有价值分析法、目标函数法等。传统的选材方法是从材料的成本、性能和功能因素等方面进行考虑，很少考虑材料对环境造成的影响。从可持续发展的角度来看，这样的选材方式是不符合我国可持续发展战略要求的。

绿色产品对材料选择的要求更高，除了要满足绿色产品的基本性能、功能和安全性等要求外，还要减少其在生产过程中对自然环境的污染。所以，我们提出用基于能够保护环境、性能优越和成本合理等因素的新材料来代替旧材料，以此得到新的产品。(图 3-8)

（二）面向绿色产品的材料选择原则

在产品生命周期过程中，会耗费大量的资源和能源，排放出来的有害物质还会对环境造成污染，同时对人类健康构成威胁。在传统的材料选择过程中，材料技术性能和经济因素等是比较受重视的，同时还要关注材料对环境所产生的影响。因此，面向绿色产品的材料选择应遵循绿色材料的技术原则、绿色材料环境协调性原则以及绿色材料经济性原则。

1. 绿色材料的技术性原则

材料对技术性要求主要包括材料的力学性能、机械性能和化学性能。

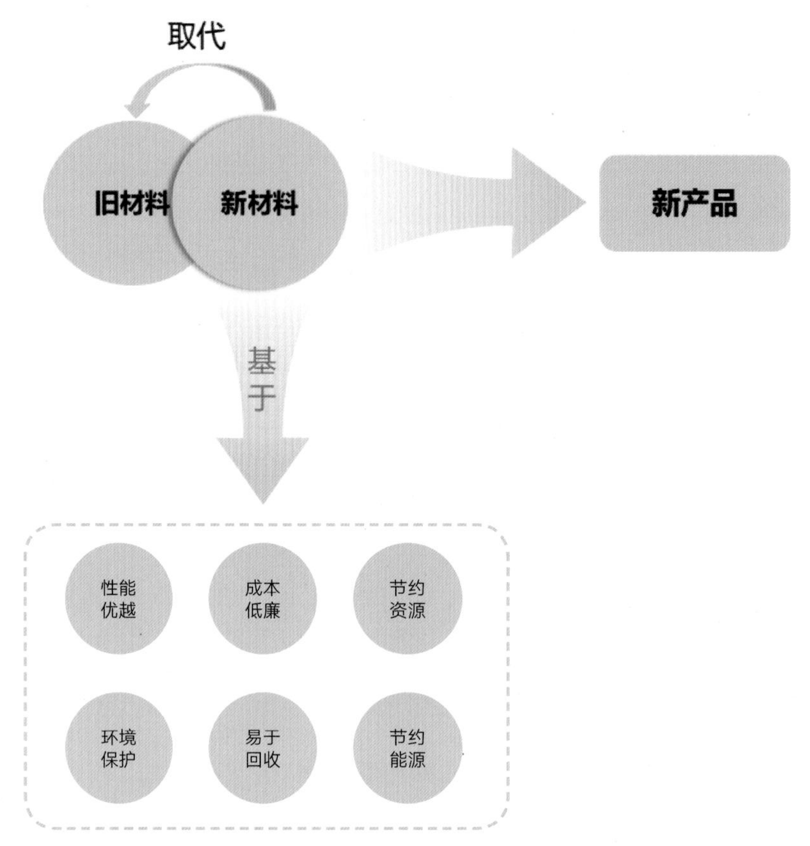

图3-8 材料取代的原理和方法

通常根据产品的功能、性能以及工作环境等内容，材料的技术性原则应考虑以下五个因素。

（1）依据工作载荷和应力所需的大小和性质及分布状况来选择。

这个因素主要从材料强度的角度考虑。因此，需要在满足零部件材料的机械性能的前提下进行选材。

（2）依据零件的工作环境选择。

零件的工作环境指的是零件所处的环境特征、生产温度和摩擦系数等。

（3）依据零件的尺寸选材。

零件的尺寸大小与原料的种类及毛坯制取方式相关，要尽可能减少材料使用量。

（4）依据零件结构的复杂程度选材。

构造复杂的零件应采用铸造毛坯的方法，或者利用板材冲压的方法做出元件后再经焊接而成。结构简单的零件可用锻件或棒料。

（5）依据材料的工艺选择。

材料工艺性能对量产的产品来说尤为重要，这一因素影响着产品的利润价值。

2. 绿色材料的环境协调性原则

环境协调性原则是指绿色材料在生命循环周期内对资源、能源和环境等因素的影响程度。其环境协调性原则有以下五点。

（1）绿色材料的最佳利用原则。

充分使用天然资源，提升天然资源的利用率，不仅可以减少对资源的浪费，缓解资源枯竭，而且能够减少碳排放量，减少对环境的污染。如充分利用竹、木屑、麻类、棉织物、柳条、芦苇、农作物秸秆、稻草和麦秸等原料做包装材料，这些原料可以就地取材，成本低廉，完全符合绿色可持续发展的要求。（图 3-9、图 3-10）

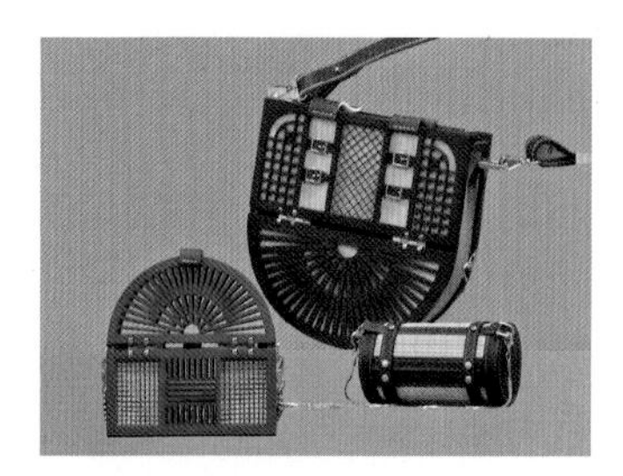
图3-9 竹材箱包1“包织时尚”

图3-10 竹材箱包2“包织时尚”

（2）能源的最佳使用原则。

遵循材料生命周期能量利用率最高原则。

（3）污染最小原则。

绿色材料对环境的污染达到最小。如通过加入压力汽缸可以将液化石油气汽车转化为天然气汽车，沃尔沃和宝马都推出了天然气汽车。德国奔驰公司正在研究用氢气做汽车燃料，加拿大的一家公司研制出了一种新型机油，可以减少 50% ~ 60% 的排烟量，降低噪声 10 ~ 20 dB。日本一家公司开发出一种用乙醚将碳、氢、氧、氟元素结合在一起形成的化合物，可替代氟利昂，它既不破坏臭氧层又不产生温室效应，大大降低了产品在使用过程中对环境的破坏和污染。

（4）损害最小原则。

在选择绿色材料时需要考虑是否对人体健康造成威胁，通常需要注意绿色材料的辐射强度、腐蚀性、毒性等。如日本 Ecover 公司生产一种环境保护型的肥皂，这种肥皂采用了具有生物分解性的植物原料，可以完全排除可能造成环境污染的成分。

（5）考虑绿色材料的可回收性原则。

选用可回收材料不仅可减少材料的消耗，节省成本，而且能够减少在提炼加工过程中对周围环境的污染。如计算机的显示器外壳、键盘等许多零件都是用可回收塑料制成的。德国施耐德、格隆迪希等几家公司联手开发出一种环保型“绿色电视机”，该电视机所用材料是轻型钢板、铝制件、木料及塑料，这种塑料可重新熔化，回收再用，且性能不变，整机各个部件均可拆卸、拼装、更换，以保持适应环境保护的最新技术水平。

3. 绿色材料的经济性原则

在考虑采用低成本材料的前提下，同时需要综合考虑绿色材料在整个生命周期过程中对绿色产品成本的影响，以实现最佳的经济效益。经济性原则主要表现为以下两方面。

（1）材料的供应状况。

选材时需要了解生产地的供应和价格情况，为了简化材料的供应，尽量减少在一部生产机器上使用同一种类的材料。

（2）材料的成本效益分析。

材料生命周期总成本即是产品的成本，所以减少材料生命周期总成本对制造者和消费者都有利。影响材料选择的因素和材料的成本所包括的主要内容如图 3-11 和表 3-2 所示。

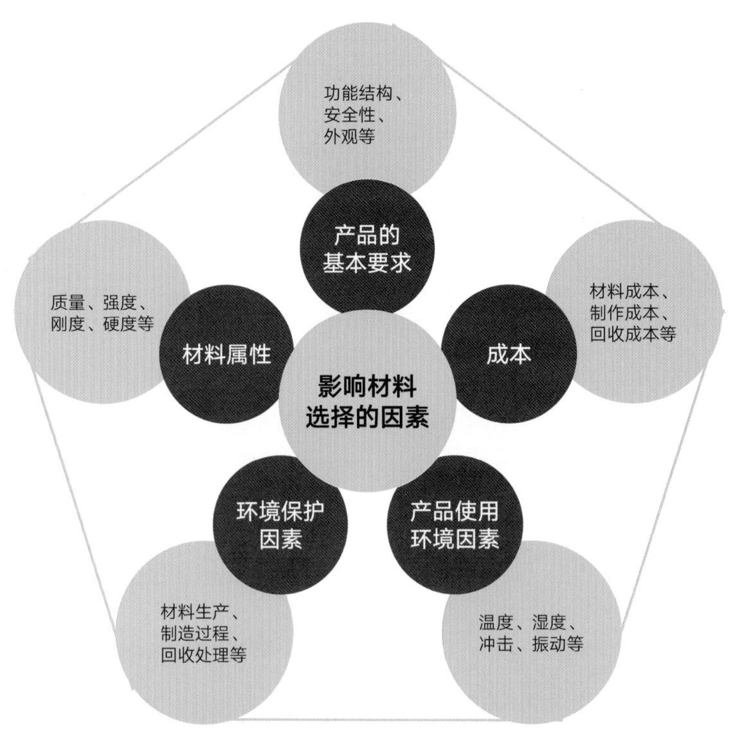

图3-11　影响材料选择的因素

表3-2　材料的成本

主要内容	说明及举例
材料本身的相对价格	当用价格低廉的材料能满足产品使用要求时，就不应该选择价格高的材料，这对于大批量制造的零件尤为重要
材料的加工费用	制造某些箱体类零件，虽然铸铁比钢板价廉，但在批量生产时，选用钢板焊接反而较为有利，因为其可以省掉铸模的生产费用
材料的利用率	采用无切削和少切削毛坯（如精铸、精锻、冷拉毛坯等），可以提高材料的利用率。此外，再设计结构时也应设法提高材料利用率
采用组合结构	火车车轮是在一般材料的轮芯外部套上一个硬度高、耐磨损的轮箍，这种选材的原则叫局部品质原则
节约稀有材料	铝青铜代替锡青铜制造轴瓦，用锰硼系合金钢代替铬镍系合金钢等
回收成本	随着产品回收的法制化，材料的回收性能和回收成本也成为设计中必须考虑的一个重要因素

（三）材料选择的影响因素

材料的选用不但要考虑其对产品的性能、寿命的影响，还要考虑人与产品的协调性，并且要有利于环境保护。有许多因素影响着产品的材料选用，归纳起来主要有以下四个方面。

1. 材料的机械性能

在产品设计中，材料的性能是选择材料的基础，材料的机械性能主要包括材料的强度、疲劳特性、刚度、平衡性和抗冲击性等。

2. 产品需要满足的基本要素

产品功能：不管是什么产品，都需要考虑产品的功能和最佳的使用寿命。

产品结构需求：产品的结构不但影响加工工艺、装配工艺、生产成本，对选材也有着很大的影响。

安全性：产品的安全性是基础的要素。选材需要从多方面考虑各种可能预见的危险，如设备内部如果采用了容易潮湿的塑料轴承，就会因为隐藏着被腐蚀的危险性而导致质量下降，继而造成关键的控制器失灵。

抗腐蚀性：这也是选材的一个至关重要的因素，因为它直接影响产品的使用寿命。

3. 产品使用环境因素

冲击碰撞：产品在运输途中和使用过程中，可能会受到冲击碰撞，导致产品的毁坏。

温度和湿度：例如有些绝缘材料在高温状态下会失去绝缘性，而有些塑料受潮后精度就会下降，导致产品的性能受到影响。影响选材的环境因素还包括地区气候、人为使用不当、光晒和噪声等。

4. 环境保护因素

由于地球环境的日益恶化，人们的环境保护意识逐渐加强，产品的材料选用越来越受到环保因素的限制，环保因素成为首要考虑因素。我们可以直接地说，选材首先必须考虑是否有利于保护环境，然后再考虑其他因素。

（四）绿色材料选择流程

绿色材料的选择决定着绿色产品在产品周期中对环境的影响程度。绿色选材和其他设计与制作阶段密切相关，所以需要综合考虑。在进行绿色材料选择时，在能够满足所需技术功能的前提下，产品生命周期所需要的总成本必须在经济上达成一致。绿色材料的选择流程模型（图 3–12），其出发点是把成本作为基础，然后综合考虑选材的技术因素及环境因素。

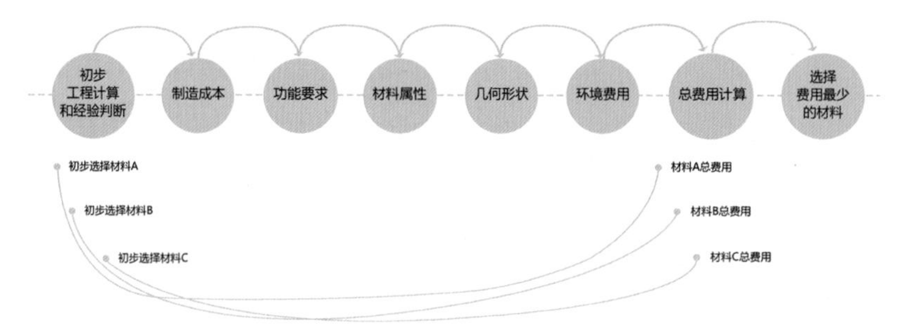

图3-12　绿色材料选择流程模型

三、绿色材料的制备

绿色材料制备阶段选择的材料应对环境的影响程度低，包括两个方面的内容：一是材料本身与环境协调友好，无污染；二是材料制备的过程中低耗能、少污染、低成本。原材料制备阶段，可以采用天然材料，也可以选用高新复合材料，例如玉米淀粉树脂、真空镀铝材料等。

四、绿色材料的加工

绿色材料的加工需要考虑三个方面内容：第一，选用材料品种越少，越有利于生产过程中对零件的生产和管理，同时能够简化产品结构，方便对材料进行分类与回收再利用。第二，材料具有良好的工艺性能，这样能够保证在生产过程中减少对环境的污染。第三，加工工艺的绿色性，在生产过程中选择消耗能源资源少、排放污染物少或者能够净化污染的工艺。

五、绿色材料包装

材料生产加工成为产品后，产品的包装环节仍然需要考虑环保问题，需要为产品提供“绿色装”。绿色包装的要求是选用绿色材料，即采用少污染、少耗能、低成本、易处理、可降解和能够回收再利用的包装材料。

绿色包装应具备四个方面的内容：一是包装简约化。目前市场上存在着过度包装，造成大量资源的消耗；二是绿色包装能够重复利用或回收再生；三是包装使用之后的废弃物能够在环境中自然降解；四是包装材料不能对人和生物造成伤害。

六、绿色材料的使用和存储

在产品使用和保存阶段，对其绿色性进行考察十分重要，因为这直接影响消费者的人身安全。产品材料不但要具备使用寿命长、低碳环保等优点，还要对人体无害。

在这一阶段的考察中，对材料是否具有绿色性的判断主要集中在两个方面：一是绿色材料本身是无毒无害的，对人体不会造成影响，这一点尤为重要；二是材料的使用寿命，虽然有些材料是无毒无害的，但是如果使用寿命短，就会严重缩短产品的使用周期，同样会造成生产成本的浪费，还会给生产企业的声誉带来负面影响，给消费者带来烦恼。

七、绿色材料的废弃

绿色设计要求产品报废后还能够再回收利用，这就要求选用的材料要易回收、易处理和可降解，这一阶段对材料的评估可以从三个方面来进行。一是绿色材料可回收重复使用，这样可减少耗能，同时可以减少原料在提炼加工过程中对环境的污染；二是绿色材料能够自然降解，材料废弃后被自然分解的同时又被自然界吸收，这是缓解环境污染的最佳方案；三是绿色产品的可拆卸设计，有利于材料更换、回收和再利用。

第二节　材料与技术创新

一、关于生物资源及其利用

（一）生物资源利用技术

生物资源是自然资源的有机组成部分，是指生物圈中对人类具有一定价值的动物、植物、微生物以及它们所组成的生物群落。随着时代的进步，人类逐渐意识到大自然带给人类的宝藏远远不只是那些能够使用的珍馐佳肴，也不只是那些被称为黑色黄金的“石油”等化石燃料，还包括生物资源。从根本上来说，生物资源属于可增长资源。只要有适宜的环境和充足营养，生物资源就可以进行自我增值，这是其他资源所没有的特性。早在战国时期，人们就已经认识到了如何利用生物资源。“簇罟不入洿池”“斧斤以时如山林”正是前人提出的宝贵经验。

1. 常用生物资源

目前，人们真正能在绿色设计领域中利用的常用生物资源也并不太多，主要集中在一些能快速生长、方便利用的资源上。例如在植物资源方面，生长能力强大的竹资源被大量运用在建筑、家居制品等领域，同样属性的藤，经处理后被制成藤制家具，因其造型曲线优美多变，深受大众喜爱。在动物资源领域，沼气属于动物资源的直接产物，大量的动

图3-13 泰国纸质纤维产品制作

物排泄物经过特殊环境的发酵处理，产生的沼气不仅可以燃烧也可以用来发电，预计到 2020 年，我国沼气利用总量将达到 440 亿立方米。同样在印度、泰国等国家，含有大量植物纤维的大象排泄物被制作成各类纸张制品等。（图 3-13）

（1）提高资源的获取效率。

如前面提到的，生物资源虽然具有再生机能，但也需要合理利用，并进行科学的管理，这样生物资源不仅能生长不已，而且能按人类的意志进行繁殖。此外，如何提高资源的获取效率也相当重要。目前看来，通过采用合理的获取技术、科学的资源获取组织形式、正确的政策方向指导等，可以有效提高资源的获取率。若不合理利用，不仅会引起其数量和质量下降，甚至可能导致灭种。

（2）提升资源的加工技术。

生物资源中蕴藏着巨大的潜力，近年来，随着生命科学、食品科学、现代营养科学的发展，生物资源中新的活性物质、新的加工技术不断被揭示，为生物资源的开发利用拓宽了道路，展示出广阔的发展前景。生物资源主要包括植物资源、动物资源、微生物资源三大支柱。生物资源的开发包含两个层面的内容：一是充分利用现有的生物资源进行深度的开发和利用，增加附加值，提高经济效益；二是利用生物资源加工的废弃物进行综合利用，科学加工，减少环境污染，变废为宝。为此，做好生物资源的开发利用具有重要的战略意义。

2. 如何充分利用现有的生物资源

生物资源是源于太阳能的可再生资源，其含碳量低，来源丰富。由于其在生长过程中吸收大气中的二氧化碳，因而用新技术开发利用生物资源不仅有助于减轻温室效应和加强生态良性循环，还可替代部分石油、煤炭等化石燃料，成为解决能源与环境问题的重要途径之一。其主要的利用方式有以下四个方面。

（1）作为工业原料。

生物资源中的植物纤维是发展制浆造纸工业的基本原料。据统计，世界造纸工业用木材约占制浆纤维原料（不包括废纸）90% 以上，而我国制浆纤维原料中木材所占比重很少，草类等非木材原料所占比重十分突出，是世界上最大的草浆生产国。

（2）开展了生物质能利用新技术的研究和开发。

生物质能技术水平有了进一步提高，其中尤以大中型畜禽场沼气工程技术、秸秆气化技术、集中供气技术和垃圾填埋发电技术等最为引人注目，一方面能够增加能源的供给量，另一方面又能减少环境中的废弃物。

（3）作为有机肥料还田。

随着现代农业的发展，农民往往只重视化肥而忽视了有机肥，导致土壤中有机质含量下降，土壤理化性状恶化。秸秆等生物质作为肥料利用，主要是秸秆直接粉碎还田、秸秆堆沤还田及过腹还田等。秸秆等生物质中含有碳、氮、磷、钾以及各种微量元素，还田后可使作物吸收的大部分营养元素归还给土壤，增加土壤有机质，对维持土壤养分平衡起着积极作用，同时还可改善土壤团粒结构和理化性状，提高土壤肥力，增加作物产量，节约化肥用量，促进农业可持续发展。

（4）通过设计将其作为建筑或者产品的原材料。

通过对材料进行加工，将其作为建筑或者产品的原材料。对其进行利用的方式主要有：一是直接应用，即直接应用原材料；二是间接利用，即将其加工成纤维状后再混合黏合剂进行利用。（图 3-15 至图 3-17）

图3-14　长城公社--竹屋（隈研吾）

3. 利用生物资源的意义

广义的生物材料是由光合作用产生的所有生物有机体的总称，包括植物、农作物、林产废弃物、海产物（各种海草）和城市废弃物（报纸、天然纤维）等。以生物资源作为能源为例，生物质是仅次于煤炭、石油、天然气的第四大能源，在整个能源系统中占有重要地位。在世界能源消耗中，生物质占总能耗的 14%，发展中国家占 40% 以上。我国生物资源相当丰富，仅各类农业废弃物（如秸秆等）的资源量每年就有 3.08 亿吨标准煤，薪柴资源量为 1.3 亿吨标准煤，加上粪便、城市垃圾等，资源总量可达 6.5 亿吨标准煤，相当于 1995 年全国能源消费总量的 50%。因此，改变资源的传统生产和消费方式，用现代技术开发利用生物资源，对于建立可持续发展的资源与能源的供给系统，促进社会经济的发展和生态环境的改善具有重大意义。

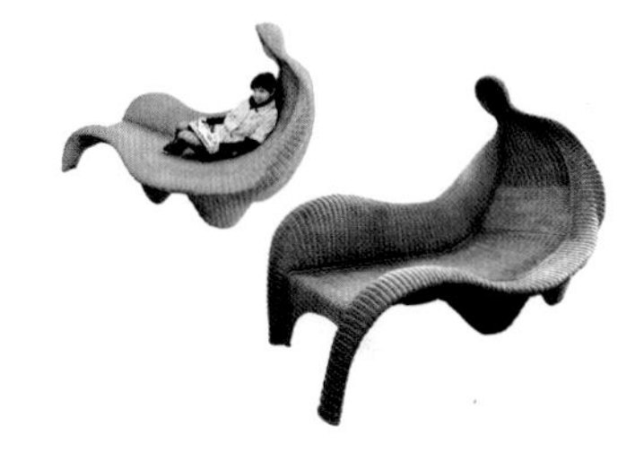

图3-15　藤编艺术家具

4. 扩展生物资源的利用范围

生物资源种类和功能的多样性，决定了其用途的多样性。生物总是生长在与其生态相适应的环境中，而非一切地方都能生存。生物资源分布的区域性是人类开发利用生物资源的重要依据。

中国是生物资源最丰富多样的国家之一。丰富的生物资源是具有战略价值的无形资产，也是我国在知识产权竞争格局中的优势之所在；善加利用，可以对我国经济建设和科学技术发展起重大的推动作用。生物资源具有重要的科学研究价值，为医学、农业、制药等生物技术创新提供样本或工具，进而形成产业。基因运用于基因工程，野生植物品系用于育种，野生动植物或其提取物用于生物制药，可能产生巨大的经济效益。

图3-16　草草成器（由生物材料制作）

二、材料的高效利用

怎样做到材料的高效投放与使用也应该要重点关注，通过材料的高效利用可以降低企业的投入成本，对环境产生积极影响，并且推动绿色制造向好，促使社会得以协调发展。为了更好地说明材料的高效利用，我们采用以下不同类型的材料应用案例进行阐述。

图3-17　手工纸食物收纳盒

（一）生物材料分级利用

1. 竹材料的应用特性

竹材料与木材料相比，韧性、弹性更佳，用竹材料制作的家具更符合人机工程学，家具的舒适性和安全性更高。此外，竹材所含有的精油成分，在自然挥发的过程中，能够起到安神、抑制病菌等功效；竹的导热性能比木材优异。炎热的夏季，竹制家具能够为人们带来一丝清凉；因竹子内部构造具有韧性，所以在目前的家具生产加工中，竹材更容易加工成生态环保的“形材”。同时，在使用相同工艺的条件下，竹材使用的粘胶剂更少。所以，使用竹材料加工生产制成的家具、家居用品和生产备用形材能够相对避免或者减少有毒、有害的物质对人们的不利影响。

2. 牡蛎壳材料的绿色设计

江南水乡民居建筑广泛采用蠡壳（蚝壳）窗，其工艺技术在中国古代建筑材料利用方面取得突破性的进展。用于制作蠡壳窗所用的牡蛎壳，必须是大而扁平、透光值高的高质量贝类，相较砌墙的蚝壳，筛选条件严苛且提取比例低。这种材料工艺兼具采光的功能性和材质对比的装饰性，体现了取之自然、物尽其用的生态理念。在浙江、江苏、广东、深圳等东南沿海地区，至今还保留着通过打磨成薄片的蚝壳修饰的窗屏。后来由于受到玻璃产业的冲击，蠡壳窗在建筑上的应用渐渐淡出了人们的视野，但是其材料利用的意识和工艺技术留给我们带来了更多的联想和启发。我们在挖掘天然的可再生材料的应用研究中，可以根据其传统应用方式去开拓新市场。

3. 水浮莲藤产品

水浮莲学名为凤眼蓝，就是大家常说的水葫芦。因为过度繁殖，经常导致水道堵塞，影响交通。政府每年都需要花费巨大的人力物力来治理水浮莲，打捞出来的水浮莲如果处理不当还会造成二次污染。

水浮莲可用于制造建筑复合板、包装缓冲材料、手工艺品、纸制品、家具等。水浮莲是很好的编织材料，干燥后的水浮莲藤条富有弹性，防水性极佳，缠扎性能好，其柔韧性高于其他藤条。由于水浮莲具有韧性好、易编织等特点，经过多项现代工艺加工，可制成系列化编织饰品与家具。

水浮莲通过风干、防腐、软化和成型等多种工艺加工处理之后，可作为家具制作的原材料；将材料手工编织，最终制成家具产品，不但让有害的废弃物转变为可用的资源，还保护了环境。另外，水浮莲编织的开发利用解决了木材、藤材等材料越来越匮乏的问题，不但可以减少对自然资源的消耗，还为环保家具添加了新的材料。

水浮莲结合其他多种材料制作家居用品将是未来环保产品设计的一大发展趋势。由于水浮莲藤柔韧性强，编织后富有弹性，必须将其与其他支撑结构材料结合使用。水浮莲藤多与藤枝、藤杆、藤芯、木料结合使用，或者与竹器结合使用，甚至也可尝试与金属、玻璃、布艺、漆器等材料结合使用，材料的综合应用宗旨要遵循疏密对比、软硬对比等设计手法，不同材料间色泽对比和经纬交叉纵横、穿插掩压的不同材料织法对比的美学观念。多种材料的合理应用形成了水浮莲家具产品多样性的特色（图3-18），使产品在视觉、触觉上都具有趣味性。

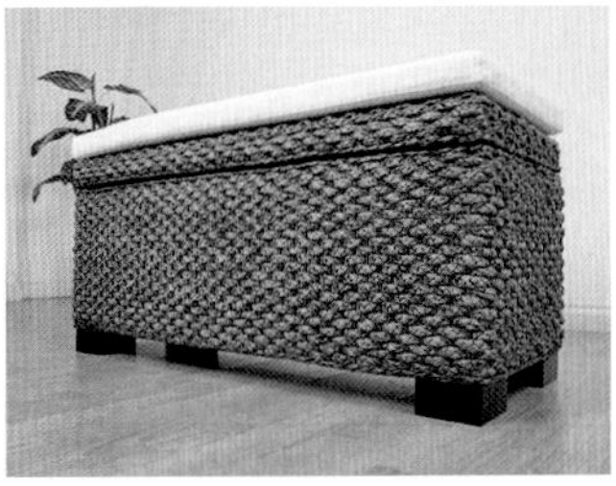

图3-18　水浮莲家具

4. 秸秆的应用

用稻草、谷壳、麦秸、玉料秆、甘蔗渣、棉花秆、锯末、枯草、树枝叶等一切农林废弃物的任何一种作原料生产的保温砖，不需要再在墙体中加保温材料，平均每立方米材料可节省近一半的成本。用秸秆加工成的轻体隔墙板，能够取代实心黏土砖块、瓷砖、涂料等，具有体轻、便宜、耐水、保温、隔音、阻燃等优点。且墙体的厚度为红砖的一半，可以提升约15%的使用面积、减少建筑物自重、节省钢筋和水泥并改善建筑功能，可减少10%的工程总造价，为建筑材料的更新开辟了一条新路。

秸秆收购回来之后，经过加工和PP塑料混合，放入指定的压缩设备中进行压缩处理，从机器中获得秸秆颗粒，最后这些秸秆颗粒经过高温熔化后倒入模具中加工成牙刷柄、茶杯、日用餐具等生活用品。24小时之内就能够用一吨的秸秆材料制造出约10万把梳子。秸秆与塑料的比例，秸秆的最低含量要达到40%，玉米淀粉最低含量达到50%，同时由于聚乳酸有降解作用，如果加入聚乳酸，这些产品能够达到100%全降解。

针对现在材料资源紧缺和废弃物质以及秸秆材料焚烧后会对环境造成污染两个方面的问题，通过对秸秆原材料处理、秸秆产品的实地考察和调研收集的材料展开整合研究，发现秸秆是可再利用资源并且对环境保护有重要作用：通过绿色设计替代传统材料，有效降低环境污染；结合其他材料，整合应用，创造崭新的时代材质感。在应用实践中，倘若将秸秆这一高产量、短周期的材料纳入社会生产实践的范畴，不仅能在不增加附加劳动力的前提下增加农民的收入，解决部分农民的温饱问题，还能缓解现代社会材料供给需求高的问题，同时能缓解能源问题，并增强人们的环保意识。

（二）扁平化设计

扁平化设计的概念是指舍弃冗杂的装饰效果和其他装饰方式，以简约、抽象和符号化等方式把“信息”本身作为核心凸显出来，更简洁明了地把产品的使用功能和使用方法等信息表达出来。现代材料市场有各种各样丰富的平面板材供二次生产者选择，通过设计充分利用平面板材的物理特性和视觉特性，可使用穿插连接结构、标准件连接结构等方式完成构造搭建。

扁平化结构的主要优点：

第一，所要组装产品的所有构件均是在平面的板材上裁剪，方便充分利用材料。

第二，其组装前所有构件均是单独的平面状态，方便运输和仓储，可以节约大量的储运成本。

第三，简洁美观的外貌能吸引消费者的注意。

第四，造价成本相对较低，性价比高有利于销售。

第五，扁平化设计在产品包装方面应用更为广泛，包装结构的扁平化设计要求放弃一切结构上的装饰效果，以利于减少材料的使用，节省资源，当然也符合盒、箱形包装储备和运输以及产品销售的要求。

扁平化设计的缺点：产品表现方式缺乏情感。

三、增材制造技术（AM）——3D打印技术

（一）3D打印技术的兴起与应用

中国自1991年就开始着手研发3D打印技术，那时被称为快速原型技术，即开发工程机之前的实物模型。目前，国际上已有分层实体制造、熔融挤压、激光烧结等成熟的工艺技术。

国内部分高校和科研机构研发的3D打印技术偏向于应用方面，应用于制作模具和航空航天的零部件；也有把快速成型技术转移到企业——北京太尔时代科技有限公司，主要将该技术应用于职业培训和高等教育等领域。当前国内的3D打印设备和服务企业规模已经迅速发展壮大。

3D打印技术也初步应用到商业领域，现在市面上已经出现了桌面级、消费级的3D打印机设备，学校、设计公司、科研单位和家庭等都有条件购买使用，3D打印技术可以低成本、高效率地生产定制部件，打印出多样化的精细造型，让手工加工或者传统机械加工望尘莫及。

（二）3D打印技术产生的负面影响

现在常用的桌面级3D打印机都是利用FDM（熔融沉积成型）技术，其利用的3D打印原材料多为ABS工程材料，ABS材料在3D打印过程中会释放苯乙烯，苯乙烯是2B类致癌物，会给对人体带来危害。同时打印模型需要先消耗大量材料打印出支架用来支撑模型，打印完成后要剥除支撑部分才能获得模型，且剥除出来的废料不能回收再利用。此外，3D打印机在运作过程中会发出噪声，会影响日常的工作和生活。

第三节 绿色设计与生产

绿色设计与生产的主要研究方向：以生态学原理为指引，研究对象则是以绿色为宗旨的生产物品，并且与形态学和文化学等理论概念相联系，继承传统产物生产和设计制造的突出理念、方式与战略，充分利用现有科学技术手段，站在绿色环保的高度去审视绿色设计与制造的主要内容及发展方向，最终达成人—社会—自然三者之间的协调共生。

一、绿色设计与制造的基本架构

我们建立起了绿色设计制造的技术要素架构，将绿色设计制造划分为五个部分，即绿色产品结构设计、材料选择与管理、制造工艺设计、包装设计以及回收处理（图 3-19）。为了让各环节相互交融并执行信息互换，每一环节都需经过相关评估并以全生命周期的视角进行抉择。产品设计是全生命周期主线中的首要主导因素，我们不妨将其理解为：该产品可否满足绿色标准的要求，重点在于设计过程中有没有将绿色设计与制造纳入策略规划中。

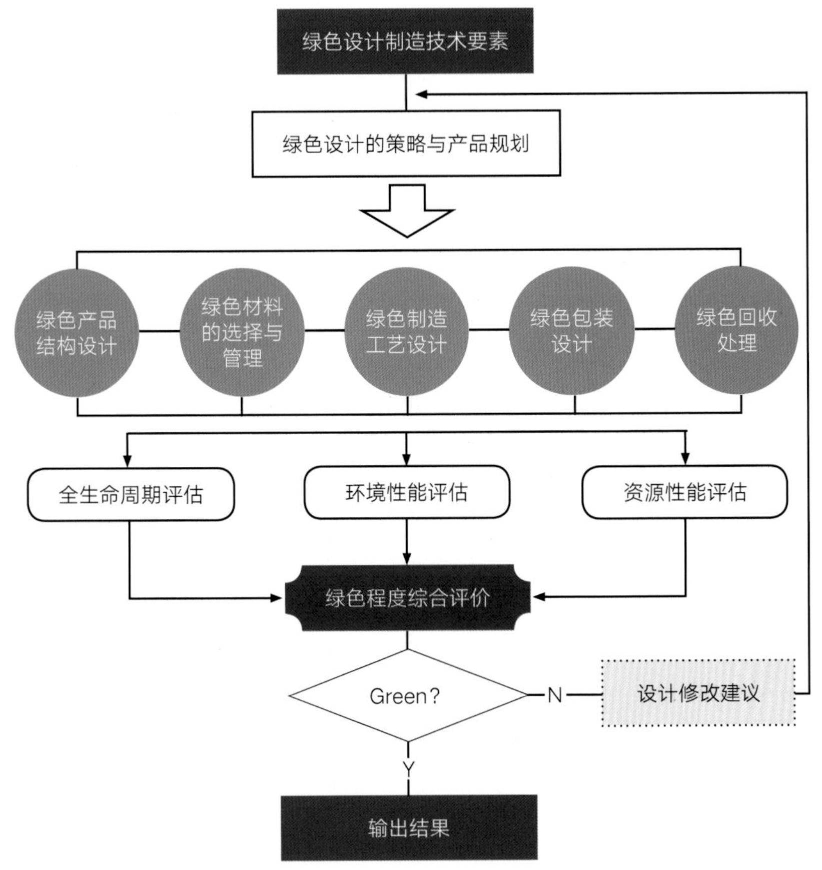

图3-19 绿色设计制造的技术要素架构

二、绿色设计与制造的技术要素

（一）绿色策略规划

绿色策略规划可分为以下七个方面，主要从产品自身的绿色特性以及产品全生命周期的各个阶段展开：

1. 产品概念创新

（1）产品非物质化和低物质化。

用非物质化产品（信息或服务）去替换有形产品，这种行为不仅可以降低有形产品的生产量和使用量，还可以削弱用户对有形产品的心理依赖。产品低物质化，需遵循产品体积小型化以及重量最轻化原则，其最终目标为持续提升资源生产效率和能源利用效率。如何减少使用非再生资源？这需要我们在市场运作的输入端口阶段，更多地去考虑可替代性的再生资源，以使生产与消费过程中的非再生资源得以削减。

（2）产品共享。

日前发展较成功的案例，如 OFO 小黄车、即行 Car2go 以及街电城市移动电源等在内的产品共享系统。通过只使用产品而不占有产品的共享系统，使产品使用效率得到大幅度提升。产品共享在节约资源和能源的同时，也促使制造商对产品的使用过程与用后处理进行全方位的服务跟踪，也就是产品的后期服务跟踪让制造商获利。

（3）提供服务替代产品。

企业提供服务也就是说企业担负起该产品全生命周期的维护维修、回收处理以及再循环等责任。企业应开发出完善的售后系统服务，使用户使用后及时反馈信息，以此来改善产品和研发新一代产品。及时掌握产品的销售和回收处理还能提升企业的影响力。

2. 产品功能和结构优化

（1）整合产品功能。

人们生活质量逐步提升，科技的发展引领着市场上的产品日渐人性化和多功能化。通过对多种功能或产品进行整合，设计出一种新产品，以减少原材料的使用和对空间的占用，使产品符合人们的日常需求。例如打印机的多功能性，整合了打印、复印和扫描的功能。

（2）增加产品的可靠性和耐用性。

产品的可靠性与耐用性不仅是传统设计中必须着重考虑的要素之一，还是绿色设计中的要点。首先，从源头开始，通过产品是否符合国家标准和满足用户使用习惯等要素，对其进行严格的绿色设计评审。然后，对所采用的原材料和零件进行严格筛选。最后，为防止操作不当导致产品出现瑕疵而影响使用，应对生产过程中的操作流程进行合理优化。

（3）易于维护和维修。

为延长产品的使用寿命，绿色设计需保证产品易于清理、保养和维修。具体设计要点为：首先，应清晰标注产品如何保养或维修；其次，标明产品的零部件应以何种方式展开清洁或维护；再次，清楚标注需定期检验产品的零部件；最后，保证需定期更换的零部件易于替换。

（4）产品的模块化设计。

模块化设计是被人们广泛接受的一种绿色设计方式，我们在考虑产品的不同作用、相同作用不同机能、不同尺寸及各部分所具备的效用时对其进行合理分配，以并设计出一系列功能模块。根据用户的喜好对替换模块进行选择和组合，以制作出风格各异的产品，借此来满足市场的不同要求。同时，也可规避设计风险，保证产品的可靠性和提升产品质量。

（5）加强产品与用户的关系。

绿色设计者应站在节约资源的角度去审视产品与用户的关系。例如：产品在满足大众审美需求的同时，为提升其易用性和安全性，还必须吻合人机工程学，让用户可以快速安全地使用产品。另外，提高产品的质量、增强产品的功能性，不仅可以让产品更加专业可靠，还可以提升消费者对产品的信赖度，从而延长产品使用寿命。

3. 优化利用原材料

（1）采用清洁能源。

清洁能源，即绿色原料，它不是一种污染物排放的能量，可以说是清洁能源、高效和系统的技术体系应用。其内涵有三：首先，具备高效利用的技术体系，而不单单是简略地区分类别；其次，兼具清洁性与经济性；最后，符合绿色的排放标准的清洁性能源，对环境负荷量极小。

（2）采用再循环材料。

譬如矿产资源、金属资源等，都是我们应该尽量去避免采用的非再生或者需要长久时耗才能再生的原材料。在生产进程中，为了减少原料在开采和使用时的消耗量，我们应最大幅度地去采用再循环材料。而再循环材料既来自工业制造也来自产品报废后循环再利用，只要方法得当，企业可以极大地缩减投入成本。

4. 产品生产过程优化

（1）选择对环境影响小的制造工艺。

利用并行设计法，坚持绿色环保的设计原则，着重考虑产品的制造工艺，选择对环境友好的结构、材料和能源制造工艺。为减少制造环节所耗能源以及工艺环节中的废料排放量，我们应尽可能减少制造工艺，环节越多消耗的能源就越多，所造成的污染也越大。

（2）减少生产过程能耗。

为减少现有生产设备的能耗，应实施节能降耗治理方案，以建立完善的循环再生系统。同时要严格把关并优化产品生产过程，在提高生产效率的同时减少废弃物的产生，削减制造过程中的能源消耗或采用清洁能源（如太阳能、风能、水能、天然气）。

5. 优化产品销售网络

销售网络主要包括产品包装、运输、储存方式以及相关后勤服务体系等，以此来保证产品以最高的效率输送至零售商和用户手中。

（1）轻量化包装。

降低原料消耗、输送过程中的能耗以及废物排放量，尽量采用轻量化包装。如果产品包装具备足够的强度、刚度和稳定性且质量过硬，会大大降低劳动力并且操作简单无害。

（2）建立完善配送体系。

在产品运输过程中所产生的能源消耗和空气污染物会对环境产生负面影响，必须建立完善产品配送体系，以减少不必要的能源消耗。

6. 降低产品使用阶段的潜在影响

消耗必需品是用户使用产品的过程中较难避免的。其可能对环境产生负面的影响，也应该成为在设计之初我们要着重考虑的要点之一。

（1）降低产品使用阶段的能耗。

譬如电冰箱、空调和洗衣机等，这些耐用消费品在使用阶段的能源消耗要大于其制造阶段。因此，产品使用阶段的能源消耗也是在设计中需要着重考虑的。

（2）减少相应的辅助品或消耗品的使用。

最大限度地减少产品的辅助材料的运用，使产品在达到基本功能的条件下，尽可能弱化对消耗品的需求。

（3）采用清洁的消耗品或辅助品。

假设新产品所附带产品或消耗品是必须具备的，那么其附带产品以及消耗品都要进行全生命周期评价，以确保其对环境是无害的。

（4）减少消费过程中废弃物的产生。

用户的行为会受到产品设计的影响，如在产品上标注出刻度（如水杯刻度），以帮助用户准确掌握产品的用量，从而防止不必要的浪费。

7. 产品的回收处理系统优化

产品报废或弃用后的回收处理环节是产品设计阶段务必考虑的设计要点，扩大产品的回收重用比例，减少废旧物对环境造成的污染。

（1）提高产品重复利用率。

产品报废后形态越完整，就越有价值。堪称经典的二手产品往往对用户具有极强的吸引力，这对产品的重复使用有利而无害。

（2）可拆卸性设计。

在产品设计中，要考虑产品的拆卸问题：其一，可拆卸设计能减少运输过程中所占的空间；其二，可反复使用拆卸下来的零部件，借此满足用户多样化的需求；其三，在使用产品的过程中，零件容易缺失和损坏，需要维修更换，而拆卸性设计可便于产品的维修。

（3）产品重新制造。

挑选废弃产品中有价值的组件加以重新利用，以防止其成为垃圾进入焚烧炉或填埋场。如设计的产品易于拆卸，则有助于组件的回收和再造。

（4）成为废品后的原料回收再利用。

可回收利用的报废品材料经加工之后，可成为产品原材料再次进入产品生命周期。如一些可回收利用塑料、金属等。

（5）报废产品的安全焚烧。

假若以上方法都不能实施，那么最好的处理方式就是安全焚烧，且还可以对焚烧产生的热能进行再利用。

（二）绿色产品结构设计

降低资源消耗的关键因素在于绿色产品的结构设计是否合理。我们通过对同类型产品进行绿色设计评估发现，在资源节约度方面，结构设计的贡献率为63%～68%，而在减少环境污染方面，结构设计的贡献率为21%～26%。从以上结果可以看出，做到减少产品重量、材料使用和能源消耗，还要易于加工装配，是要通过合理的产品结构设计来实现的。这样不但可以缩短生产周期，还有益于降低成本。所以，我们在设计过程中应从以下三个方面贯彻产品结构设计的准则。

1. 注重产品的结构简化和节能省材设计

产品生命周期的初始阶段以及产品的使用阶段、维修阶段乃至最终报废处理阶段，都应注重如何简化结构和节能省材。最大限度地贯彻该原则，才符合产品绿色设计所推崇的节约资源与减轻环境负担的理念。

2. 采用模块化设计

产品结构的模块化，将有利于产品的维护、升级更新和重复使用。

3. 结构优化、布局合理

为了更好地回收产品，在易于拆卸分离的部位安装价值相对较高的零部件，以便达到最快拆卸速度和最高拆卸回报率。

通过集中安置不能回收的零部件，可节省拆卸时间，大幅度提升拆卸速度，降低拆卸成本。

最好避免选择镶嵌结构，如在金属零件中嵌入玻璃件等，这将增加先从金属中拆除玻璃件的附加工序，从而增加回收成本，同时影响材料回收的纯度。

（三）绿色材料的选择与管理

绿色材料又称生态材料、环境协调材料，最早由日本的山本良一教授提出。它并不是指某一类新材料，而是指那些具备优良的功用性，拥有极低的资源或能源消耗量以及不对环境造成负面影响，且再生利用率或可降解利用率较高的材料。它们在制备、使用、弃用直至回收再利用的过程中，对环境表现出友好性。因此，在我们努力降低材料对环境的负面影响的同时，绿色材料的开发成为材料选择的最佳途径。由此，我们分析出绿色材料应同时具备以下三点特征。

1. 优良的功用性

材料的选择必须对应计划开发的产品，如果只考虑材料的环境友好性而忽视材料的功用性，则材料的使用价值也将降低甚至丧失。

2. 较高的资源利用率

第一，尽量做到使用较少的材料就可以达到预期目的与成效；第二，材料本身具有较好的回收利用价值。

3. 对生态环境无负面影响

将所使用的材料在产品全生命周期中对生态环境的负面影响降至最小或无负面影响。

（四）绿色设计对材料的要求

现今，社会对产品材料的选择要求日趋严格，这表明我们赖以生存的生态环境遭到破坏的问题已经唤起了人类对自身行为的自省，增强了人类的环保意识。作为设计师，我们在根据需要挑选材料时应该做到以下七点。

1. 环境友好型

在材料的使用过程中，将对生态环境的负面影响降至最小或无负面影响，对环境表现出友好性。

2. 丢弃后可被自然分解的材料

丢弃后可被自然分解和吸收的材料也称为可降解材料，是指在一段时间内，在热力学和动力学意义上均可降解的材料。

3. 不加任何涂镀的原材料

使用涂镀材料来满足产品美观、耐用、抗腐蚀等要求，这给产品报废后的回收再利用增加了极大的难度，同时涂镀原材料本身就具有毒性，其对环境会造成不良影响。

4. 控制所选材料品种

为便于废弃后回炉再用，绿色设计要求尽量防止使用过多的不同类别的材料。

5. 低能耗、低成本、少污染的材料

为了更好地选择低能耗、低成本、少污染的材料，应对材料的使用过程以及生产过程有足够多的了解。

6. 易加工且加工中无污染或污染最小的材料

可减少加工过程中对环境的破坏，减少产品生命周期的碳排放量。

7. 易回收、易处理、可重复使用的材料

可延长产品的生命周期，实现产品整体或部分的循环再利用。

（五）绿色制造系统设计

对于庞大的绿色设计制造网络，绿色制造系统作为一个有机整体，需要我们运用系统的观点去分析和处理。其主要特点如下：

第一，绿色制造系统的对象应是面向社会的，要全方位考虑环境影响、资源能源消耗的制造系统，使其对环境污染降至最低，资源利用最优，产生较小的社会负面影响。

第二，绿色制造系统谋求的不仅仅是实现其经济效益，更要关心可持续发展态势。

第三，闭环系统是绿色制造体系的特性之一。整个社会对象都应立足于产品的全生命周期，通过绿色制造的闭环系统逐渐获得利益。

第四，高度集成的制造体系同样成为绿色制造系统的主要特征。它包括制造、资源优化利用和环保相关的问题集成、生产系统、营销服务系统、资源能源系统、生态系统等多领域集成。

（六）绿色包装设计

现代生产力的极大提高导致资源和能源被过度利用。然而制造业、轻工业等工业程度总体效率不高，这种低效率造成了严重的资源浪费和环境污染。运用可持续性设计理念来进行设计指导，对制造过程推行改良创新以求达到绿色环保目的，成为解决目前所面临的问题的路径之一。

绿色包装（Green Packaging）不妨称为无害包装和环境友好包装（Environmental Friendly Packaging），就中国目前来说，这种绿色的设计理念与思维的包装设计方法与模式，十分符合当下的绿色方针。

从技术角度看，要想生态环境不遭到破坏，产品研发所选原料应当选择纯天然植物和相关矿物质材料，这样更易于回收再利用，并且易降解、可持续发展以及对人身体健康无害，这种环保型包装称为绿色包装。其产品的包装从材料选取、制造、使用直到报废的全生命周期，都要与生态保护的要旨标准相符。所以，其可从材料、设计和产业等方面展开，并遵循以下原则：

1. 包装减量化（Reduce）

绿色包装应该是极少用量的适度包装，同时实现保护、方便销售等目的。

2. 包装应易于多次再利用（Reuse）或再次回收（Recycle）

为实现循环再生的目标，充分再利用资源，减少对环境的污染，我们可以采取回收报废品、再制产品、回收焚烧热量、集聚废料滋养土壤等手段。

3. 包装废弃物能够降解腐蚀（Degradable）

要实现改善土壤的目的，则需要做到不产生永久的废弃物，对那些不可回收再利用的包装废弃物进行降解处理。

4. 包装的无毒性

包装材料不该存在有毒物质或有毒物质的剂量不会对人体和生物造成不良影响，要将有毒物质比例控制在相关标准以内。

（七）绿色回收处理

产品报废或弃用后的回收处理问题是在产品设计中必须考虑的问题之一，回收处理问题的解决，可以提升产品的回收再利用率，以缓解废旧产品对环境的污染。

1. 提高产品重复利用率

上文已提到，产品报废后形态越完整，它的价值就越高，越有利于产品的重复利用。

2. 可拆卸性设计

可拆卸设计有利于产品的保养维修和回收，提高产品组件的重复使用率以及原材料的再循环，在设计中必须遵循以下六点。

（1）尽量选择可拆卸的连接手段，如榫、螺钉连接，少用锻、焊、胶粘等方式。

（2）为了实现使用同一种通用的拆卸工具的目标，应选用国标化的尺寸标准连接，如使用相同大小的螺钉、螺帽等。

（3）妥善安置联结点位置以便于拆卸，避免将产品倒置后才可以拆卸问题的出现。

（4）产品该怎样打开要标注清楚。

（5）为降低替换难度，可把同期老化的部件放置在同一区域内。

（6）对于需要定期检查保养的零部件，应清晰标示。

3. 产品重新制造

上文已提到，应对产品中仍有价值的组件进行重新利用。

4. 产品报废后原材料的循环再利用

为节省时间与成本，可采用物料的循环再利用的方式来提升经济效益。

5. 报废产品的安全焚烧

如果部分零部件无法做到循环再利用，则应该考虑安全焚烧的问题，并谋求尽量多地回收焚烧产生的热能。

三、绿色设计与制造系统运行模式

（一）绿色设计与制造系统的原则

1. 资源最佳利用原则

在选择资源时，尽量采用可再生资源且确保其在产品的全生命周期中获取最高利用率，以使资源的投入成本和产出价值的比值趋于平衡，满足社会可持续发展的需求。

2. 能源消耗最少原则

使产品在生产阶段输入与输出的比值最大，所消耗的能源也就最少。

3. 污染最小原则

应大力鼓励社会落实“预防为主，治理为辅”的战略措施，摒弃先前的“先污染，后治理”的闭环管理模式。

4.“零损害”原则

在产品整个生命周期中要保证对人体健康安全无损害，或将伤害降到最低。

5. 技术先进性原则

尽量选择先进可靠的技术，以此来确保无害、快速且可靠地实现产品各方面的功能，同时在生产过程中，使其具备优良的环境协调性。

6. 生态经济效益最佳原则

该原则要求产品的经济效益与生态效益实现均衡，对生态与社会的负面影响降至最低。

（二）绿色设计与制造的评价指标系统

经由反复的评价与优化实现整个绿色设计与制造系统的最大效益，以此让绿色设计与制造系统满足生态约束的要求，并进入到绿色制造系统具体实施当中。即绿色制造系统评价与优化是相互促进、相互发展的过程，二者是整个绿色制造系统运行的重要组成部分。

绿色制造系统评价与优化的基本流程及相互关系如图 3-20 所示。系统评价有两个目的：其一是直接获得总的评价结果，即绿色设计与制造系统总效益值；其二是经由评价指明影响系统效益的要素，为绿色制造进一步优化指明方向。

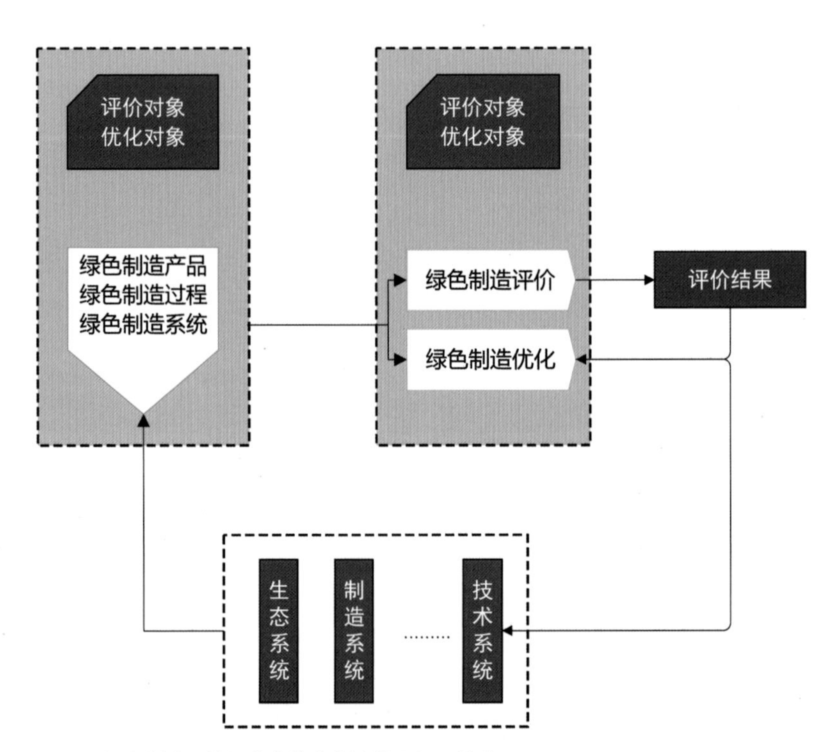

图3-20 绿色制造评价与优化的基本流程及相互关系

评估质量的优劣将确定决策方案和优化方向，评估需精确而可靠地行使系统集中性的科学程序，以便客观科学地映射出系统的性能特征来实现整体评级。以此，根据评价内容的不同指向，把评价指标体系分为四个层次：第一层（目标层）是将绿色制造系统总效益作为评价的总目标；第二层

（准则层）是依据可持续发展理论的三个特性（发展性、持续性、协调性）推出;第三层（对象层）是由第二层的三个特性分别对应的经济循环、生态友好、社会公平三个方面；第四层（措施层）分别由第三层对应内容的下属分支构成，如经济循环之下有制造效率（Efficiency）、产品质量（Product Quality）、成本（Cost），生态友好下属的资源消耗（Resource Consumption）、环境影响（Environment Impaction）和社会公平下属的社会影响（Society Influence）六个方面。各层次之间的关系如图 3-21 所示：

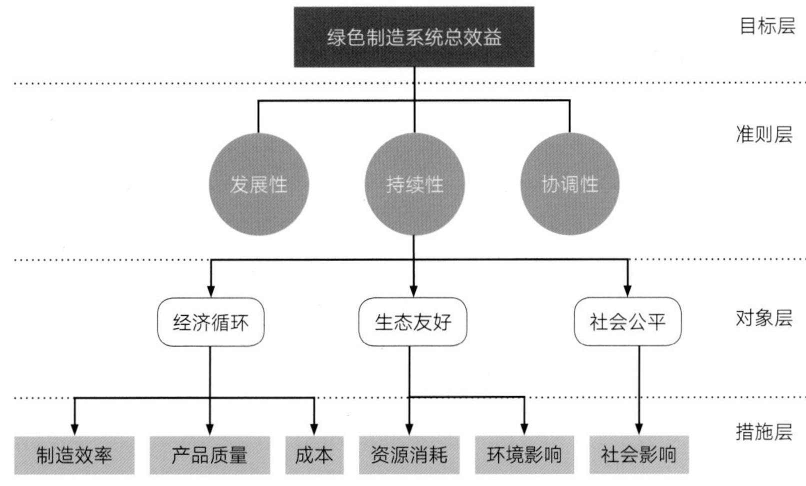

图3-21　绿色制造系统评价指标体系

(三) 绿色设计与制造系统运行的优化方法

技术揭示了人与自然作用的方式，其定义不妨理解为：人类创造出各种调节、改造、掌控自然的技术手段，以达到某种目的。依据不同的构成要素，将其分为智力技术（原理、方法），物化技术（工具、机器）和经验技术（经验、技能）。

可以说，必须从技术上优化绿色设计与制造系统，即绿色制造系统优化过程是一个不同技术间彼此作用且产生影响的过程，最终聚合成一个有机整体。为了更好地实现绿色设计与制造系统的优化效益，在这三种不同类技术中，智力技术是根本，物化技术与经验技术则是实现智力技术的保证。

智力技术是知识形态的技术，关键是运用其原理和方法对研究对象展开研究，而后剖析出指导人行为的方法理论。它是眼下较为成熟的理论方法，开发具体对象的最优模型，得到最佳方案，从而引导绿色制造系统的正常运转。也就是说，它主要针对的是绿色制造系统的理论部分的优化。

物化技术是实实在在的物质形态技术，是我们经由智力技术所得到的最佳理论方法，还要借助于具体的设备、工艺等来进行实践。可以说，物化技术是基于对绿色制造系统中产品和过程的评价，以及对绿色制造所涉及的具体应用技术，包括相关的工具、设备、材料、技术等的集成和优化。

经验技术则是对与智力技术相关的人所具有的经验的整合，它与个人在展开科学技术实践中不断摸索所形成的个人意识形态息息相关。它主要是从管理策略上对绿色制造对象展开优化调整。

在绿色可持续发展理念的背景下，需要兼具各式各样的理论技术以及对绿色制造活动进行监管、规范，才能促使绿色制造向良好态势发展，如图 3-22 所示。

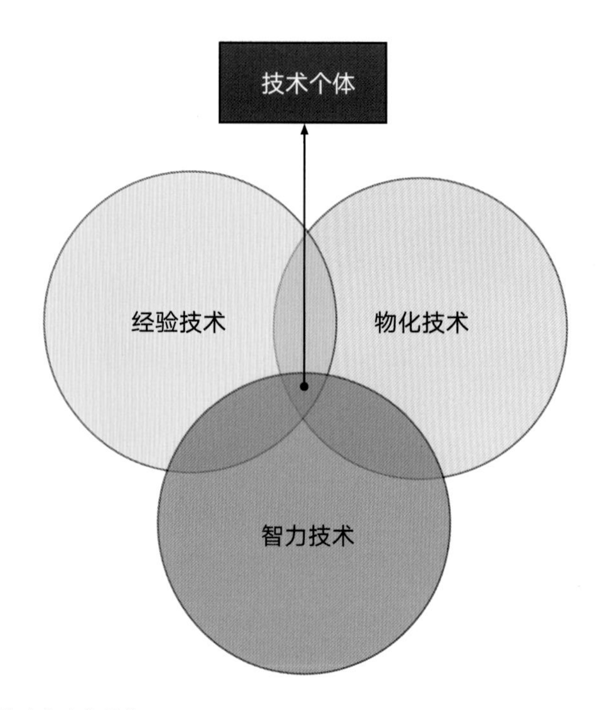

图3-22　技术的个体结构

第四节　绿色制造的技术研究

当代工业生产中展现出的社会可持续发展战略和绿色经济模式从本质上来说就是绿色制造，其主要目标是降低工业产物生命周期中的资源损耗，做到从源头控制资源消耗，并易于资源的循环再利用，以免破坏生态环境，危害人类健康。绿色制造不仅成为目前发达国家争先触及的关键技术领域和产业规划方向，同时，也成为我国发展循环经济和建设节约型社会等重大工程的一项支柱。

一、绿色制造的技术内涵

绿色制造的核心是在产品生命周期过程中完成“4R”，即减量、再利用、再循环、再制造。

（一）减量

从产品制造开始阶段就应该考虑如何减少物资、能源的损耗及废弃物排放，以缓解环境负荷，降低对人体的危害。

（二）再利用

满足产品或者其零部件多次再利用。

（三）再循环

满足产品在实现其基本的使用功能之后，能再次转化为可再循环利用的资源。再循环分为两种形式：第一种是原生循环，即利用两次或两次以上的废弃物来制造同一类型的新产品；第二种是二次循环，把废弃物资源转化为制造其他产品的原材料。

（四）再制造

这是依据优质、高效、节俭、环保的规定，让回收资源可以通过恢复或提升基本性能后具备新的价值，如对废旧电器产品进行维修和改良。根据绿色制造的核心含义，我们初步绘制了绿色制造的技术内涵流程图，如图 3–23 所示。

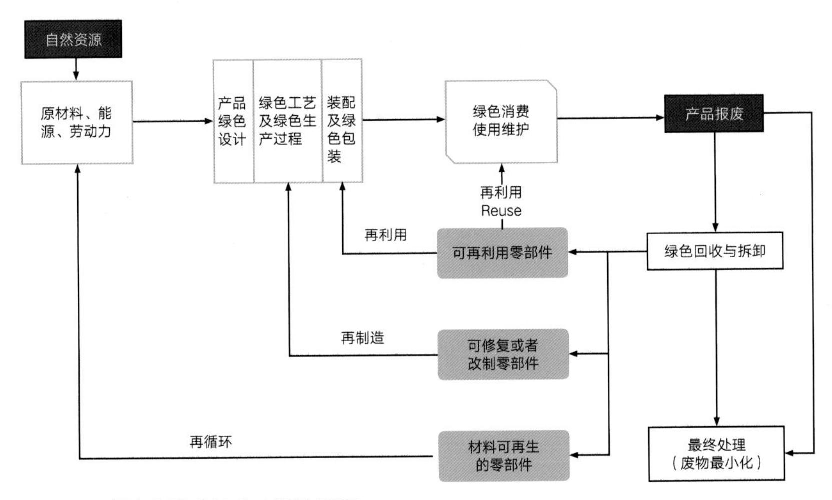

图3-23　绿色制造的技术内涵流程图

通过以上分析，我们大致理出了一个基本概念，制造过程中会对环境造成污染的本质原因是系统中所固有的资源消耗和产生的废弃物问题，这体现了资源与环境两者的关系密不可分。从而得出，绿色设计与制造涉及的问题有：制造问题（囊括了产品生产的全部过程）；环境保护问题；资源优化利用问题。这三个问题的交叉区域也就是绿色制造，如图 3–24 所示。

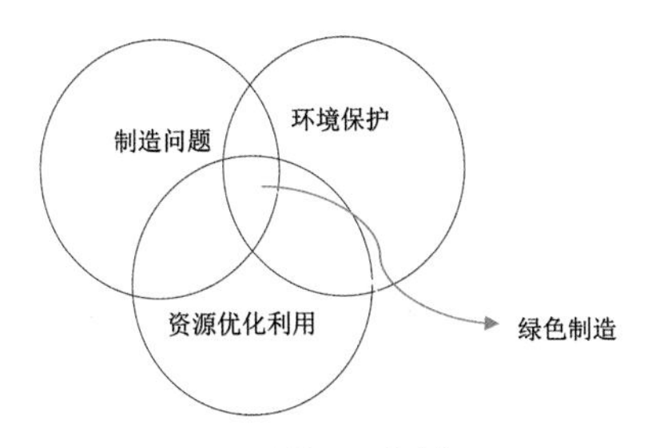

图3-24　绿色制造的问题领域

绿色制造的过程包括了设计、加工制造、包装、销售和回收处理等环节，属于一个闭环系统的全生命周期。我们可以将它看作一个果实的成长历程，包括从发芽、开花、受精、结果、采摘、销售、被消费掉、剩下果皮和核儿被丢弃成为土壤肥料或用于下一个生命的种子处理等一系列的循环过程。关于这方面的系统研究涉及许多相关的基础研究环节，我们把绿色制造的内容概括为三部分：绿色制造的基本理论和总体技术系统；绿色制造的专项技术系统；绿色制造的支撑技术系统与运行模式。接下来，我们将详细介绍这三个部分的内容。

二、绿色制造的基本理论体系和总体技术系统

（一）绿色制造理论体系的相关基础理论及概念

通过对现有资料的分析得出，绿色制造理论体系涉及的相关基础理论及概念包括了可持续发展战略的“三度”（发展度、持续度、协调度）理论，绿色与绿色度、资源与制造资源、制造以及生产与生产度等概念。

1. 可持续发展战略的“三度”理论

发展度是衡量人类社会健康发展的标尺，展示了人类社会的文明程度。持续度主要是考虑人类未来的发展需求，从“时间维”去左右发展度。协调度则主要体现平衡发展度与持续度两者之间的关系，着重考虑当代人与子孙后代间利益的平衡。“三度”之间的关系如图 3-25 所示。

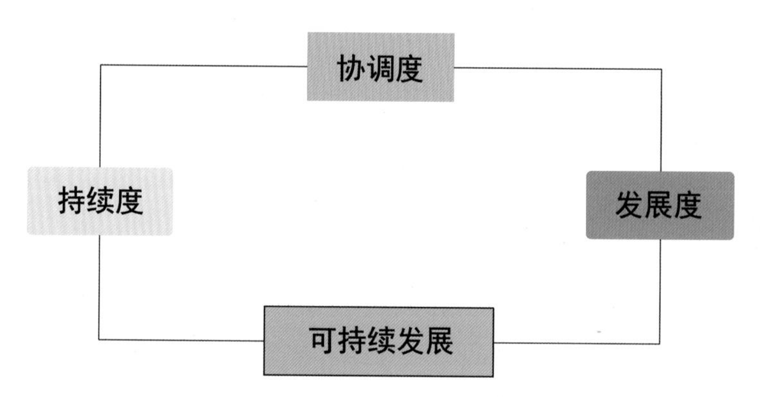

图3-25　可持续发展的“三度”关系

2. 绿色与绿色度的概念

“绿色”主要是指对环境产生积极影响。为了对环境影响程度进行量化，于是引入了“绿色度”这一概念。也就是说，绿色度是“绿色”或环境友好的程度。对环境友好程度越高，绿色度值也就越大，反之亦然。

3. 资源与制造资源的概念

在不同方面，对资源的定义略有不同。在绿色制造中，资源指的是物

料资源和能源，但在某一大范围中，资源除了物质以外还包括资金、技术、信息、人力等。广义的制造资源是指完成产品整个生命周期的所有生产活动的软、硬件资源，包括设计、制造、维护等相关活动过程中涉及的所有元素。狭义的制造资源则主要指加工一个零件所需要的物质元素，是面向制造系统底层的制造资源，主要包括机床、刀具、夹具、量具和材料等。

4. 制造的概念

目前，国际上比较公认的是国际生产工程学会（CIRP）在 1990 年给“制造”的定义：制造是涉及制造工业中产品设计、物料选择、生产计划、生产过程、质量保证、经营管理、市场销售等一系列相关活动和作业的总称。

5. 生产与生产度的概念

将物料资源或能源通过某些手段转化成某种产品的过程或者是制造产品的活动过程，称为生产。不妨说，生产活动是一个输入和输出的过程，而生产度则是表达生产量的大小值。

（二）绿色制造理论体系框架的主要内容

可持续发展战略的相关理论和文献研究成果，构成了绿色制造理论体系的主要内容。

1. 绿色制造的“三度”理论

“三度”的含义在前文已有提及，在绿色制造中，可将工业本身特征中的“绿色度”替换为“持续度”，而绿色主要突出将环境负面影响降至最低，与“持续度”相呼应。我们都知道制造的最终目标是制造财富，“制造”与“发展度”相呼应，“发展度”被“生产度”替换。“协调度”着重于“绿色度”与“生产度”两者的均衡点。因此，绿色制造的“三度”为“生产度”“绿色度”和“协调度”，如图 3-26 所示。

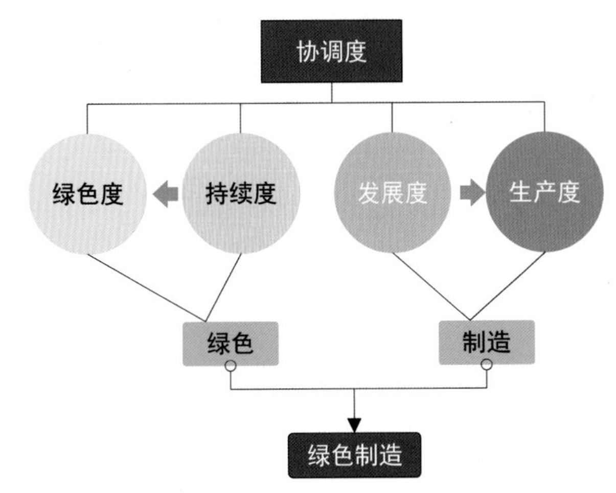

图3-26　绿色制造的三度理论示意图

2. 绿色制造的资源主线论

资源主线论是为了提升资源利用率，降低废弃率，经由设计使制造资源在产品生产过程中达到最佳状态。资源主线论是绿色生产的理论依据。

3. 绿色制造的物流闭环特性

传统制造的物流形成了开环系统的结构，其物流尾端是物件使用至废弃的过程。而传统制造的开环物流加之物件抛弃后的信息反馈形成的一种大闭环结构系统，也就是绿色制造的物流，它囊括了传统开环的物料系统以及产品报废后的反馈信息系统。

4. 绿色制造的“时间维”特性——产品生命周期的外延

绿色制造将产品的生命周期大大延长，提出了产品闭环多生命周期的概念。而传统制造闭环系统决定了产品的生命周期，即从生产到最终报废。

5. 绿色制造的“空间维”特性——制造系统空间的外延

传统制造系统的空间界限要想得到延伸，在于绿色制造闭环系统的合理安排，借此其系统外部的各类信息接触也得到了极大扩展。

6. 绿色制造的决策属性

绿色制造中的决策属性是指制造决策进程中必须着重考虑的紧要因素或追求目标。

7. 绿色制造的集成属性

绿色制造的集成属性是指范畴、问题、收益、信息和过程的整合。

（三）绿色制造体系结构

绿色制造的体系结构包括了社会科学、生态环境、人机工程、艺术以及系统等学科，学科之间交叉运用，相互影响，体系相当繁杂。依据不同的性质，我们把绿色制造的体系结构分为两个大因素：内部因素和外部因素。

内部因素也就是产品全生命周期的内容，包括了从设计之初的方案概念到生产制造出成品，还有消费使用以及最终老化报废回收、循环再用的过程。在这些过程中，我们都需对绿色材料的选择、绿色能源的使用、绿色工艺规划等方面进行逐一了解，使产品符合绿色理念、适宜的人机以及生产技术和设备等，最后产品成为商品进行销售，还需要对其进行包装、使用的安全措施以及回收再用的渠道进行控制。

外部因素则是与产品无直接关系的内容，包括了产品制造过程中是否环保、资源利用是否最优以及产品是否对社会产生积极影响。也就是说，在制造过程中的某一个环节是否会产生废气废料，处理这些末端问题的手段是否绿色环保，同时产品之于社会必须具有积极的影响。

三、绿色制造的专项技术系统

绿色制造的专项技术系统包括如下五个内容：第一，绿色设计技术。指的是在产品及其全生命周期过程的设计中要更多地考虑社会资源和环境的问题，在考虑好产品的基本功用、品质、研发成本和周期的同时，通过优化相关设计因素，将产品本身及其制作流程对环境所带来的负面影响和资源损耗降至最低。第二，绿色选料技术。材料选择的绿色性是一个极其复杂的命题。卡内基梅隆大学 Rosy 指出，在符合工程与环境等需求的前提下，必须把成本分析作为物件材料绿色选择的方式方法，同时还要考虑环境要素的影响，使零件成本降至最低。第三，绿色工艺规划技术。要想做到大范围的低物料、极低的能源损耗值、极小的废弃物排放量及环境污染，必须在制造工艺和途径中去一点点执行相应的技术措施。第四，绿色包装技术。为了让资源损耗值和废弃物排放量最小化，从保护大自然的视角去深化每一个产品包装的设计方案。其技术主要包括：包装材料、包装结构和包装废弃物回收处理三个方面。目前，全球工业大国大多规定包装要贯彻执行减量化、回收再用、循环再生和可降解的原则。在我国，践行绿色包装工程被纳入“九五”包装产业发展的基本任务和目标中，指明了包装成品要朝着绿色包装技术的目标迈进，着重研发各式可更替塑料薄膜的纸包装材料，并兼具防止湿度过大与保持新鲜的功效。同时也要提升塑料的二次回收使用的工艺和产品运用技术，并恰当研发可回收再利用的金属包装及高强度薄壁轻量玻璃包装。第五，绿色处理技术。对于环境来讲，产品的回收处理是一个系统工程，从设计产品伊始到产品报废的各个步骤都需考虑周全。例如，在产品报废，完成使命后，应根据其性能采用不一样的处理手段（再使用、再利用、废弃等），由于其处理手法不同，那么回收处理的成本和价值也不尽相同，所以必须对其展开分析与评估，最终确立最佳的回收处理手段，以期达到用极低的成本获得最高的收益。不妨说，这就是绿色处理的方案设计。

（一）绿色设计技术

绿色设计技术贯穿于产品的全生命周期，包括用户需求、设计、生产、销售、使用以及回收处理各环节，如图 3-27 所示。

产品研究作为绿色设计技术的核心内容，设计起始阶段的设想环节就是产品生命周期的源头，也就是绿色制造过程的起点。绿色设计技术涵盖了绿色产品设计的材料选择与管理技术、产品的可拆卸结构技术以及产品生产工艺与回收再用技术，如表 3-3 所示。

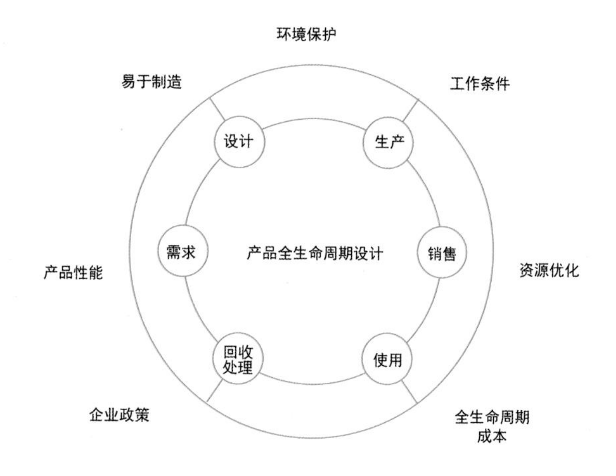

图3-27 产品全生命周期所有阶段

表3-3 绿色设计技术研究

研究因素	因素分析	案例分析
绿色产品设计的材料选择与管理技术	材料的性能与产品的功能相结合	例如，药盒材料的选择，要考虑到某些药品因成分不同，如果使用同一包装材料，一些药物可能会与药盒发生化学反应，从而产生一些有害成分或降低、改变药效。同时，还要注意不可将含有有害成分的材料放入无有害成分的材料中，这样会造成污染
	应对材料老化或功能达到寿命年限的产品及时进行回收处理	
	在设计管理上除了对产品设计成本进行管理外，还要对进入消费者手中的产品进行一定的走访调查，及时发现问题、解决问题，并进行数据的管理	
	提供相关的回收点，方便企业对产品材料进行回收，对有用部分进行再利用、无用部分进行集中处理	
产品的可拆卸性结构技术	对产品进行模块化设计方便产品的自由组装和维护。设计师从这一角度对产品进行设计，以使产品的主要功能继续发挥作用，从而延长产品的使用寿命	例如，机械产品中有很常见的拆卸结构设计，只要零件规格相同，产品就可以更换老部件后继续使用。模块化设计在美国、德国、瑞典、丹麦等许多欧美国家被广泛应用
	便于拆分和回收再利用	
产品生产工艺与回收再利用技术	采用低能耗制造工艺和无污染的生产技术，在材料配制以及生产过程中，不使用甲醛等有害物质	例如，从制造工艺的角度来看，一个好的企业的车间工艺流程都应该将每一个环节对环境造成的影响降至最小
	回收再利用过程要求产品设计要符合绿色制造的理念，选材绿色、设计绿色、产品生产和末端处理阶段绿色，绿色设计之初需综合考虑一些需要相关处理技术的支持材料	

（二）实现产品生产的绿色设计方法

1. 产品模块化设计

模块化设计早已从一个概念转变为一种较成熟的绿色设计方法，通过把绿色设计的概念和模块化设计方法联结起来，以适应产品的功能和环境属性。产品模块化设计一方面能够缩短产品研发与制作周期，丰富产品系列，提升产品质量，迅速应对市场的变化；另一方面，能够减少对环境的负面影响，易于再次使用、革新、保养维护和产品报废后的拆卸、回收和处理。尝试确立一种绿色模块化设计方法，去探究设计流程、划分模块标准和详细的完成方法，并经由实际案例来阐述与说明。

模块化设计的核心是如何构建好功能模块系统，通过合理、有规律地提取使其成为独立模块的因素，实现制造管理的便捷性，同时又具备较大的可变性。为了防止模块间、组合间发生混乱，还应将该模块系列未来发展进行延伸。所以，展开划分模块的工作时应考虑以下四点因素。

（1）在整个系统中，模块所发挥的影响是否可能被替换以及是否有必要替换。

（2）保持模块在功能及结构方面有一定的独立性和完整性。

（3）是否易于模块与模块间的连接和拆离。

（4）产品系统的主要功能不会受到所划分模块的影响。

2. 产品的可拆卸性设计

将快速拆卸的评价标准运用到产品结构设计中，同时不同产品需采纳不一样的可拆卸性设计，以期产品在完成使命后，零部件可以被快速而完整地拆卸下来，同时还可以进行多次再利用并实现材料循环再生，实现绿色设计中节约资源和保护环境的目的。

3. 产品的可回收性设计

可回收性设计能实现零部件能源与材料资源的最大利用价值，降低环境污染的可能性，要在产品设计伊始就充分考虑产品零部件材料的回收可能性、价值、处理方法、处理结构工艺性等一系列问题。

（三）绿色工艺规划技术

为了让产品制造过程所产生的经济效益和社会效益协调一致，可以通过工艺路线、工艺方法、工艺设备、工艺方案等工艺流程达到环境友好性的绿色工艺规划方法来实现这一目的。

绿色工艺规划技术是以传统工艺技术为前提，与材料科学、表面控制技术等先进制造工艺技术相结合。换句话说，绿色工艺规划技术是在传统工艺规划技术前提下产生的一种绿色性辅助技术，以此我们推出了一种基于决策模型集的绿色工艺规划方法，如图 3-28 所示。

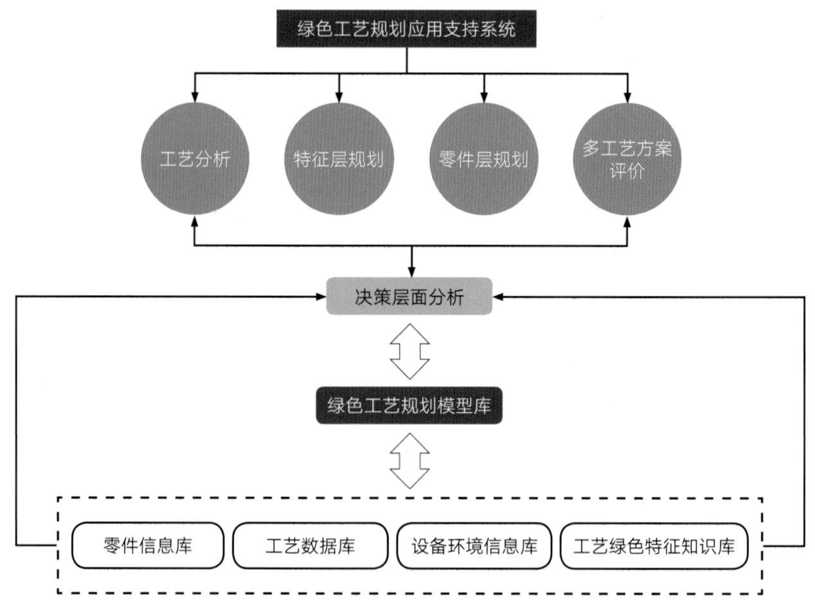

图3-28 基于决策模型集的绿色工艺规划方法

目前，我国绿色制造工艺技术的运用比例极低，论其缘由主要是缺少对绿色制造工艺规划技术可行性的认识。所以，为得到经济环保且可行的绿色制造工艺技术，促使绿色制造工艺规划技术的革新、实行和扩展，必须优化和改良现有工艺，研发传统工艺的替换工艺及新型工艺技术等手段方法。可采取以下五个要点作为绿色工艺的开发策略：增强绿色制造基础理论的大众教育；为提升绿色制造的应用机制，采纳外部激励措施；通过产学研模式，提供可行的绿色制造工艺技术；增强绿色制造的社会配套服务体系；建立企业内部绿色制造创新机制。

（四）绿色包装技术

绿色包装技术包括绿色包装设计技术、绿色包装材料选择技术、绿色包装回收处理技术等。其中，绿色包装设计技术主要包括："减量化"包装设计、"化整为零"包装设计、可循环重用包装设计、易拆卸性包装设计等；绿色包装材料选择技术包括轻量化、薄型化、无毒性、无氟化包装材料选择，可重复再用和再生包装材料选择，可食用包装材料选择，可降解包装材料选择等；绿色包装回收处理技术包括包装回收、包装整体重用、包装零部件重用、包装零部件再制造、包装材料再生、包装材料降解等。绿色包装技术体系如图 3-29 所示 。

绿色包装是指在产品的全生命周期过程中对人与环境无公害、可多次使用、可循环再生或降解腐化的适度包装。绿色包装技术侧重的研究方向包括：选择和开发绿色包装材料；尽量使用回收而来的材料进行产品包装；

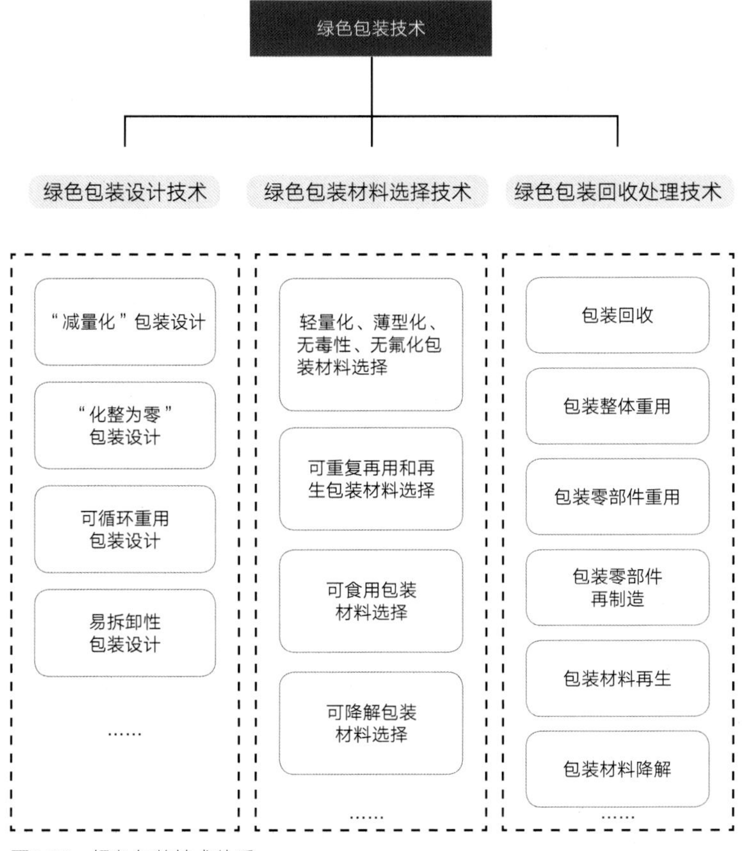

图3-29　绿色包装技术体系

尽量选用无毒材料，减少有毒材料的使用；改进产品结构，改善包装；加强包装废弃物的回收处理。

依据环境保护的规定及其材料消耗后的归属特性，我们把绿色包装材料分为如表 3-4 所示三大类别。

随着世界对石化材料资源的使用比重日益减少，人类对绿色材料的研发不断加强。将绿色材料用于包装不仅可以缓解对石化材料的过度使用，

表3-4　绿色包装材料分类

材料类别	品种
可回收处理再利用材料	纸制品材料（纸张、纸板、纸浆模塑），玻璃材料，金属材料（铝板、铝箔、马口铁、铝合金），线型高分子材料（PP、PVA、PVAC、ZVA、聚丙烯酸、聚酯、尼龙），可降解材料（光降解、氧降解、生物降解、光 / 氧双降解、水降解）
可自然风化回归自然材料	纸制品材料（纸张、纸板、纸浆模塑），可降解材料（光降解、氧降解、生物降解、光 / 氧双降解、水降解），生物合成材料，植物生物填充材料，可食性材料
准绿色包装材料	不可回收的线型高分子材料，网状高分子材料，部分复合型材料（塑—金属、塑—塑、塑—纸等）

减少资源浪费，同时由于绿色材料具有可回收、再利用或易于降解等特点，这将大幅度降低对环境的污染，使资源循环利用率得到提高。绿色材料在世界上受到推崇，今后这方面的研究力度会逐步加强，技术分析细节也会越来越透彻。

（五）绿色处理技术

绿色处理技术是指产品在报废后，经由有效地回收处理后进入下一个生命周期的处理技术。它包括生产过程中产品的材料结构处理、生产工艺技术、废弃物的处理、产品包装处理以及废弃产品的处理技术。目前，绿色处理技术主要是绿色回收处理技术和绿色再制造技术，绿色回收处理技术可分为：废旧产品可回收性分析与评价技术、废旧产品绿色可拆卸技术、废旧产品绿色清洗技术、废旧产品材料绿色分离 / 回收技术、逆向物流技术五个类别，如图 3-30 所示。

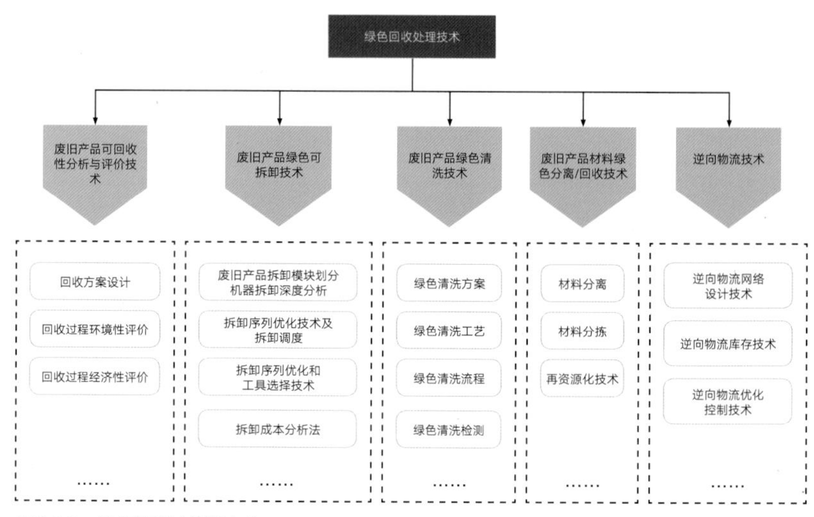

图3-30　绿色回收处理技术

绿色再制造技术的内容体系主要包括再制造系统设计技术、再制造工艺技术、再制造质量控制技术和再制造生产计划与控制技术，如图 3-31 所示。

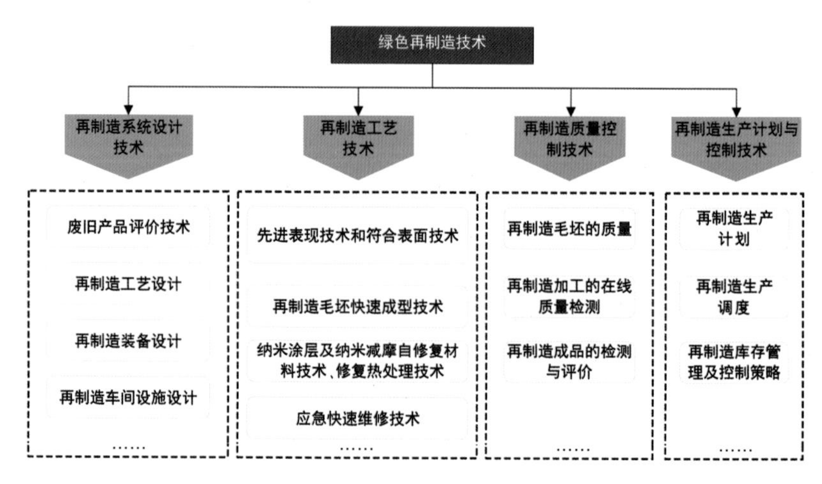

图3-31　绿色再制造技术

四、绿色制造的支撑技术系统

（一）绿色制造的数据库和知识库

要实现绿色设计诉求、绿色材料选择、绿色工艺规划以及绿色材料回收处理方案供应支撑，务必创建符合绿色设计的数据库与知识库。

（二）环境影响评估系统

在产品生命周期中，评估系统会受到环境的影响，对其资源消耗和环境因素进行综合评估。对于环境污染情况和污染程度来说，制造过程是极其复杂的。怎样测算与评估其条件和评价绿色生产的实施是一个非常繁复的命题。

（三）绿色管理模式和绿色供应链

提升经济与环境效益是一个企业实现良好经营管理的重要前提，企业应合理权衡资源消耗和环境污染两者间的关系，控制好对应的资源和废弃物处理成本，从而实现企业的良性发展。其中，绿色管理模式和绿色供应链是企业重要的研究内容。

（四）绿色制造的实施工具

绿色制造的实施工具即绿色制造的支撑软件，包括计算机辅助绿色设计系统、绿色工艺规划系统、绿色制造决策支持系统、ISO 14000 国际认证的支撑系统等。

五、绿色制造的运行模式

（一）绿色制造运行模式的含义

我们既要实现对生态环境负面影响最小化且再生资源利用率最大化的目标，还要让企业获得利润。绿色制造运行模式将人、组织、技术以及管理相互结合形成某种特定的实施手段，并借由信息流、物料流、能源流和资金流的高效集成，让产品可以在短时间内上市，并符合高品质、低投入、高服务以及绿色性要求，最终使企业获得最大的收益。也就是说，它是指运用绿色制造技术，严格遵循客观规律，实现绿色制造的高效、系统的生产运作模式和技术体系形式。

（二）绿色制造运行模式的六视图

把绿色制造运行的特性模型进行整合，经此确立的模型就是绿色制造运行模式的特性视图。通过探索绿色制造的运行模式，系统全面地了解和分析模式的特性，最终树立起绿色制造运行的参考模型。这些模型全面、系统地描述了运行模式的功能、结构、特性与运行方式，可依据参考模型展开运行模式的规划设计与实施、系统改进和优化运行。假设我们只单方面去剖析绿色制造运行模式，其复杂性会导致我们无法清晰、全方位地判断绿色制造运行模式的特性以及它们之间所固有的内在联系。因此，我们将采用多视图来反映绿色制造运行模式的固有特性，并做整体而详尽的描述。

基于先前研究的铺垫，我们把多视图分为功能视图、产品生命周期视图、过程视图、资源视图、环境影响视图、结构视图，如图 3-32 所示。

过程视图

通用数据库和知识库
产品设计
生产准备
生产
销售发货
客户
市场调研

功能视图

系统整体功能
系统构成要素功能
运作过程的阶段功能
战略目标
经济效益和可持续发展效益协调最大化
过程目标
T:产品开发周期&生产周期尽可能短
Q:产品质量水平尽可能高
C:产品成本尽可能低
S:产品的售前和售后服务尽可能好
R:产品的资源消耗尽可能少
E:产品对环境的影响尽可能小

环境影响视图

废品、废料等固体废弃物、废气、废液、噪声、振动、辐射等

资源视图

物资能源（物料、能源、设备等）
资金、技术、信息等

结构视图

技术结构
组织构成

产品生命周期视图

原材料生产
原材料供应
制造加工、产品装配、
产品包装
销售
产品使用及维修
回收处理及再制造

图3-32　绿色制造运行模式六视图

功能视图由绿色制造系统的功能和目标组成，其中功能可细分为：系统整体功能、系统构成要素功能和运作过程的阶段功能等，目标可分为战略目标和过程目标。产品生命周期视图贯穿产品的全生命周期，是绿色制造运行模式的主线视图之一。过程视图展现了产品从基础研究中的市场调研、客户需求分析和产品方案设想等信息形式，经由某些工艺技术处理和管理相互关联的活动而转变成用户真正需要的产品，最终到产品废弃、回收处理乃至再生产的全过程，它是一条完整的绿色制造运行系统的活动链。结构视图揭示了确定系统可以运转的技术结构和组织构成。资源视图，在上文已提及，资源可分为物质资源（物料、能源、设备等），还可以是物质资源之外的资金、技术、信息和人力等。环境影响视图是指系统运行过程中各种活动对环境的影响。

（三）绿色制造运行模式的层次模型

基于以上剖析和绿色制造运行模式的特性描述，我们建立一个四层结构的绿色制造运行模式，如图 3-33 所示，该模型层与层之间彼此联系，构成了一个有机的整体。

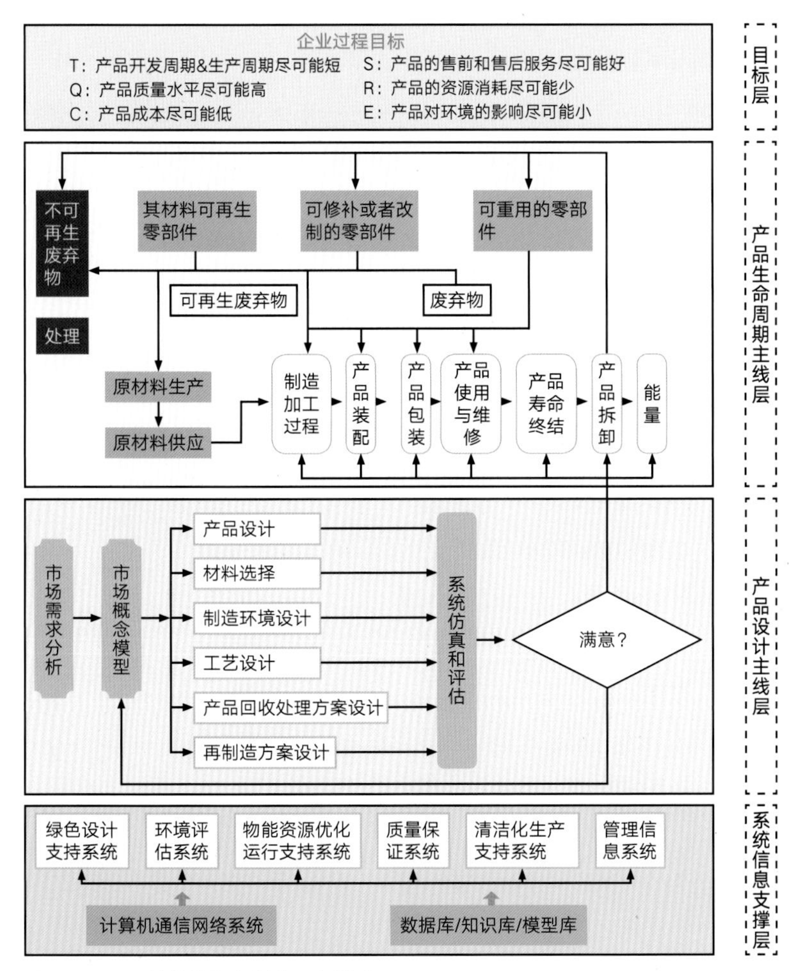

图3-33　四层结构的绿色制造运行模式

目标层对应的是功能视图，该系统具有明确的环境目标，企业可以结合自身的特征，做出合理的判断。采纳适宜的绿色制造技术，促使绿色制造的全范围实行，从而逐渐实现经济、社会和生态效益三者的协调发展。

产品生命周期主线层和产品设计主线层分别映射的是产品生命周期视图和过程视图。

系统信息支撑层则展示了上述结构视图中相关的技术结构与信息体系的整合，并且显示了相应视图中的系统构成要素功能。

在产品生命周期主线层和产品设计主线层中各自包含了六视图中的资源流和环境影响因素，为完成资源流和环境影响因素的分析评估，需要对这两个过程进行合理分析和建模。同时，在这两个过程中，功能视图中的不同环节的功能也得到了展现。

以上四层结构的绿色制造的运作模式，对于企业找到适合自己的绿色制造措施具有参考和借鉴意义。要想通过绿色制造运行模式获得进一步指导与参考性建议，则需要组织专业人员对具体要开发的产品做深入而全面的系统性研究。

本章小结：

材料选择与生产制造是供给与消费的上游环节，对工业产品生命周期中的后续阶段的影响很大，如果在产品生产的上游环节没有把好绿色关，势必会在生产过程、营销环节、消费使用以及回收等环节给环境带来负面影响，从而加重资源环境的生态包袱。反之，如果在产品开发规划定位阶段就开始介入绿色设计，针对产品使用目的对材料及加工作出通盘考量并进行绿色定位，通过使用系统的绿色加工生产技术和措施将隐患因素排除在外并提出解决方案，就能够增加产品的“绿色深度”，同时，这也是“适应性绿色设计”的正确打开方式和设计方法。

本章重点：

1. 绿色材料的选择。
2. 产品绿色生产的技术要素。

思考：

1. 实现产品生产的绿色设计方法主要有哪些？
2. 设计师在产品生产中的主要作用是什么？

第四章　绿色设计实践

引语：绿色设计是一种综合考虑了产品在设计、制造、使用和回收等环节的环境特性和资源效率的先进设计理念和方法。由于环境污染和资源短缺等问题的出现，以大量资源、能源消耗为代价的发展模式已经不能适应社会的发展，只有采用以资源的高效利用、环境恢复治理为特色的集约型发展模式，才能实现可持续发展，绿色设计正是解决此问题的最佳途径之一。产品绿色设计是一个复杂而系统的过程，涉及材料选择、加工工艺、电子电工、机械结构等加工生产过程，以及运输、销售、回收、再设计和再生产等环节。本章重点分析家电、家具、生活用品和交通 / 移动工具等主流产品的绿色设计问题，并对实践过程中所涉及的材料选择、工艺优化、资源合理利用、能源节约等主要的设计方法进行总结和提炼。

本章将详细介绍典型产品设计案例，如家电家具、生活家居和交通 / 移动工具等的绿色设计问题，重点分析产品生态属性和常用的绿色设计方法，其核心理念仍是以产品生命周期的系统化思考为基础，基于设计、材料、生产、运输分配和销售及回收等进行全过程考虑。

产品服务系统是预先设计好的包含产品、服务、支持网络和基础设施的系统，它能够满足客户需求，相对于传统商业模式而言，其对环境的负面影响更低，能系统性地提升生态效益。产品服务系统作为比产品设计更高的企业战略和产品开发策略，成为实现制造企业可持续发展的解决方案和商业创新的前瞻性概念。文中将以交通出行及工具系统和公共服务系统为例，具体描述产品服务系统如何在满足消费者需求的同时实现生态效益的提升。

第一节　家用电器产品绿色设计实践

在家用电器产品中，无论是黑色家电还是白色家电，抑或是新兴的智能家电，设计时首先应该考虑材料问题，如元器件的选择以及如何支持长寿命产品，材料的多样性和复杂性，材料的供应链等问题。材料选择涉及材料学、化学、加工工艺、电子电工等多种学科，同时也需了解相关领域技术的发展变化趋势，以及技术革新带来的产品加工生产和能耗等方面的整体变化。例如随着 CRT 等传统显示器向轻薄、几近无边框的液晶 LED 方向发展，传统的塑胶材料（边框）也势必被更坚固和精巧的金属材料（边框）替代。在考虑材料的复杂性和多样性的同时也需要认清不同材料在拆卸、循环和回收中的不同处理方法和手段，并建立更合理的企业和社会层级的分类回收系统。

而以能量转换为基础特性的白色家电在满足人们对温度、环境和良好生活品质追求的同时，需要更多地考虑能耗和能效优化的问题，并采用电力能耗、水量消耗等等级标签视觉化的方式清晰标识产品能效水平，帮助消费者选择更绿色节能的产品。

对小家电产品而言，因其具有种类繁多、功能全面和使用频率极高等特点，使仅为满足人们生活细微功能需求而诞生的小家电产品越来越多。尤其是近年来不断涌现的、日常使用频率并不高、在短暂使用后就被闲置的新品小家电。在开发设计阶段，就应该针对产品定义和市场定位进行环境影响与商业利益的矛盾平衡与价值审核，不能为满足消费者好奇心或短时消费冲动而设计所谓的新概念产品，以免造成大量的资源消耗和占用。设计师在商业利益面前需要提高自身的环境保护意识，企业则更不能为了短期效益而贸然开发和生产这类产品，而导致巨大的资源消耗。

目前，使用频率高于 60% 的电子产品，一方面给生活提供了各种便利，另一方面也造成了人们对产品的依赖，更甚者导致人身体健康受损、人际关系疏远和出现产品同质化等问题，因此除了要从材料、结构和能耗等方面对这类产品进行设计优化之外，还应该在设计伦理和商业道德方面进行考量。

一、黑色家电绿色设计

黑色家电是指可提供娱乐、休闲的家电产品，如彩电、音响、游戏机、摄像机、照相机、家庭影院、电话、电话应答机等。黑色家电主要是通过电子元器件、电路板等组合件将电能转化为声音、图像或者其他能够给人们的感官带来刺激的产品。黑色家电绿色设计一般可从以下四个方面进行考虑。

（一）材料的选择

1. 以材料特性支持长寿命产品

（1）发光二极管（LED），由含镓（Ga）、砷（As）、磷（P）、氮（N）等的化合物制成。

20 世纪 60 年代出现红光 LED，所用材料是 GaAsP，波长 565nm。20 世纪 90 年代出现蓝光 LED，是用 GaN 芯片和钇铝石榴石（YAG）封在一起制成。长期以来只有红、绿、黄色，仅用于指示。现利用光 + 蓝光 = 白光，或红 + 绿 + 蓝三色混合得到白光，可用于照明，寿命达 10 万小时。

目前，液晶电视大多数采用冷阴极荧光管（CCFL）作为背光源。CCFL 的发光效率较高，但由于它的光线是向四周发射，需要反射，因而会损失不少。并且，其彩色表现能力比较差，它的更大的问题是环保问题——含有水银。LED 的发光效率比较低，只有 CCFL 的三分之二。不过，这种情况会随着 LED 发光效率的提高而改变。作为背光源，它与 CCFL 背光源相比有五大优点。

① 超广色域，可以达到 105%NTSE 色域，因此色彩更鲜艳。

② 超薄外观，最薄的达到 1.99 cm，更加时尚。

③ 节能环保，能耗比 CCFL 背光源低 52%，并且没有 CCFL 的汞污染。

④ 寿命长，将近 10 万小时，每天开 10 小时的话可以使用约 27 年。

⑤ 可以达到 10000 ∶ 1 的超高对比度，清晰度更高。

以上优点决定了 LED 背光源成为 CCFL 背光源的替代产品。LED 背光源除了可以应用在显示屏外，还可以应用在各种发光面板上。目前其市场价格基本上是 CCFL 背光源产品的 1.5 倍。

（2）远红外电热元件。红外式电热器具通过加热某些红外线辐射物质，并利用这些物质辐射出的红外线来加热物体。电阻带远红外辐射加热器用于烘道、烘房、烘箱的烘干加热设备。

远红外电热元件主要是通过电阻通电发热激发红外线辐射，其穿透力强，节能，升温快。石英电热管是乳白石英玻璃管，在管内装进带有支架的螺旋状电热丝作为发热元件。远红外电热元件具有以下优点。

① 电气性能稳定，电热功率稳定，升温快，电热转换率高达 70%。

② 热效率高，加热不氧化，使用寿命可达 3000 小时以上，安全可靠。

远红外加热技术兴起于 20 世纪 70 年代初，是一项重点推广的节能技术。远红外加热器有板状、管状、灯状和灯口状四种，所用的能源以电能为主，亦可用煤气、蒸汽、沼气和烟道气等。利用这项技术提高加热效率，重要的是要提高被加热物料对辐射线的吸收能力，使其分子振动波长与远红外光谱的波长相匹配。因此，必须根据被加热物的要求来选择合适的辐射元件，同时还应采用不同的选择性辐射涂层材料来改善加热体的表面状况。

远红外加热与传统的蒸汽、热风和电阻等加热方法相比，具有加热速度快、产品质量稳定、设备占地面积小、生产费用低和加热效率高等许多优点。（图 4-1、图 4-2）

图4-1　红外加热消毒柜（产品应用）

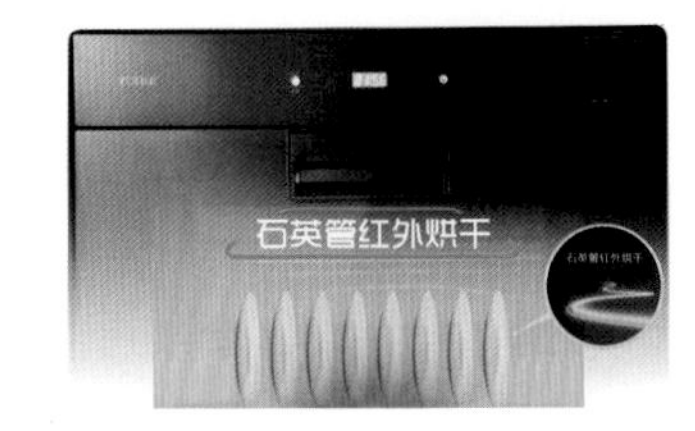

图4-2　红外加热器（加热面板）

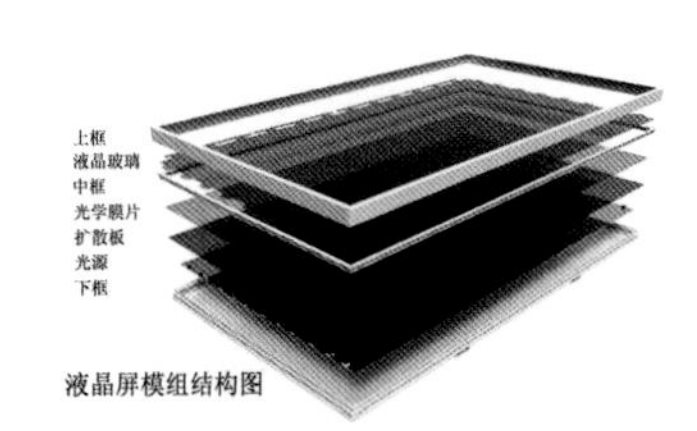

图4-3　液晶屏模组结构图

2. 材料的多样性

彩电类行业材料分析

（1）上游基础材料，主要有玻璃基板、液晶材料、偏光片、彩色滤光片、背光源等。其中，玻璃基板是生产液晶面板最核心的部件。

LCD 玻璃基板可分为碱玻璃和无碱玻璃两大类。碱玻璃包括钠玻璃及中性硅酸硼玻璃两种，多应用于 TN—LCD 及 STN—LCD 上，主要生产厂商有日本板硝子株式会社（Nippon Sheel Glass）、旭硝子株式会社（Asahi Glass）及中央硝子株式会社（Central Glass）等，以浮式法制程生产为主；无碱玻璃则以无碱硅酸铝玻璃（Alumino Silicate Glass，主成分为 SiO_2、Al_2O_3、B_2O_3 及 BaO 等）为主，其碱金属总含量在 1% 以下，主要用于 TFT- LCD 上。

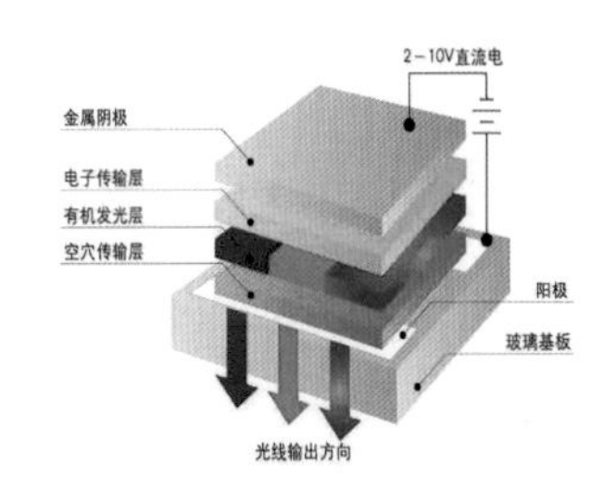

图4-4　光线输出方向

图4-5　螺钉边框电视

超薄平板玻璃基材之特性主要取决于玻璃的组成，而玻璃的组成则影响玻璃的热膨胀、黏度（应变、退火、转化、软化和工作点）、耐化学性、光学穿透吸收率及在各种频率与温度下的电气特性。产品质量除深受材料组成影响外，还取决于生产制程。

背光源组主要由光源、导光板、光学膜片、塑胶框等组成。背光源具有亮度高、寿命长、发光均匀等特点。目前主要有 EL、CCFL 及 LED 三种背光源类型，依光源分布位置不同分为侧光式和直下式。随着 LCD 模组不断向更亮、更轻、更薄方向发展，侧光式 CCFL 背光源成为目前背光源发展的主流。（图 4-3、图 4-4）

（2）中游面板及模组制造：液晶面板是彩电的核心部件，占彩电成本的 70% 左右。

液晶显示器（Liquid Crystal Display，LCD），全称液态晶体显示器（图 4-3）。液晶（Liquid Crystal）是一种介于固态和液态之间的物质，是具有规则性分子排列的有机化合物，如果把它加热会呈现透明状的液体状态，把它冷却则会出现结晶颗粒的混浊固体状态。正是由于它的这种特性，所以被称为液晶。用于液晶显示器的液晶分子结构排列类似细火柴棒，被称为 Nematic 液晶。液晶电视是在两张玻璃之间的液晶内加入电压，通过分子排列变化及曲折变化再现画面，即屏幕通过电子群的冲撞制造画面，并通过外部光线的透视反射来形成画面。（图 4-4）

①超扭曲向列型（STN）液晶屏：它是一种被动矩阵式 LCD 器件，它的优点有功耗小、省电。彩色 STN 的显示原理是在传统单色 STN 液晶显示器上加一个彩色滤光片，通过彩色滤光片显示红、绿、蓝三原色，即可显示出彩色画面。STN 屏幕显示响应时间较慢，约 200 毫秒，在播放动画时拖尾现象严重。

②薄膜晶体管（TFT）液晶屏：它是有源矩阵类型液晶屏，背部设有特殊灯管，可以主动地对屏幕上的各个独立的像素进行控制，反应时间比较快，约 80 毫秒，而且可视角度大，通常达到 130° 左右。缺点是比较耗电，制造成本也比较高。

③ OLED 液晶屏：它是有机发光显示屏，与传统 LCD 显示方式有着本质的不同，即无须背光源。它采用非常薄的有机材料涂层和玻璃基板，当有电流通过时，这些有机材料就会发光。因此，可以将 OLED 液晶屏做得更轻、更薄，可视角度更大，同时也更省电。不过使用寿命短，而且屏幕的尺寸受多个因素限制等。

④低温多晶硅（LTPS）液晶屏：它是由 TFT-LCD 衍生出来的新一代的技术产品。LTPS 液晶屏是通过对传统非晶硅（a-Si）TFT-LCD 面板增加激光处理制程来制造的，元件数量可减少 40%，而连接部分更可减少 95%，极大地降低了产品出现故障的概率。这种屏幕在能耗及耐用性方面都有极大改善，水平和垂直可视角度都可达到 170° ，显示响应时间达 12 毫秒，显示亮度达到 500 尼特，对比度可达 500 ： 1。

（3）整机制造：机身外壳。

CRT 电视机外壳和底座是通过用高流动性的 ABS（丙烯腈—丁二烯—苯乙烯）注塑成型。液晶电视机外壳的材料很多是亚光的钢琴烤漆屏，大部分是由 ABS+HIPS 制成，市场上主要的外壳材质有以下五种。

① 螺钉边框。

市面上有不少螺钉外露的产品，其实这些螺钉并不是用来固定电视机边框的，而是用来固定屏幕和背光组件的，这类产品满足了市场对低端产品的需要，缺点是边框受外力影响容易造成产品变形。（图 4-5）

图4-6　普通塑料边框电视

② 普通塑料。

普通塑料是目前市面上主流产品采用的外壳材料，优点是形态丰富，设计自由度高，成本低，缺点也很明显，强度比较弱，表面质感不如金属材质好。这类材质比较普遍，其中主要有镜面注塑和油漆喷涂两种技术，都能达到较好的视觉效果，特别是镜面注塑需要采用更好的塑料原生颗粒，观感类似玻璃，有一种半透明的感觉。（图 4-6）

图4-7　高温蒸汽压膜塑料边框电视

③ 高温蒸汽压膜塑料。

通过采用比较好的模具，外壳可以做出类似金属拉丝的质感，触感扎实，感觉不到塑料强度不足的问题。（图 4-7）

④ 钢铁框。

轻盈美观的铁框及不锈钢框强度高，可以更好地控制边框的外形，目前使用得不多，如微鲸 WTV55K2 的前框就采用铁材质。（图 4-8）

图4-8　不锈钢边框电视

⑤ 铝合金。

铝合金是目前电视中使用得最多的材料，其重量较轻，强度较高，有多重材质的处理（阳极氧化、喷涂、金属拉丝、磨砂、抛光），其中使用比较多的是铝合金阳极氧化和铝合金表面拉丝工艺。（图 4-9）

（二）使用功能

1. 强化功能的针对性

（1）采用 VA 技术。VA 技术是将液晶纵向安排，在曲面状态下也能够传达最合适的光。相反，非 VA 技术是将液晶横向安排，因此在曲面的情况下会因为液晶的扭曲导致白色斑点的产生。（图 4-10、图 4-12）

（2）采用 Curved 专用彩色技术。曲面专用面板，将彩色滤光层与 TFT 层放置于同侧，避免出现“串色”问题。（图 4-13）

（3）采用更薄、更有弹性的柔性屏幕技术。Curved TV 不是单纯、生硬地使一般的平面屏幕发生弯曲。如果把一般的平面屏幕强制弯成最新曲面电视那样的曲率，屏幕会因无法承受张力而破裂。Curved Display 为了向视听者提供最佳的曲率，开发出了更薄的柔性屏幕技术，实现了张力最小化的终极曲面。（图 4-14）

图4-9　铝合金边框电视

图4-10　曲面同盟

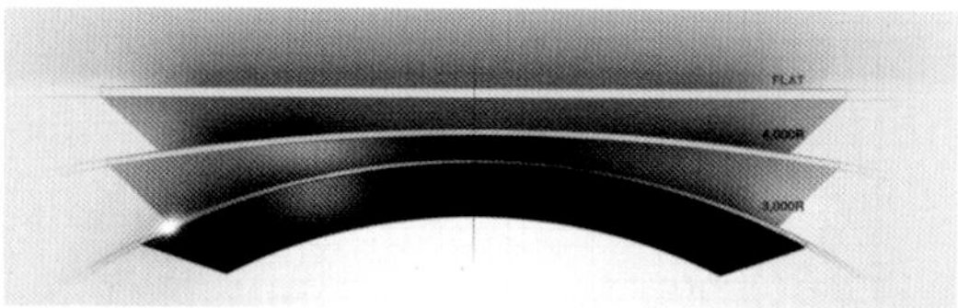

图4-11　屏幕曲率变化趋势

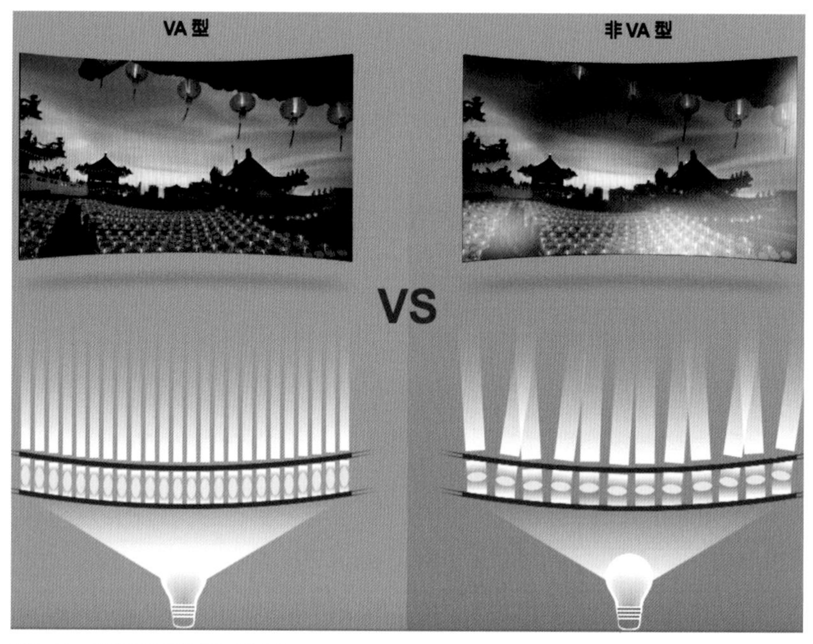

图4-12　VA型和非VA型对比图

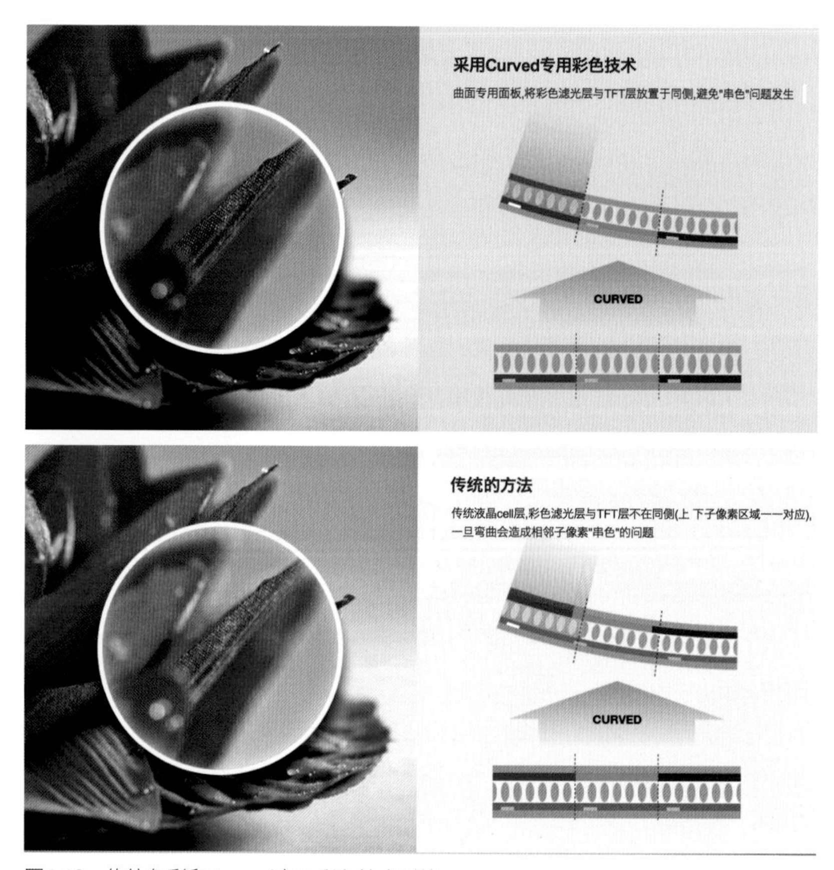

图4-13　传统色彩和Curved专用彩色技术对比

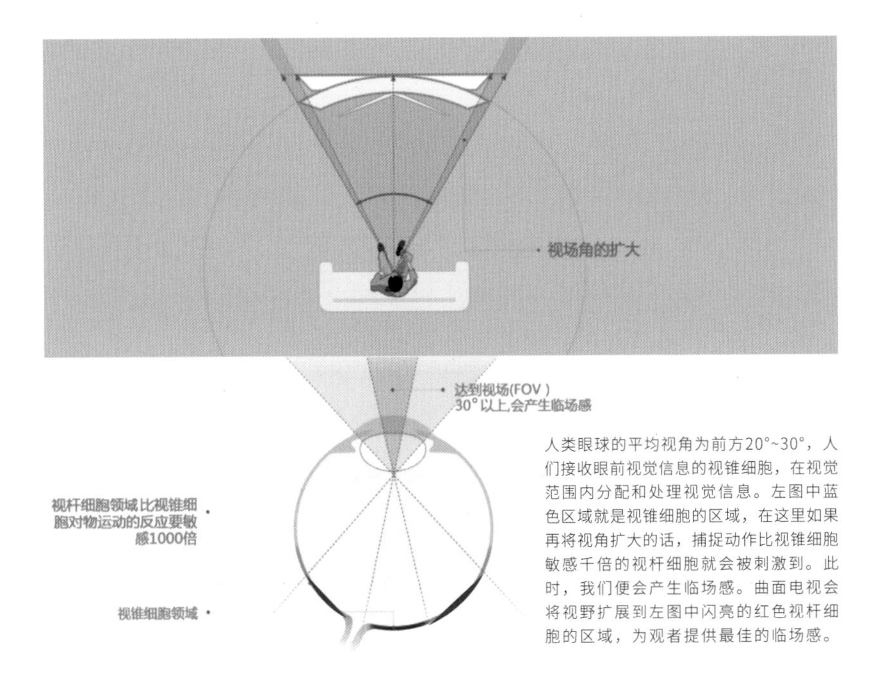

图4-14　柔性屏幕技术示意图

2. 摒弃功能齐备化理念、强调针对选择

彩电可以针对不同人群强化产品的不同功能，比如适合幼儿的启蒙教育，适合年轻人的娱乐体验游戏，还有适合老年人的健康养生模块。另外，结合当下热门的交互应用，选择手机在线遥控也是不错的选择。

3. 功能选择模块化

（1）海尔阿里Ⅱ代电视。

2015 年海尔联合阿里巴巴在北京发布了全新的海尔阿里Ⅱ代电视。该电视采用了可定制模块化设计，实现了电视的软硬件同时升级。海尔阿里Ⅱ代电视将所有软硬件都聚合在一起，可插拔的 8+6pin 接口模块当中，可以实现用户不同功能组合的个性化需求。该电视只需更换模块即可实现软硬件双升级。（图 4−15）

电视搭载了 YunOS for TV 系统，可在电视端实现影视、音乐、游戏、教育、购物等功能，包含了电视淘宝、视频资源、客厅教育、云游戏、狮门影业、求索纪录片专区等应用资源。

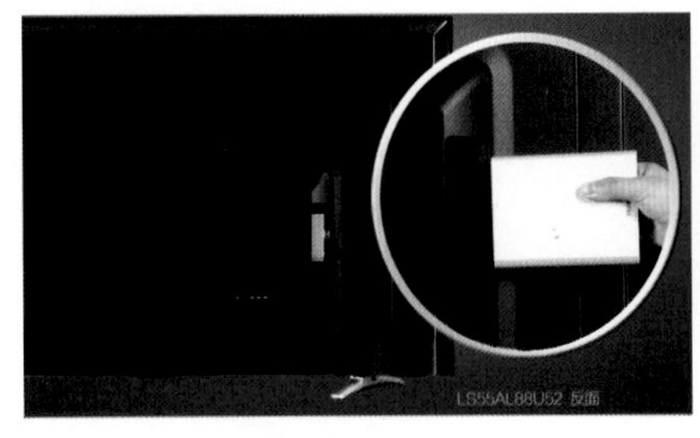

图4-15　海尔阿里Ⅱ代电视

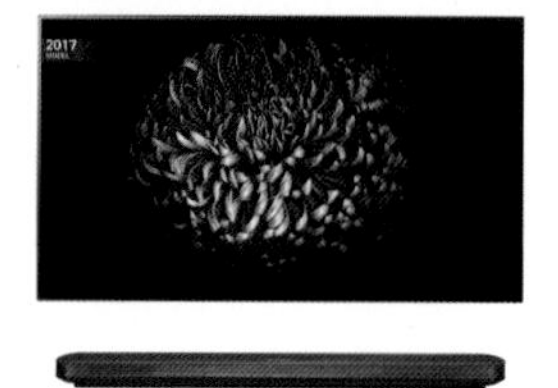

图4-16　LG OLED “Wallpaper”.

（2）LG OLED“Wallpaper”。

2017 年 LG OLED W 系列“Wallpaper”（壁纸），采用了屏幕与扬声器分离的设计，配备了单独的条形音箱——移动回音壁，其两端的圆形扬声器会随着电视的启动自动升起。屏幕部分可以贴在墙上，只需要一个特殊的专用线缆和接口与条形音箱主机连接即可。这台电视的屏幕厚度为 2.57mm，65 英寸的电视重量只有约 7.7kg。（图 4-16）

（三）使用方式

1. 使用方式灵活化，支持设备移动多点使用

智能电视像智能手机一样，搭载了操作系统，可以由用户自行安装和卸载软件、游戏等第三方服务商提供的程序，支持多屏互动、语音识别、手势识别等操作。

（1）手机、平板电脑操控电视：多屏互动。

多屏互动指的是基于 DLNA、WIDI 或闪联等协议，通过 WIFI 网络连接，将智能平台、智能应用、智能操控等全面整合，在不同媒体终端如手机、电视、电脑上进行多媒体（音频、视频、图片、数据等）内容的展示、控制、解析、传输、共享等，从而丰富多媒体生活的一种行为。（图 4-17）

（2）语音识别。

语音识别技术，其目标是将人类语音中的词汇内容转换为计算机可读的

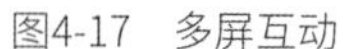

图4-17　多屏互动

图4-18　语音识别

输入，例如按键、二进制编码或者字符序列。与说话人识别及说话人确认不同，后者尝试识别或确认发出语音的说话人而非其中所包含的词汇内容。（图4-18）

（3）人脸识别。

人脸识别产品利用 AVS03A 图像处理器，可以对人脸进行明暗侦测，自动调整动态曝光补偿，也可以对人脸进行追踪侦测，自动调整影像大小。人脸识别实际包括构建人脸识别系统的一系列相关技术，包括人脸图像采集、人脸定位、人脸识别预处理、身份确认以及身份查找等。狭义的人脸识别特指通过人脸进行身份确认或者身份查找的技术或系统。让电视机认“主人”，是大多数新款智能电视通过人脸识别技术都能实现的功能。（图 4-19）

图4-19　人脸识别

（4）手势识别。

智能电视使用的手势控制采用的是动态图像识别技术，通过摄像头接收动作图像，然后用计算机技术对图像进行分析，根据前后画面的变化与预存指令动作进行比对，最后确定执行哪条指令。在大家电设备上实现手势识别技术还面临几个重要问题，包括在不利的光线条件下，该技术能够实现的效果，及背景的变化与高功耗等。（图 4-20）

图4-20　手势识别

2. 省电减耗措施，多种能源选择可能

黑色家电主要的耗电部分就是在音频输出的功率和视频输出的屏幕。一般来说，音频输出的瓦数越大，耗电量就越大，屏幕的尺寸越大，耗电量也越大。我们谈黑色家电的节能，就是要求在同样的音频输出功率和同样的屏幕尺寸的情况下，还能够省电。

（1）对于音频输出放大器来说，采用 D 类音频功率放大器就可以节能。

D 类音频功率放大器在工作时的效率要比普通 AB 类的效率高出 2~3 倍。耗电的 75% 都是有效输出，而 AB 类只有 25% 左右是有效输出。（图 4-21）

意法半导体 TDA7498 以高性能设备为目标应用，如 DVD 和蓝光播放器、家庭影院、有源音箱以及扩充底座。在上述应用中，D 类放大器的高能效和低热性可支持轻薄时尚的产品设计，无须散热器和大功率电源，还可节省成本。D 类音频功率放大器能满足小尺寸、低功耗、高音频输出的市场主流需求，因而成为音频产品的中坚力量。（图 4-22）

图4-21　D类音频功率放大器

（2）对液晶电视来说，采用 LED 背光源，也可以节省大量电能。

目前，屏幕的背光源大多采用 CCFL。如果采用 LED 背光源，可以节省大量电能。CCFL 还因为含汞而被欧盟禁止进口，其寿命只有 LED 的三分之一。LED 的优点具体包括：

① LED 拥有更高的发光效率，因此在实现同样亮度的情况下，比 CCFL 的耗电量要小很多，最多可减少 30% ~ 50% 的能耗。

② LED 光衰期也较 CCFL 更长，有时候会长一倍左右，LED 光源结构简单，对环境的耐受度较好，因此在使用寿命上 LED 背光源电视也比 CCFL 背光源电视更有优势。

图4-22　意法半导体TDA7498

TCL L40S9FE	TCL L32F3301B	TCL 55A860U
背光性能：XWCG-CCFL	背光性能：LED 背光源	背光性能：LED 侧置式背光源

图4-23　背光源应用对比

③采用 LED 背光源的电视厚度会比采用 CCFL 背光源的要轻薄一些，尤其是采用侧置式 LED 背光源的电视。（图 4-23）

康佳第二代节能技术采用更高效节能的背光源，且继承了康佳智控节能技术的优势，通过节能芯片和 PMS 管理系统实现双重节能，比普通电视再节能 52%，能耗低，损耗小，有效地延长了电视的使用寿命。更绿色环保，时刻关注人的健康。

TCL 则采用了变频优化系统。通过智能技术处理，将电视机的光源、功率、电流、电源、电压进行变频优化，实现节能环保，为家庭和环境做出了贡献。

长虹电视的整机节能技术采用高效能面板，开机省电 60%，待机功耗较低，量子芯节能控制，采用尖端动态节能技术，在节能减排方面取得了成效。

（四）回收废弃物

1. 局部模块可替换

音箱一般可替换的配件包括橡胶振动膜、防尘网布、吸音棉等。

2. 部件易拆卸

音箱最基本的组成元素有三个部分：扬声器单元、箱体和分频器。音箱内还可能有吸音棉、倒相管、折叠的“迷宫管道”、加强盘（隔板）等部件，但这些部件并非是音箱必备的。一般音箱机壳的连接也是通过螺钉固定，便于拆卸。（图 4-24）

图4-24　音箱部件

3. 废弃余料处理的预案设计

废旧家电的处理技术可分为前期处理技术、后期处理技术和应用技术。前期处理技术涉及产品专业知识，如制冷剂、发泡剂、润滑油的回收；后期处理技术指分类材料的处理，如线路板的处理，玻屏、玻锥的处理，含有贵金属、有毒或有害物质部件的处理等；应用技术指回收材料的再利

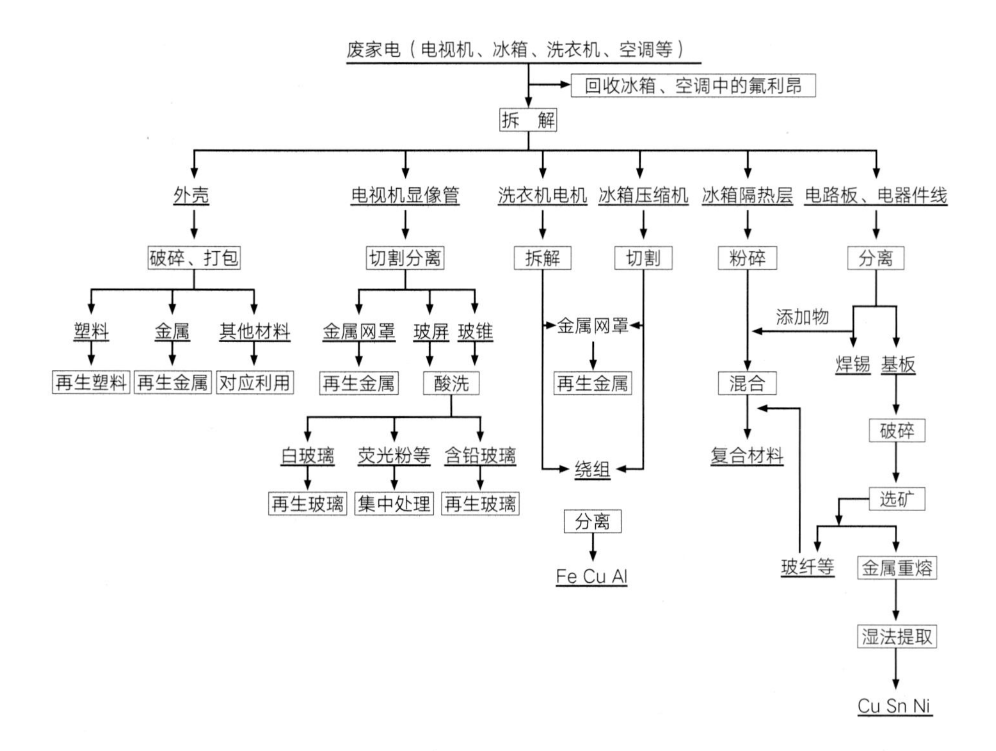

图4-25　废家电回收利用新工艺流程

用，如塑料、贵金属、玻屏、玻锥的再利用，制冷剂、润滑油的纯化与利用，聚氨酯保温层的再利用等。（图 4-25）

（1）贱金属材料的回收利用工艺。

废旧家电中金属的含量约占 75%，因此，金属成为废旧家电再生利用的主要对象。废旧家电中的贱金属回收一般采用火法或物理工艺，回收的顺序一般是铁和铁合金—铜—铝—铅—锡以及其他金属。

① 铜的回收。废旧家电中含有大量铜金属，主要存在于各类电线、冷凝管、带材、电动机、线路板和电子元器件中。家用电器和电子工业几乎用到铜材的所有品种。目前，我国生产再生铜的方法主要有两类：第一类是直接利用法，即将废杂铜直接熔炼成不同牌号的铜合金或精铜；第二类是将杂铜先经火法处理铸成阳极铜，然后电解精炼成电解铜，并在电解过程中回收其他有价值元素。

② 铝的回收。铝由于具有良好的特性且容易回收，纯铝及铝合金已成为生产家电产品的重要基础材料，广泛应用于家电的框架、导热件、导电件等部件的生产制造中。废杂铝的再生利用已经成为有色金属再生利用最重要的部分，其能耗、再生产成本都比原铝生产低得多（约为 10%）。与铜一样，铝的回收再利用工艺关键是无害化清洁生产，不造成空气、水源的污染。

③ 其他贱金属材料的回收。除了铜、铝以外，废旧家电中还存在大量铁和铁合金，一定量铅、锡及其合金和其他金属。对于这些贱金属材料的回收，一般是先回收铁和铁合金，它们主要以家电外壳、支架、铆钉、螺丝钉等形式存在，只需在拆解时注意分类存放，再送至钢铁厂进行熔炼即可。

（2）贵金属材料的回收利用工艺。

① 金的回收。废旧家电中金主要存在于各类印制电路板、有源元器件和片状元器件中，如锗二极管、硅整流元件、硅稳压二极管、高频三极管、干簧继电器、电容器、电位器、电阻器、集成电路、触电、引线等。含金废料中金的回收关键是必须设法使金与绝大部分其他废料（包括各种有机物、贱金属和金以外的其他贵金属）分开。因此，在回收处理前必须先进行挑选分类，必要时还需进行拆解以达到处理前的初步富集。含金废料的回收工艺有火法和湿法两大类型。

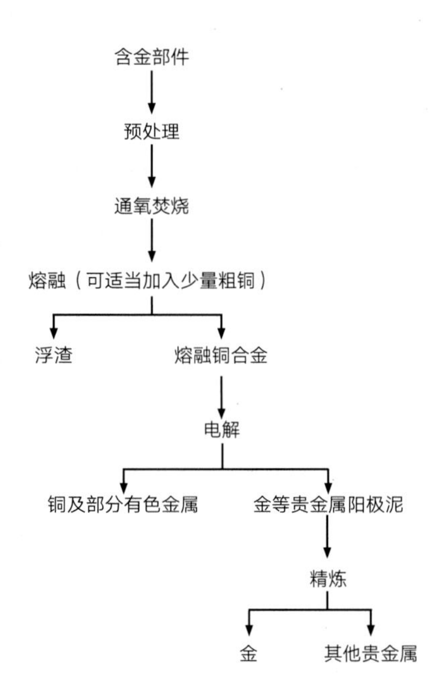

图4-26 使用火法冶金技术从废旧家电中回收金的工艺流程图

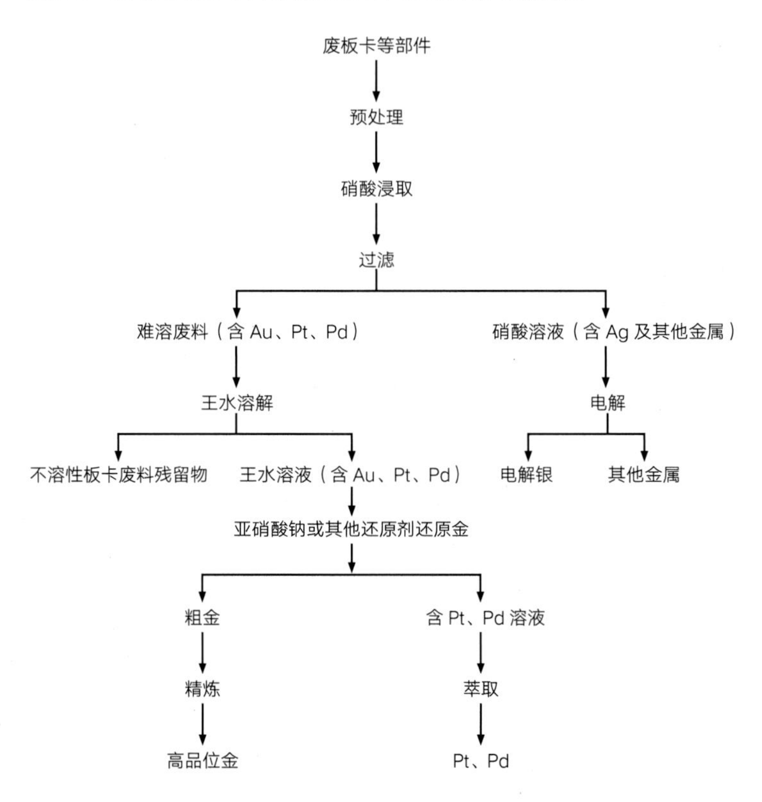

图4-27 使用湿法冶金技术从废旧家电中回收金的工艺流程图

火法冶金技术的优点是工艺简单、操作方便和回收率高（可达 90% 以上），但缺点也很明显，包括二次污染严重，贵金属以外的其他有色金属回收率低，能源消耗大，大量有机物不能综合利用，设备投入大，经济效益低。（图 4-26）

在湿法冶金技术中，最常用的是硝酸——王水湿法工艺。湿法冶金技术与火法冶金技术相比，其优点是废气排放少，提取贵金属后的残留物易于处理，经济效益显著，因此目前该技术比火法冶金技术的应用更为普遍和广泛。（图 4-27）

② 银的回收。由于银的价格比金低得多，因而在家电和通信器材等电子产品中银的用量较大，几乎所有电子产品中都含有数量不等的银，废家电等废弃物已经成为银的第二大“矿产资源”。银的化学性质活泼，其回收处理技术相对简单。目前，工业上应用的含银废料处置和回收方法主要有火法、湿法、浮选法和机械法四大类。

（3）有机材料的回收利用工艺。

相对于金属材料而言，废家电中各种有机物的处理难度相对较大，也是废家电无害化处理的瓶颈之一。家电生产中常用的高分子材料通常是工程塑料、通用塑料和特种橡胶。常用的工程塑料是 ABS，高抗冲聚苯乙烯（HIPS）、聚碳酸酯（PC）和 PC/ABS 合金等。通用塑料是聚氯乙烯（PVC）等。特种塑料是硅橡胶（主要用于电脑键盘、手机和电话机按键）。

（4）废旧塑料的回收。

目前，世界各国对废旧塑料的处置方式大体上有回收利用、生物和光降解、深埋、焚烧四种方式。家电是塑料消耗较大的电子产品，如何处置这些废家电中所用的塑料，一直都是家电生产、消费和报废环节中最为重要的问题。目前，我国废塑料的回收方法主要有机械回收循环再造法和化学循环再造法等。

① 机械回收循环再造法是将丢弃的物料直接收回并制成塑胶粒，然后将再造的胶粒送回塑料制造工序制成新产品，这是目前国内流行的废旧塑料回收利用方法，利用此法，家电产品用的工程塑料均可得到有效回收利用。

② 化学循环再造法。聚丙烯、聚乙烯、聚苯乙烯、聚氯乙烯等原料的单体都是从石油中提炼出来的，化学循环再造法是将废旧塑料还原为石油的废旧塑料利用方法。

（5）废橡胶的回收。

我国是世界上产生废橡胶最多的国家之一，但目前废橡胶的回收利用率仅在 15% 左右。家电中所用的橡胶具有无味、无毒、强度高等特点，电脑、手机、传真机等几乎所有家电产品都要使用橡胶。

橡胶的处理工艺主要有废橡胶生产再生胶工艺、高温热解工艺。废橡胶生产再生橡胶是将废橡胶制品破碎、除杂后，经物理和化学工艺处理消除弹性，重新生成类似橡胶的刚性、黏性和可硫化性的一种橡胶代用材料。高温热解工艺是依靠外部热量使化学链打开，使有机物得以分解、气化和液化，最终的产品是炭黑。

二、白色家电

白色家电指可以减轻人们的劳动强度（如洗衣机、部分厨房电器等）、改善生活环境，提高物质生活水平（如空调、电冰箱等）的产品。白色家电是通过电机将电能转换为热能、动能进行工作。（图 4-28、图 4-29）

（一）空调节能环保措施

目前，常用的空调节能改造技术包括变频泵、蓄冷空调、优化机组和末端设备、围护结构保温隔热、内外遮阳技术、节能灯等，现在具有广泛应用前景的技术有模糊控制技术、碳氢冷媒应用技术、磁悬浮技术、高效换热器技术、过冷器技术、直流变频技术等。

空调	冰箱	洗衣机
家用空调： 按工作原理分：定频空调、变频空调 按性能分：单冷空调、冷暖式空调 按款式分：窗机、挂机、柜机等	**按用途分类：**冷柜、酒柜、冷藏箱、冷藏冷冻箱等	波轮式、滚筒式、单/双缸式
中央空调：多联机、大型机（螺杆机、离心机）	**按门体结构分类：**双门、三门、对开门等	

图4-28　白色家电分类及主要产品

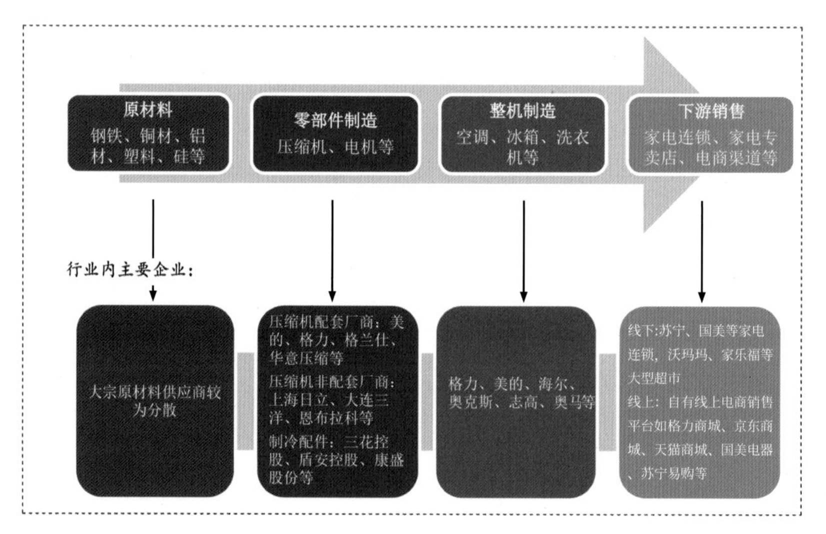

图4-29　白色家电产业链

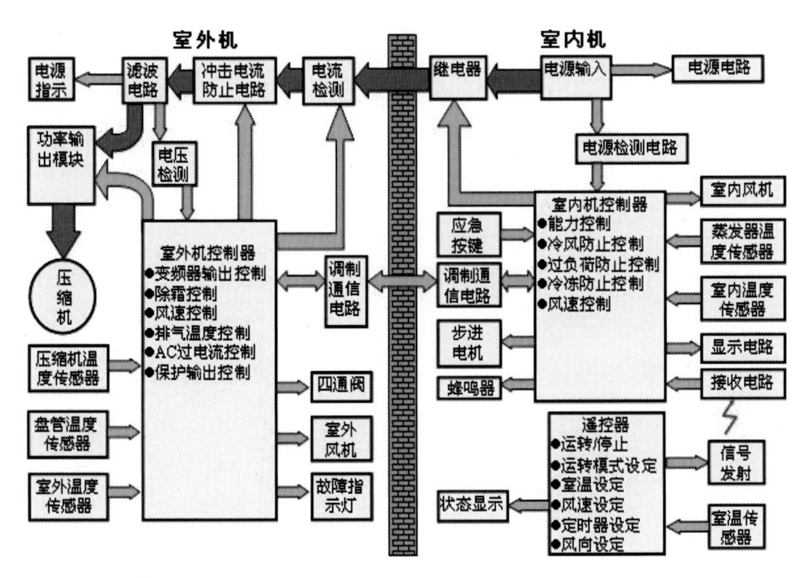

图4-30　变频空调工作原理

1．常用节能改造技术分析

（1）变频泵：风机水泵节电原理是用调速控制代替挡风板或节流阀控制风流量，这是节电的有效途径。目前，国内生产企业通过采用变频调速技术，电机水泵的转速普遍下降，延长了设备的使用寿命，降低了设备的维修费用。同时，由于变频启动和调速平稳，减少了对电网的冲击。变频调速器具有十分灵敏的故障检测、诊断、数字显示功能，提高了电机水泵的可靠性。（图 4-30）

（2）水蓄冷：水蓄冷是利用低温水进行蓄冷，利用水温变化储存的显热量 [4.18kJ/（kg·K）]- 显热式蓄冷，一般蓄冷温度为 4℃ ~6℃，通常蓄冷温差为 5℃ ~10℃，单位蓄冷能力比较低，一般为 5.8kwh/m^3~11.6kwh/m^3。水蓄冷可直接与常规空调系统匹配，无须其他专门设备。其优点是制冷机蓄冷时效率衰减少、供冷速度快、系统运行安全可靠且利用峰谷电价差在夜间蓄冷，平衡电网负荷节省系统运行费用。缺点是由于水的蓄冷密度低，一般只能利用 8℃温差，故系统占地面积大、冷损耗大、防水保温麻烦。（图 4-31）

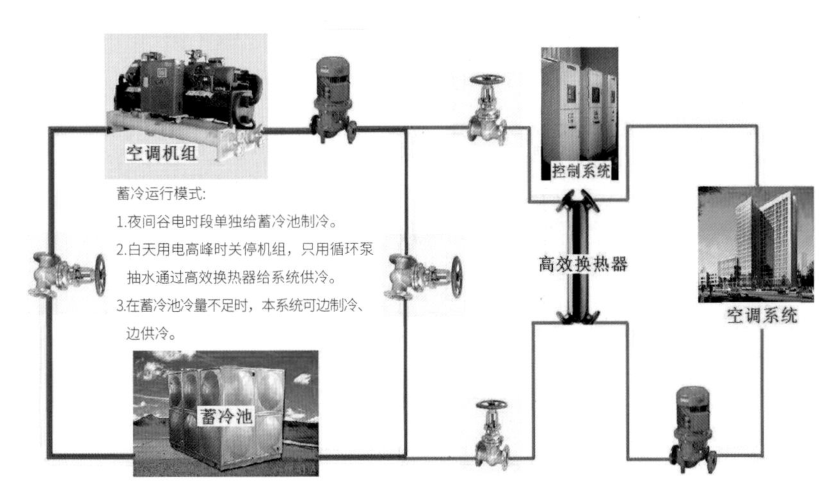

图4-31　蓄冷运行模式

蓄冷类型的选用：

① 全蓄冷。在用电高峰时段内，蓄冷提供全部的空调负荷。运行费用低，设备投资高，适宜短时段空调或限制制冷用电负荷的空调工程。

② 部分蓄冷。在用电高峰时段内，蓄冷设备提供部分的空调负荷。设备投资低，能充分发挥所有设备的功效，宜优先采用。

2. 空调节能新技术

（1）系统模糊控制节能技术 。

模糊控制（Fuzzy Logic Controller，简称 FLC）是人工智能领域中一个重要分支，适合结构复杂且难以用传统理论建模的问题。模糊控制能较好地适应中央空调的特征，因此引起了空调领域的普遍关注，并首先成功地应用到家用空调器上（日本、西欧）。（图 4-32）

模糊控制系统是以模糊集合论、模糊语言变量及模糊逻辑的规则推理为基础，采用计算机控制技术构成一种具有反馈通道的闭环结构的数字控制系统。

模糊控制系统不依赖于系统精确的数学模型，特别适用于复杂系统（或过程）与模糊对象等；模糊控制中的知识表示、模糊规则和合成推理是基于专家知识或熟练操作者的成熟经验，并通过学习不断更新，因此，它具有智能性和自学性；模糊控制系统的核心是模糊控制器，而模糊控制器均以计算机为主体，并兼计算机控制系统的特点，如具有数字控制的精确性与软件编程的柔软性等。

模糊控制技术适用的中央系统一般具有非线性和时变性，而影响空调运行的因素有：

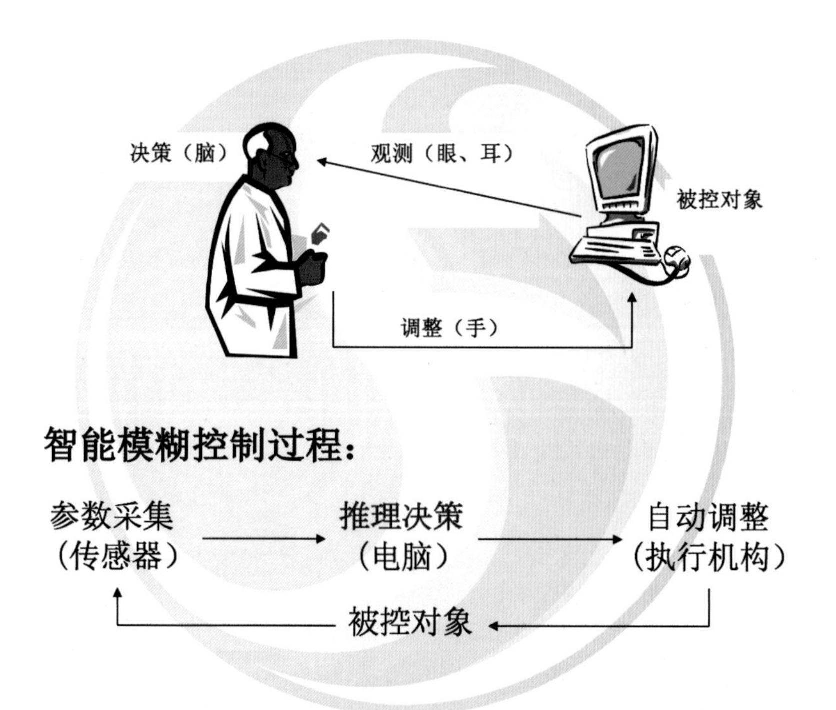

图4-32　智能模糊控制过程

① 外界气候（温度、湿度）。

② 室内人数，建筑物围护结构。

③ 空调系统部件的特性（冷却塔风机特性、冷却、冷冻水泵特性、制冷主机特性），在中央空调系统中，制冷站是主要耗能设备，约占空调系统总能耗的 60%~70% 。制冷站包括制冷机组、冷冻水泵、冷却水泵、冷却塔风机等大型耗能设备。（图 4-33、图 4-34）

（2）BKS 智能模糊控制技术。

BKS 是汇通华城楼宇科技有限公司在多年的中央空调节能控制领域里探索、研究、实践和试验的基础上，提出的一套科学完整的解决方案，将当今先进的计算机技术、模糊控制技术、系统集成技术、变频调速技术集合应用于中央空调系统控制。

它开创了暖通空调领域一个重要的发展方向——智能模糊控制。

3. 环保节能型冷媒改造技术

首先，相对于其他制冷剂，碳氢冷媒在同等容量下重量轻，可减少压缩机负荷及发热量，延长设备使用寿命；其次，它的潜热大，吸热放热能力比其他制冷剂强；再次，该冷媒分子小，同等容积下，分子数量比其他制冷剂多，可增加蒸发面积；最后，它的油混率极高，可防止出现制冷剂与制冷剂润滑油不兼容所造成的问题。（图 4-35）

传统制冷剂 CFC、HCFC、HFC 会破坏臭氧层，蒙特利尔协定已禁止使用含 FC 制冷剂，中国在 2010—2013 年逐步禁用。新一代高效制冷剂将逐渐代替传统制冷剂，碳氢冷媒比其他传统制冷剂更节能环保。

环保型碳氢冷媒投资成本低、回收周期短、节能率比较高，而且对臭氧层破坏和全球变暖的潜能值几乎为零。人们正在一步一步突破它在推广应用方面的限制，相信未来，它将开辟出一条新的节能改造技术的发展之路。

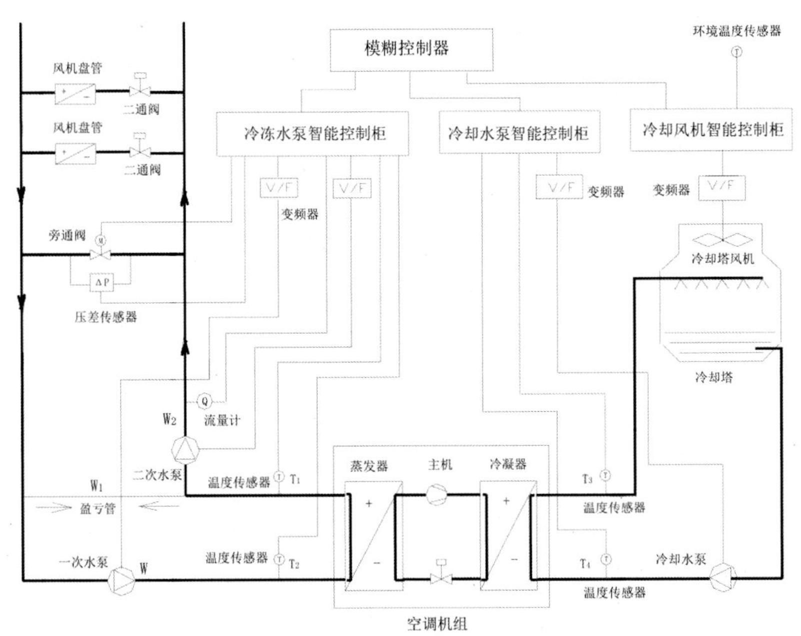

图4-33　空调机组系统工作原理

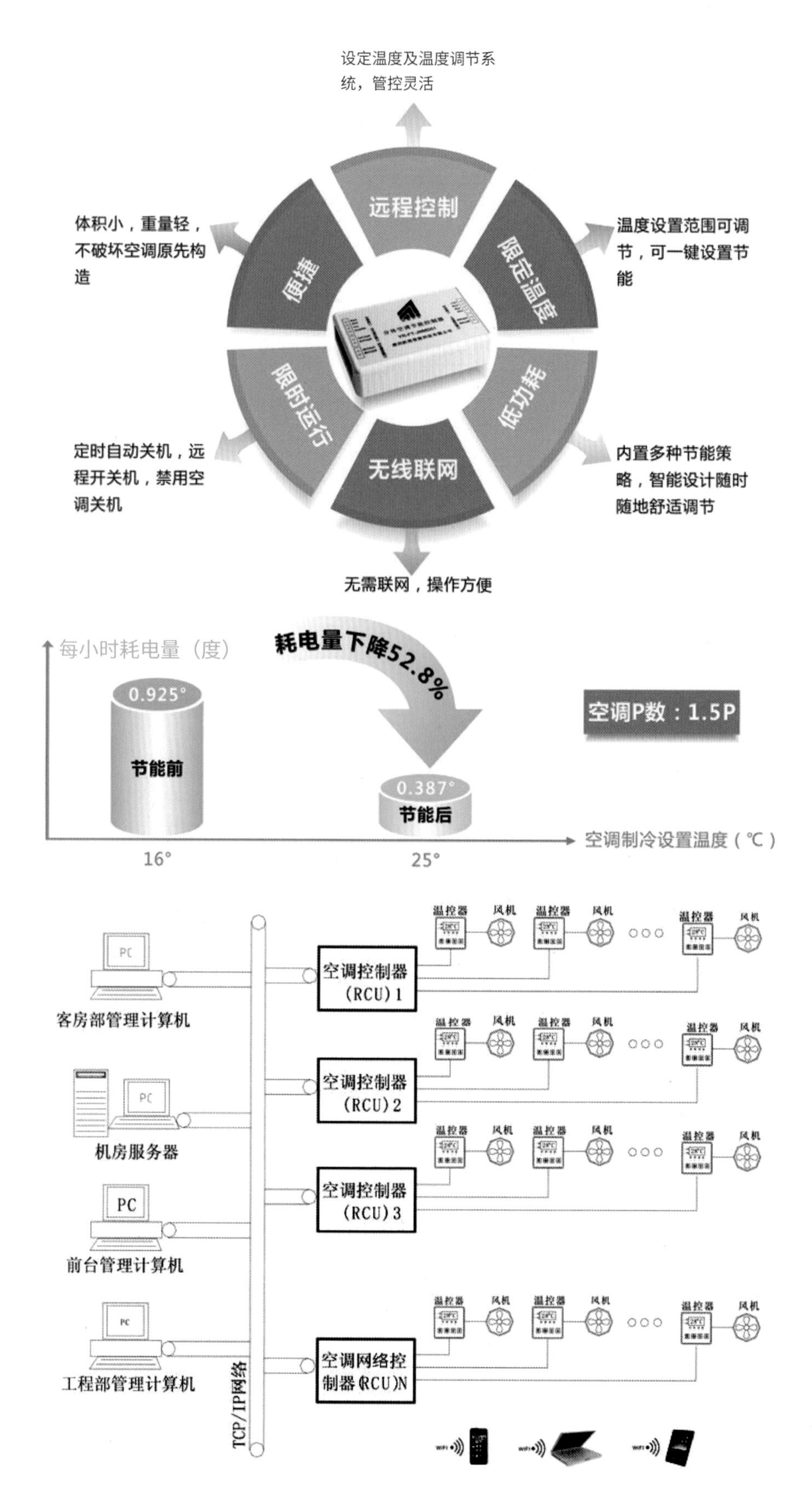

图4-34　酒店空调智能节能系统拓扑图

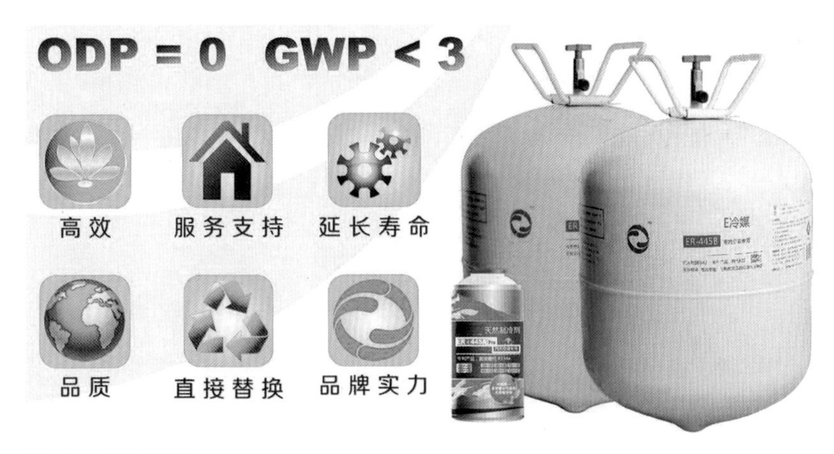

图4-35　碳氢冷媒

（二）电冰箱优化设计

1. 电冰箱能耗与制冷系统优化设计

电冰箱的耗电量占家用电器总耗电量的 32%。所以，节能降耗和环保已成为电冰箱研发工作的重要课题，而蒸发器和冷凝器的传热能力、软冷冻及变温技术优化设计则是关键因素。

（1）减少冰箱保护壳体漏热。

冰箱壳体一般指冰箱箱体和门体，构成冰箱储存食物的空间容积。减少冰箱漏热的方法主要有：①增加箱体和门体的发泡层厚度；②使用高性能微孔发泡技术，提高发泡性能；③在箱体和门体内部增加真空绝热材料板；④在箱体和门体内壳上粘贴铝箔胶带、牛皮胶带等物质，降低隔热层的传热系数。其中，箱体与门体发泡层厚度的设计直接影响冰箱的节能效果。发泡层厚度的增加和冰箱能耗等级的提升呈反比，箱体发泡层厚度设计原理和门体一样。（图 4-36）

（2）冰箱结构优化设计。

比如增加冰箱门封气囊数、降低门封条闭合高度，采用一体门发泡双门封、强力磁条等。改进蒸发器、冷凝器的制冷性能，增大能效比，如增加蒸发器面积，换用热传感更好的材料等。

（3）使用高效压缩机是最直接的节能手段。

影响冰箱能耗等级的主要因素是压缩机的能效

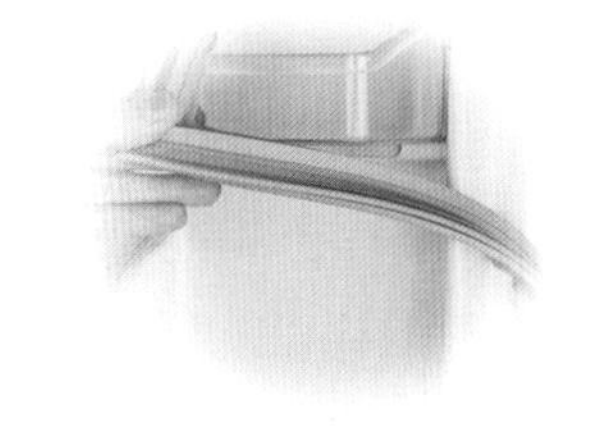

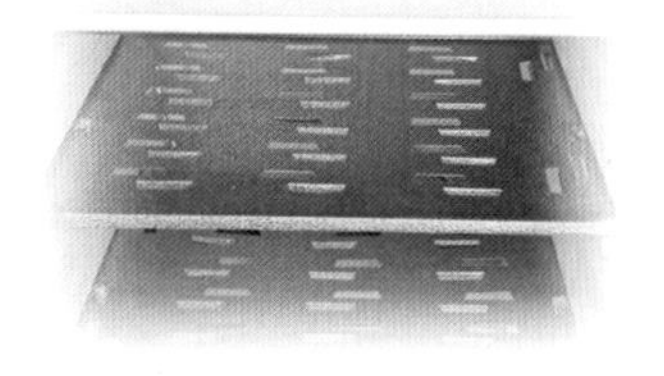

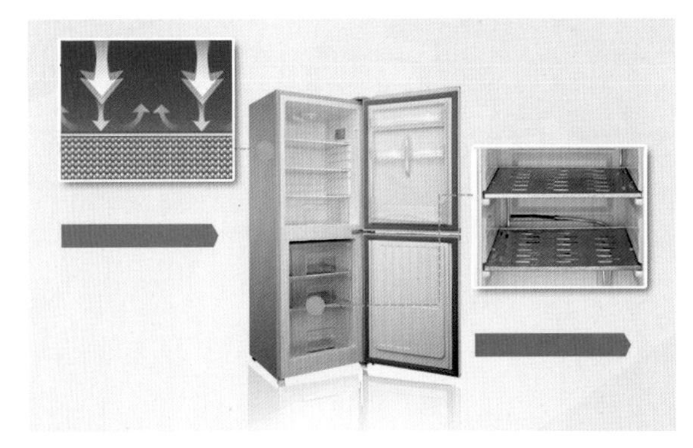

图4-36　减少冰箱保护壳体漏热措施

比（COP）。目前，市场上最高效的压缩机的COP值约为2．1。压缩机的选择主要根据压缩机的排气量、输入功率及运行时的制冷量来确定，即冰箱制冷系统对压缩机的性能要求。将设计工况（冷凝温度、蒸发温度）代入压缩机性能曲线，在压缩机排气量、制冷量符合要求的前提下，选用轴功率最小且满足性能要求的压缩机型号。（图4-37）

图4-37 新型磁冷压缩机

（4）冷凝器优化设计。

在优化冷凝器设计中除合理增大冷凝面积外，还应充分考虑以下四点。

① 设计横、竖盘管混排结构冷凝器：制冷剂以气液两相状态进入冷凝器，通过分析冷凝器中制冷剂流态变化和内外部换热条件发现，横排管冷凝器的换热系数比竖排管冷凝器高3倍以上。为加强流体扰动，破坏流动边界层，采用横、竖盘管相结合走向的冷凝器设计将会提高冷凝器换热效果，同时也可降低制冷剂流动噪声。

② 丝管式冷凝器代替百叶窗式冷凝器：在其他条件不变情况下，丝管式冷凝器传热性能好，对应的制冷循环效率提高，能耗减小。

③ 改内藏式冷凝器为外挂式：外挂式冷凝器散热条件比内藏式冷凝器好得多，对降低冷凝温度和过冷温度十分有利，可有效节能降耗。

④ 防凝露管节能设计：从压缩机排气管至干燥过滤器出口，整个高压区域皆为冷凝器负荷对应区域，包括制冷剂蒸汽的冷却、冷凝及再冷（过冷）三个过程，对应设备包括副冷凝器、主冷凝器及门边防露管。由于排气温度的不同，采用不同制冷剂时管路布置也不相同。

（5）蒸发器的优化设计。

第一，减小冷藏、冷冻两蒸发器的面积比差值，在总面积一定情况下，尽量加大冷藏室蒸发器的面积，采用大内径蒸发管、增加蒸发管长度及双管并行排列结构等，保证在低温或高温环境下有最佳的开停比，从而保证在一定环境温度下耗电最少。

第二，设计高效蒸发器。冷冻室蒸发器是由从上到下依次排列多个换热层片和连接所有换热层片的连接管组成的复合立体式结构，换热层片由多个并列S形制冷盘管构成，且在其盘管壁外侧固定套装翅片，大大增加了制冷盘管与空气的接触面积。

第三，合理安排蒸发器位置和制冷剂走向。根据箱内自然对流情况，制冷剂流向采用逆流式换热，毛细管和回气管采用较长的并行锡焊或热塑工艺等，以提高换热效果。

第四，通过采用理论计算和试验相结合的方法，合理匹配蒸发器与冷凝器的传热面积，努力减小冰箱工作系数，避免过低蒸发压力和过高冷凝压力，以达到节能目的。

2. 压缩机的优化设计

通过对比国内外同类产品技术水平来分析电冰箱压缩机行业的现状，提出电冰箱压缩机优化设计对策。

从表 4-1、表 4-2 可以看出，国内电冰箱压缩机行业与国外同行业相比，在技术上毫无优势，只是国内一些企业通过合资、资产重组，并进行技术引进或改造，在产品种类及技术优势上暂时缩短了与国外同行业的差距。

表4-1　国内同类产品技术水平

公司名称	主营产品	目前 COP 技术水平	备注
广州冷机股份有限公司	R134a	普通型 COP　1.25	批量生产
		高效型 COP　1.40	批量生产
		概念型（变频）COP　1.70	样机鉴定阶段
	R600a	普通型 COP　1.30 高效型 COP　1.50	批量生产
	R152a/R22	普通型 COP　1.25 高效型 COP　1.40	批量生产
上海扎努西电器机械有限公司	R134a	普通型 COP　1.25	批量生产
	R600a	高效型 COP　1.50	批量生产
扎努西电器机械天津压缩机有限公司	R134a	普通型 COP　1.25	批量生产
北京恩布拉科雪花压缩机有限公司	R134a	高效型 COP　1.50	批量生产
		概念型（变频）COP　1.65	
	R600a	高效型 COP　1.50	批量生产
	R152a/R22	普通型 COP　1.20 高效型 COP　1.35	批量生产
无锡松下冷机压缩机有限公司	R134a	高效型 COP　1.50	批量生产
	R600a	高效型 COP　1.50	批量生产
加西贝拉压缩机有限公司	R600a	高效型 COP　1.35	批量生产
黄石东贝机械集团有限公司	R600a	高效型 COP　1.40	批量生产
华意压缩机有限公司	R134a	高效型 COP　1.30	批量生产

表4-2　国外同类产品技术水平

公司名称	主营产品	目前 COP 技术水平	备注
日本松下	R134a	高效型 COP　1.50	批量生产
		概念型（变频）COP　1.75	已提供样机
	R600a	高效型 COP　1.50	批量生产
意大利扎努西	R134a	高效型 COP　1.50	批量生产
		概念型（变频）COP　1.75	
	R600a	高效型 COP　1.50	批量生产
丹麦丹佛斯	R600a	高效型 COP　1.50	批量生产
		概念型（变频）COP　1.75	

各厂商生产的各类规格的压缩机都属于连杆——活塞往复式低背压型压缩机。主要结构形式可分为两类：一类为以日本松下为代表的电机上置、压缩泵体在下的座簧式结构；另一类为以意大利扎努西为代表的压缩泵体上置、电机在下的座簧式结构。为了提高压缩机的效率，各厂商不同程度地利用了半直接、直接吸气消音技术或凹型阀板技术。针对国内电冰箱压缩机行业的产品结构现状，在现有系列成熟产品的基础上，可充分利用国内外同行业的先进技术，对公司的产品进行改良设计。（表4-3、表4-4）

表4-3　提高效率的对策

吸气消音器	改良吸气消音器可大幅度提高制冷量和COP值	利用CFD计算来优化改良直接或半直接吸气消音器结构，主要包括气体吸入通道和共鸣气柱尺寸，减少气体黏滞阻力损失，以便提高吸气效率。
排气阀组件	影响制冷量和COP值关键件	● 改良优化凹型阀板的相关尺寸（吸排气孔及排气通道尺寸等）； ● 调整阀片升程、开启力； ● 优化簧片的弹性参数。
吸气阀片	通过减少吸气阻力损失来提高制冷量和COP值	通过调整吸气阀片的厚度、弹性参数、上弯量等具体措施来减少吸气阻力损失。
电机	通过提高电机效率来提高COP值	● 改善硅钢片的导磁性能； ● 电机绕组参数的优化调整； ● 能否去掉转子风扇叶以减少转动惯量来减少摩擦损耗； ● 采用变频无级调速或分档调速技术。
曲轴	影响输入功率和起动性能	采用细曲轴和合理润滑结构来减少曲轴的周向摩擦功率和转动惯量，以便降低摩擦工耗。
连杆		通过采用铝质连杆减少连杆的转动惯量来降低摩擦工耗。
活塞		在保证密封无泄露的前提下尽可能减少活塞与汽缸孔的接触面积，以便降低摩擦工耗。
平面止推轴承		可采用平面滚珠止推轴承来降低轴向止推摩擦损耗。
控制零部件的加工和装备精度		通过控制零部件的加工和装配精度可很大程度地降低由装配尺寸链带来的附属摩擦损失。
合理选用冷冻机油		使用合理黏度的冷冻机油可降低各个运动摩擦副的摩擦工耗。

表4-4　降噪减震的对策

吸气消音器	压缩机的主要噪声源	利用CFD计算来优化改良直接或半直接吸气消音器结构，主要包括气体吸入通道和共鸣气柱尺寸，减少气体黏滞回流共鸣噪声。
排气阀组件	压缩机的主要噪声源	● 改良优化凹型阀板的相关尺寸（吸排气孔及排气通道尺寸等）； ● 调整阀片升程、开启力； ● 优化簧片的弹性参数。
吸气阀片	压缩机的主要噪声源	通过调整吸气阀片的厚度、弹性参数、上弯量等具体措施来降低气流和吸气阀片机械噪声。
上下壳形状、厚度	增加上下壳厚度可抑制压缩机本体噪声的向外辐射	● 利用有限元法合理改良上下壳形状； ● 加厚上下壳厚度来抑制压缩机本体噪声。
压簧支柱	刚性压簧支柱传递噪声、振动的能力远远超过柔性塑料支柱	采用柔性塑料支柱。
压簧	传递噪声、振动的途径	优化改良压簧的弹性参数、圈数等。
内排气管	传递噪声、振动的途径	优化改良内排气管的成型形状等参数。
内排气管减振块（弹簧）	消除振动的主要手段	优化改良减振块（弹簧）的结构或弹性参数。
排气消音器结构	消除排气气流噪音的主要手段	可采用加厚排气消音器厚度或二级消音技术。
压缩机机脚	容易引起振动	可加厚机脚厚度或刚度（加强筋肋）。
控制零部件的加工和装配精度	影响压缩机噪音和振动	通过控制零部件的加工和装配精度可很大程度地降低由装配尺寸链带来的附属摩擦噪声。
合理选用冷冻机油	影响压缩机噪音和振动	选用合理黏度的冷冻机油可降低各个运动摩擦副产生的噪声。

图4-38　三星节能滚筒洗衣机

（三）洗衣机资源节能措施

1. 节能洗衣机技术结构优化

节能洗衣机比普通洗衣机节电 50%、节水 60%，每台节能减排洗衣机每年可节能约 3.7 千克标准煤，相应减排二氧化碳 9.4 千克。如果全国每年有 10% 的普通洗衣机更新为节能洗衣机，那么每年可节约 7 万吨标准煤，减排二氧化碳 17.8 万吨。

（1）高效率的电动机。

洗衣机最关键的零部件就是电动机，因此选用高效率的电动机对整机效率的提高起着非常重要的作用。传统洗衣机使用的是单相电容电机，电机和洗涤筒之间是通过皮带来传动的，这中间必然会有因机械磨损而产生的效率损失，电机的效率仅 40% 左右；而变频电机是可以调速的直流无刷电机，用改变频率的方法来改变其转速，以实现洗衣、脱水对转速的不同要求。变频电机直接驱动洗涤筒洗涤和脱水，省去了中间环节，大大提高了整机的效率——变频电机的效率可达 80%。

变频控制可使洗衣机电机实现自动调速，精确控制洗涤力度、周转角度、运动频率。宽变频洗衣机采用 120 宽频电机，其内部空间的直径更宽，厚度更厚，直接驱动内桶，取代了传统的皮带传动，节能高达 40% 以上，减少噪声 30% 以上。（图 4-38）

（2）离合器传动系统 。

一般波轮式洗衣机只是波轮转动，洗涤桶不动。离合器双驱动技术通过改变离合器传动系统，使波轮和洗涤桶同时进行反向转动，提高了洗涤效果，减少了洗涤时间，从而达到节能的目的。

（3）内桶结构。

全自动波轮洗衣机是内外套桶结构。常规波轮洗衣机洗涤过程中内外桶需存相同水位的水。“动态节水科技”采用特殊无孔内桶设计，配合带搅拌棒的波轮，以及不同扬程的喷水口，在洗涤过程中利用虹吸原理把外桶的水抽到内桶来，使外桶水位低于内桶，省去常规波轮洗衣机外桶的一部分水，节水约 30%，即用七分水达到十分水的效果。

（4）洗衣粉快速溶解技术。

在洗衣机注水进入洗涤剂盒时，通过改变盒子的结构，加速洗衣粉的溶解，使洗衣粉的溶解效率大大提高，从而提高洗净效果，减少洗涤时间，达到降低电力消耗的目的。

（5）洗涤模式转变。

通过改变洗涤过程中的转停比，将浸泡融入洗涤过程中。从单一的洗涤模式，变为洗涤、浸泡、再洗涤、再浸泡的洗涤模式，使浸泡成为洗涤过程的一部分。合理设计波轮旋转的浸泡时间，例如在用电量相同条件下，浸泡 15 分钟，可以提高洗净效率 10% 以上，从而大大提高洗涤效果。这样既提高了洗净比，节约了能源，又使得用电效率大大提高。

2. 消费者日常节能措施

（1）选择合理的洗衣程序。

洗衣时可先用少量水加洗衣粉将衣物充分浸泡一段时间，衣物提前浸泡一般需 15 分钟。然后用手洗去比较严重的污渍，再用洗衣机洗。还可根据脏污的程度选择洗涤时间，这样既缩短了洗衣时间，节约了水电，又提高了洗净效果。

使用双桶洗衣机时，衣服洗完第一遍后，最好将衣服甩干，去除脏水，然后再进行漂洗，既节水又省电。此外，一桶含洗涤剂的水可连续洗几批衣物，后续适当增添洗衣粉即可，等全部洗完再逐一漂洗。这样不仅可以省电、省水，还可以节省洗涤时间。

（2）洗涤衣物要适量。

缸内衣物过少或水位过高会减少衣服之间的摩擦，从而延长洗涤时间。而一次洗得太多，不仅会增加洗涤时间，还会造成电机超负荷运转，既增加了电耗，又容易损坏电机。

（3）洗涤水量要适中。

洗衣机内水太多，会增加波轮的水压，加重电机的负担，增加电耗；水太少，又会影响衣服上下翻动，增加洗涤时间，从而增加电耗。

（4）使用洗衣粉要适量。

洗衣时应适当添加洗衣粉，优质的低泡洗衣粉有极高的去污能力，漂洗时也十分容易。与高泡洗衣粉相比不仅可以减少 1~2 次漂洗流程，还可以减少含磷清洁剂的排放。

（5）合理选择洗衣机的功能开关。

洗衣机的强、中、弱 3 种洗涤功能耗电量各不相同。一般丝绸、毛料等高档衣料只适合弱洗；棉布、混纺、化纤、涤纶等衣料，可采用中洗；厚绒毯、沙发布和帆布等织物才采用强洗。

（6）经常检查洗衣机皮带的松紧度 。

洗衣机使用 3 年以上，带动机器波轮的皮带会打滑。打滑时，洗衣机的用电量不会减少，而洗衣效果会变差，所以及时检查收紧洗衣机皮带，也能起到节电效果。

（四）小家电

小家电指的是电磁炉、电热水壶、电风扇等小型家电产品。

1. 厨房小家电减量措施

（1）1 级能耗的厨房小家电是首选。

在选择厨房小家电时，要注重节能性。现在市面上的小家电都会张贴能耗标识，分别有 1~5 个等级，首选 1 级能耗的小家电，其耗能最低，省电又节能。虽然 1 级能耗的电器价格一般会略高一点，但是考虑到以后要长期使用，可省下不少的电费，所以 1 级能耗的厨房小家电是首选。（图 4–39、图 4–40）

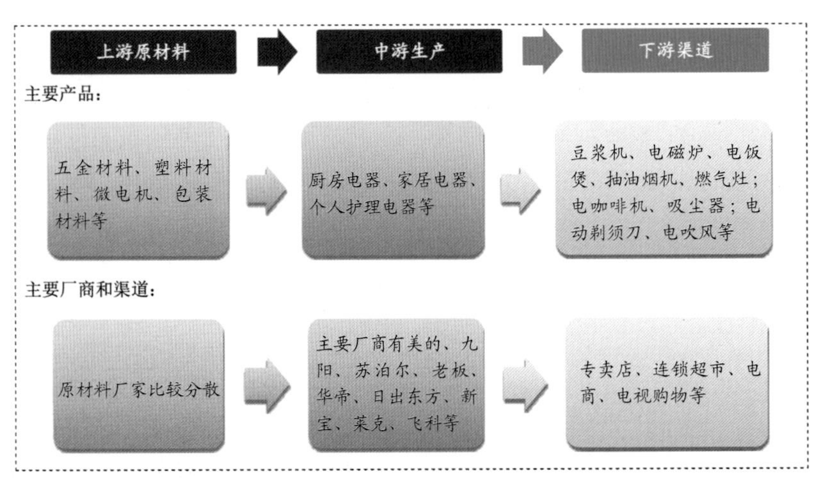

图4-39　小家电行业产业链

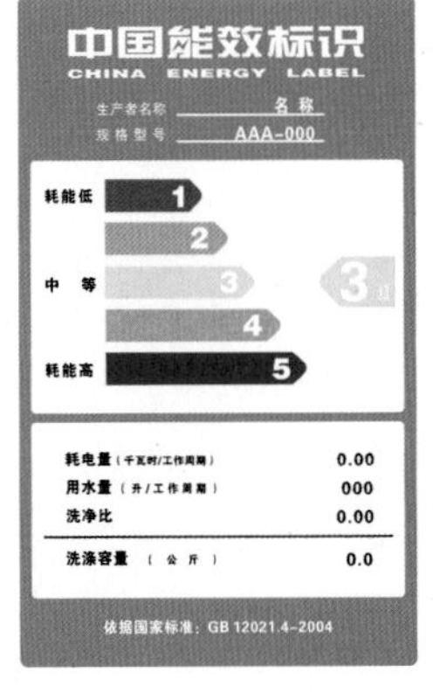

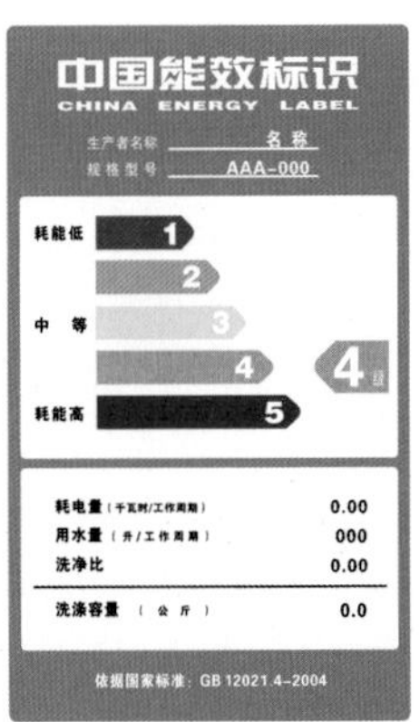

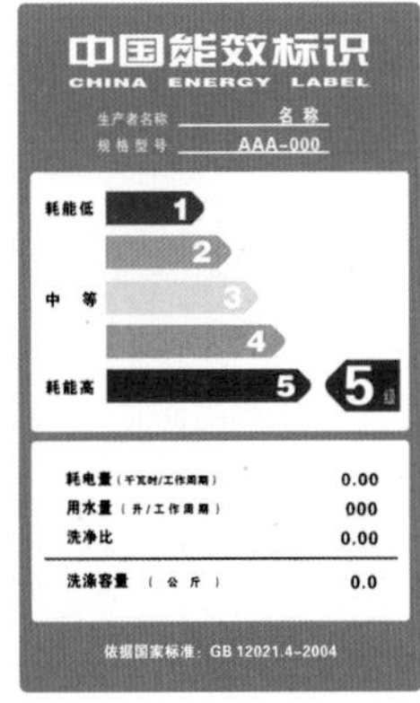

图4-40　中国能效标识

（2）节能高手——微波炉。

微波炉比燃气更环保节能，但人们出于使用习惯总是忘记这一点。事实上，微波加热最大的优势在于它只对含有水分和油脂的食品进行加热，而不会加热空气和容器本身。对同等重量的食品进行加热对比试验，结果表明微波炉比电炉节能 65%，比煤气节能 40%。

（3）智能电磁炉。

电磁炉可以说是节能厨具的后起之秀，它是运用高科技的磁性原理，用最小的热源满足烹饪的需要，并且不会产生任何气体。这种电磁炉导电需要金属表面传感，因而需要使用电磁炉专用炊具进行加热，以保证安全。

（4）智能洗碗机比手洗更加节水。

一般的洗碗机功率为 600 瓦 ~1200 瓦。与一般的电器相比，洗碗机的确要费电一些。即使是节水分层洗，洗涤过程也需要十几分钟，再加上烘干、消毒，可长达一个小时。不过根据餐具数量分层洗涤的设置，相对来说还是比较省水的。

智能洗碗机具有智能判断功能，洗涤的时候不再需要设置。当餐具装载入洗碗机后，系统会自动根据装载餐具种类及脏的程度选择最佳的洗涤程序。同时，在一次洗涤中，还可以对上部的易碎玻璃和陶瓷品进行柔和洗涤，下部的锅、深碗进行强力洗涤；当然，也可以选择分层洗，更省水省电。

2. 功能合并

洗碗机作为一种新时代的厨房小家电，具备多项功能：全封闭式洗涤，不用抹布，切断细菌传播途径；采用加热及专门的洗涤消毒剂，足以杀死大肠杆菌、葡萄球菌、肝炎病毒等病菌病毒；洗刷后直接烘干，避免水渍留下的斑痕，使餐具更光洁；内胆是不锈钢的，外壳采用喷粉、电泳、磷化等工艺，不生锈，不磨损；先由高压水流阵发性点射，再三维密集淋刷餐具，冲洗彻底，节约用水；20 分钟速洗，可满足人们随吃随洗的需要。

自助面包机可以自制面包、蛋糕、比萨饼等，全自动运行，不用照看，只需将所需原料和自己喜欢的配料放进机器，搅拌、发酵、烘烤可一键完成。自助面包机体积小、耗电不多，也没有什么污染。

三、米色家电（IT 产品）

米色家电指电脑信息产品。 IT 是 Information Technology 英文的缩写，即“信息技术”，其涵盖的范围很广，主要包括现代计算机、网络通信等信息领域的技术。

（一）减量瘦身

1. 材料减量，使用低成本材料

（1）再生材料。

IT 产品之所以使用塑料，主要因为塑料具有轻且结实耐用、容易加工、耐磁性良好及价格低廉等特点。具体使用的塑料种类有 ABS、PS、HIPC、PC/ABS 合金、PPO 和 POM 等。如台式电脑的外壳用 ABS 和 PC/ABS 合金，GRT 显示器用 ABS，打印机则用 ABS 和 PPO 等。

① 从 IT 产品中产生的废塑料供原料再生利用时仍遵循常规工艺，即通过解体“分类”粉碎的前期处理（由废物处理业者进行）和洗净“混炼”造粒的后期处理（由再生业者进行）。

再生业者购入废塑料做原料使用时，要求不得混有杂质和其他种类废塑料，再生工艺首先应检查和除去杂质，进行造粒后和新塑料混合使用。一般掺入量为 30%。再生材料的质量取决于洗净去杂工序。

IT 产品对再生塑料的利用应该形成正规的再生利用流程：由解体企业将报废电脑解体后，对壳体等大宗塑料部件去杂后交再生业者破碎、洗净、混炼和选粒，再送塑料生产大户调整、着色为再生塑料。

为扩大废塑料在 IT 产品方面的原料再生利用，应重点解决以下问题：A. 确保回收废塑料的品质，无其他塑料和金属涂料等杂质混入，阻燃剂的波幅要小；B. 保证高质量再生塑料的供应；C. 保证再生成本低于新品成本。

② 绿色环保手机。诺基亚首款环保概念手机 Remade 从机身到内部元件全部采用再生材料打造，手机外壳采用的是类似自行车材质的铝管或者是废弃的易拉罐，按键部分是旧汽车轮胎的橡胶再生材质，并且屏幕加入了 LED 背光技术，可有效节省电能，整机待机时间可达一个月，印刷电子技术的加入也让 Remade 在生产过程中大大降低了二氧化碳的排放。（图 4-41）

诺基亚表示，它的外壳由“Bio-cover”生物材料制造，超过 50% 为可再生材料。其紧凑包装比其他型号省料 54%，包装材料也有超过 60% 为再生材料。

该机采用了一种可回收的塑料水瓶融合材质（Recycled Water-Bottles），回收率 100%，大大降低了碳的排放量，有益于环境保护，防止污染。

与以往手机采用无害材质来体现其环保特色相比，三星 Blue Earth 则主要借助在机身背部内置的太阳能电池板来实现环保的目的。另外 Blue Earth 采用从饮料瓶回收而来的环保 PCM 塑料作为机身材质，既有效降低了成本，也兼顾了废物回收再利用，同时机器的包装也采用环保纸所制。（图 4-42）

开发环保手机不仅能减少环境污染，提高不可再生资源的使用效率，

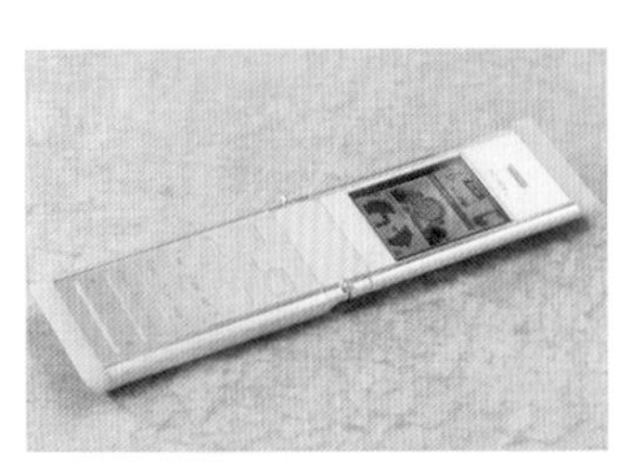

图4-41　诺基亚环保概念手机Remade

图4-42 三星Blue Earth（2009年上市）

图4-43 诺基亚3110 Evolve

减少资源的重置和浪费，而且对手机制造商来说也是长期利好。环保关注环境与能源，功能侧重消费者直接感知，二者缺一不可。对消费者来说，无污染的手机固然重要，但手机的功能也是选择的重要指标。环保手机虽然还只是少数，却是手机制造业的一个新发展方向。（图 4-43）

（2）易取得材料：塑料（Plastic）。

塑料（Plastic）包括天然塑料和合成塑料两大类。天然塑料是指植物树脂如虫胶、松香等材料。由于天然塑料的产量和性能远不能满足生产的需要，因此出现了合成塑料。

现在广泛应用的塑料均是指合成塑料。它是一种能流动、成型及固化的人造材料，是从石油、煤、水和农副产品等物质中提炼出的化合物。塑料的基本成分是人工合成的高分子有机化合物，也称为树脂。

有些塑料可以混合使用，比如 ABS 和 PC，有些塑料不可以混用，如 ABS 和 PS。塑料能否混合使用，取决于塑料的溶解度、结晶、极化和氢链等因素。（图 4-44）

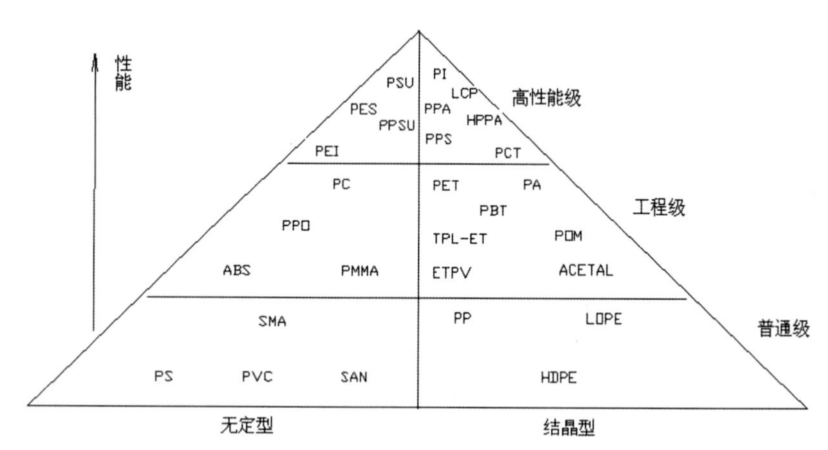

图4-44 各种电子产品中不同塑料的性能等级

图4-45 21克老年人智能手机

2. 功能减量，适合目标人群的功能单纯化

21 克手机是深圳市卡迪尔通讯技术有限公司推出的一款专门为老年人量身打造的简单好用的大屏手机。2013 年，21 克手机在京东、淘宝等各大线上平台发售，频频售罄，好评如潮，被用户评为“老人机中的神机”“国产机中的战斗机”。该手机 UI 界面简洁明了，除了字大、音量大、短信手写 / 语音输入、低功耗、脸谱通讯录等老年人最喜爱的基本需求外，21 克手机还装有亲连助手、计步器、老皇历、天气预报、手电筒等事关老年人生活的应用程序。2014 年，21 克手机正式推出了第二代产品 M2，这是一台专属于老年人的智能手机。（图 4-45）

（二）模块化组合设计

1. 基础运算模块、软件模块包、存储模块组合设计

（1）Blocks 智能手表。

Blocks 智能手表的最大特色是模块化设计，其每一个部分都可自由搭配，包括方形、圆形的表盘，以及心率追踪器、相机、处理器、GPS、额外电池、非接触支付等，可满足各种各样的使用需求。用户可以根据自己的心情、使用环境随意更换组件，更酷的是它还运行 Android 系统，并支持 iOS 及 Android 设备。（图 4-46）

图4-46　Blocks智能手表

（2）AIAIAI TMA-2 模块化耳机。

丹麦品牌 AIAIAI，也紧追模块化设备趋势，推出了 TMA-2 耳机，其拥有 18 个独立模块，可实现 360 种组合。其中，包括各种头带、线缆、扬声器单元、耳罩款式，能让用户从内至外打造一款自己的专属耳机。

（3）XO-Infinity 笔记本。

XO-Infinity 是一款由非营利性组织 OLPC 推出的笔记本产品，专门针对发展中国家的儿童教育市场，采用了模块化设计，可以更换处理核心、电池、摄像头、屏幕及无线网卡，从而实现长久的使用寿命。（图 4-47）

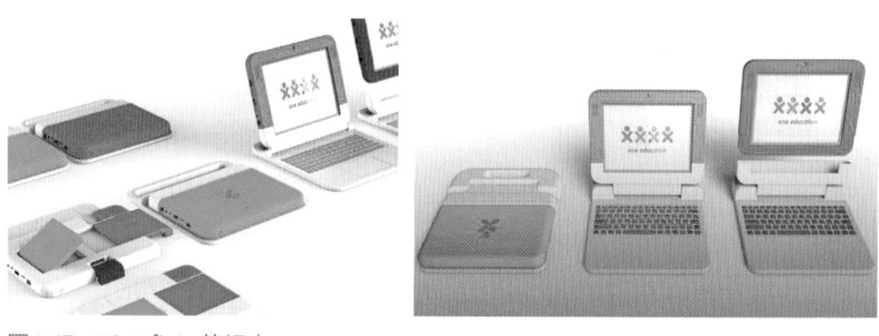

图4-47 XO-Infinity笔记本

2. 模块拼装集合箱／架

宏碁 Revo Build 是一台可由用户自行扩充和组合的 PC，由很多“模块”组成。其搭载 Windows 10 操作系统，用户可自行添加磁块组件，包括无线移动电源、便携式硬盘驱动器、语音模块甚至图形芯片。

Revo Build 模块化 PC 搭载英特尔奔腾或赛扬处理器，运行内存最高可升级至 8GB。它的各模块可以独立工作，例如用户完全可以将硬盘模块卸下来放进包里随身携带。（图 4–48）

图4-48 宏碁Revo Build

3. 便携移动支持叠加功能加强

BRAVEN BRV_PRO 无线蓝牙音箱专为户外运动族而生，机身设计成坦克履带样式，外壳采用符合航空标准的铝材质制成，兼具坚固耐用与轻巧便携的特性，且机身还支持 IPX7 防水功能。除了音质不俗外，BRV–PRO 机身上配备有 LED 灯，可把喇叭当成小型提灯使用，非常适合野外露营、远足等户外活动使用。值得一提的是电力部分，BRV–PRO 内建 2800mAh 高容量锂电池,另外还搭配了折叠式太阳能面板以及 Qi 无线设备进行充电。（图 4–49）

BRAVEN

图4-49 BRAVEN BRV-PRO 无线蓝牙音箱

（三）老人、少儿，弱势人群 IT 产品

1. 小天才电话手表

小天才品牌专注于中国儿童市场，将优秀的儿童教育理念与现代科技进行创新应用，提供符合现代儿童需求的寓教于乐的产品。

小天才电话手表是专为 5~12 岁的孩子量身打造的，集打电话、定位、微信聊天、交友等功能于一体的儿童智能手表，让家长能随时随地找到孩子。小天才电话手表也让家长与孩子有了更多的交流和互动。（图 4–50）

2. 布丁豆豆（BeanQ）智能早教机器人

布丁豆豆是 ROOBO 旗下布丁机器人家族的一员。作为一款专为儿童用户设计的陪伴型智能机器人，布丁豆豆外观设计圆润呆萌，手感更适合孩子们握持。其凭借追求深层次用户诉求的设计理念，成功荣获国际知名的设计界大奖红点奖最高荣誉——“最佳设计奖”，这也是全球消费机器人领域中第一个也是唯一一个获得红点奖的产品。

当孩子触摸或者抱起它，布丁豆豆会像人类一样用丰富的表情和孩子进行互动。其内置 ROOBO 自主研发的 R-KIDS 智能语音系统，可以准确识别孩子的语言表达，并用最有趣、最巧妙的方式回应。作为孩子们的伙伴，布丁豆豆不仅能在日常生活中陪伴他们，还内置系统化教学方式和海量的知识储备，能通过学、玩、练、听、拓五个环节充分调动孩子们的学习热情，激发孩子们的求知欲望，对适龄儿童有教育启蒙的作用。（图 4-51）

图4-50　小天才电话手表

图4-51　布丁豆豆（BeanQ）智能早教机器人

3. 雷大白 1c 管家机器人

作为一款智能机器人，雷大白可以说是“老少皆宜”，它可以凭借 8 英寸的屏幕完整地表达自己的情绪，还可以满足老人和小孩观看视频、听相声与戏曲、玩游戏及视频通话等需求。

作为一款陪伴型机器人，雷大白可以自动跟随孩子或者老人，在家看护孩子的一举一动、老人的行动安全，以及监护家里的安全状况，还可以用于跟踪宠物。如果家里有意外情况发生，雷大白会主动联系主人，实施救助。如果家长长时间出差或者上班时想念孩子，雷大白可以与主人的手机建立连接，快速建立视频通话，并在视频的过程中一键设定拍摄，记录孩子成长的每一天。（图 4-52）

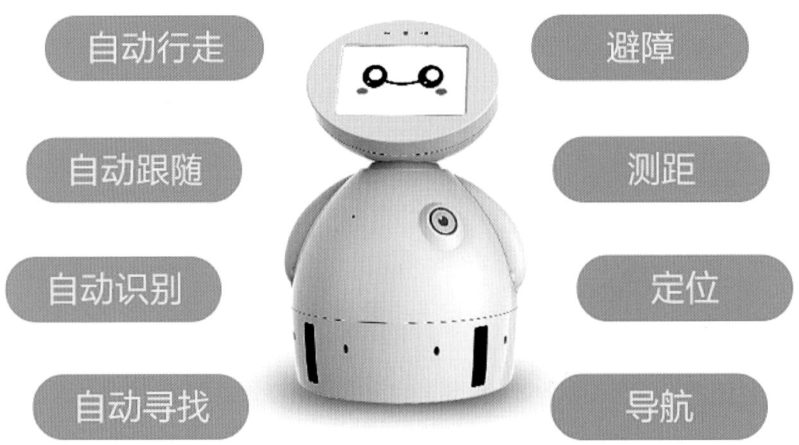

图4-52　雷大白1c管家机器人

四、新概念家电展望

（一）美的健康云

现今，“云”概念已经与各行各业相连接。美的健康云与美的智能家电、智能厨房系统以及广泛的第三方伙伴共同合作，力为精准健康产业带来更加积极的影响，持续探索智能家电领域的创新发展模式。

1. 健康数据库

美的健康云具有种类多、维度全、数据专业的特点，其中共有2600余种食材数据，800多种运动类型的热量消耗数据，75套专业运动套餐，2000多道健康功效食谱，1000余篇健康知识文章，20余个健康管理模型。

2. 未来应用

（1）在“未来厨房”的应用。

“未来厨房”已经把健康和营养的元素植入我们的产品中。它可以根据个人喜好、个人饮食禁忌，进行个人和家庭的营养配餐。它实际上是把健康云的营养配餐功能、健康云菜谱、健康云基础食材数据库服务，嵌入在我们未来厨房与健康相关的功能里面。

（2）为消费者挑选和搭配食材。

美的企业与网络科技公司进行合作，主要研究如何为消费者挑选和搭配优质食材。健康云通过对消费者进行健康评估和问卷调查，为消费者定制主食和杂粮配方，并且配送给消费者。健康云用这种方法，极大地提升了用户的黏性，同时形成了差异化的竞争力。

（3）“美具”APP——基于美的健康云的内容和服务所搭建的产品。

美的健康云不仅可以通过体重秤、血压计等硬件来进行数据的统计和分析，同时可以通过APP的形式来呈现数据报告、健康指南，以及问题的解决方案。

（二）智能家居一体化

1. 什么是“智能家居”

“智能家居”（Smart Home）又称智能住宅，通俗地说，是融自动化控制系统、计算机网络系统和网络通信技术于一体的网络化、智能化的家居控制系统。其将家中的各种设备（音视频设备、照明系统、窗帘控制、空调控制、安防系统、数字影院系统、网络家电等）通过家庭网络连接在一起。（图4-53）

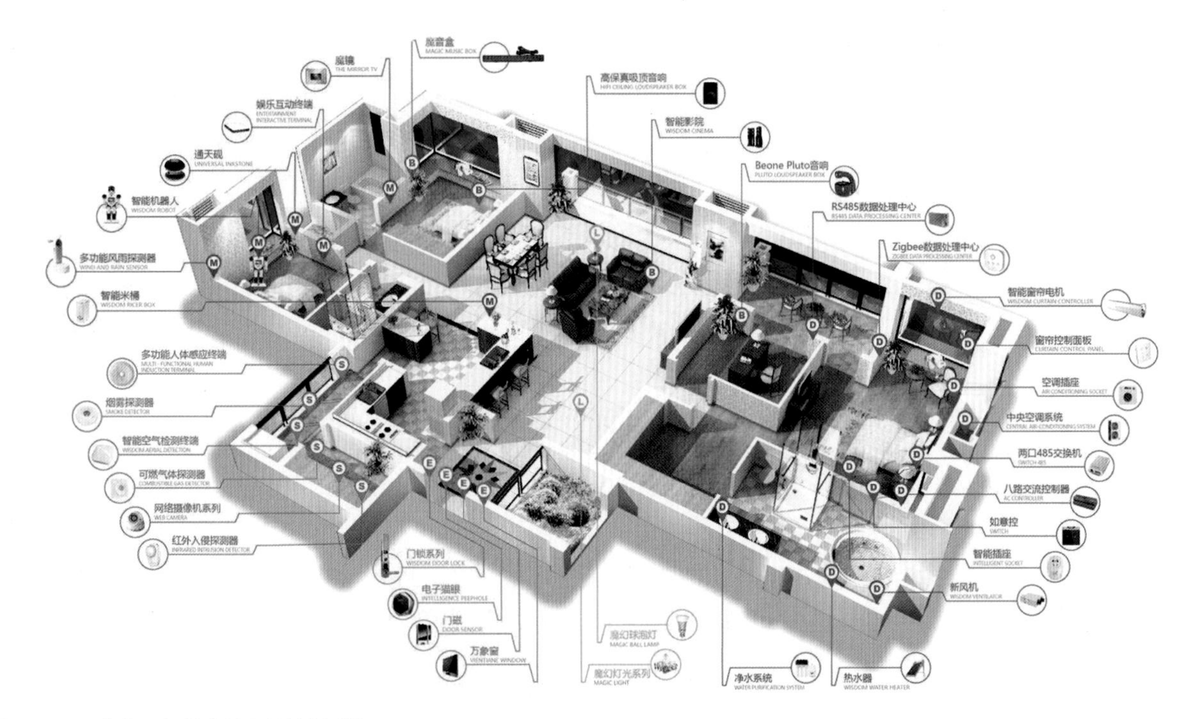

图4-53　网络化、智能化的家居控制系统

2.“智能家居”发展趋势

20 世纪 90 年代至今，数字化技术取得了更加迅猛的发展并日益渗透到各个领域。随着因特网向普通家庭生活不断扩展，消费电子、计算机、通信一体化趋势日趋明显，智能化信息家电产品已经步入社会和家庭。一场家居智能化革命也因此悄然兴起。

智能家居系统一体化是将当前智能家居的最新技术和移动互联网技术相结合，目的是将家庭设备连接起来，使使用者能够更方便地控制家庭设备。

（1）结构：一体化智能家居系统需要一个中控服务器来负责连接所有家庭设备。设备可以通过有线或无线的方式连接到中控服务器。针对已装修好的室内，一般采用无线的方式，比较便捷。为了尽可能多地覆盖市面上的产品，中控服务器支持包括 WiFi、蓝牙以及 ZigBee 等主流的无线传输协议。在设备端，由于大部分的家庭设备不存在无线传输模块，为了使设备能够便捷地连接到中控服务器，需要设计一套插件，以方便设备接入中控，且能够被控制。与此同时，还需要定义出一套接口标准，以解决设备繁多、无法统一连接的问题。

（2）一体化：智能家居系统将提供两套前端：Web 版和移动版，同时支持内网和互联网访问。此外，整个系统需要有一定的智能，主要体现在系统能够自动“学习”用户的需求，从而自动地对设备的配置进行调整。

（3）数据：对一体化智能家居系统而言，用户行为数据的获取非常重要，一般借助手机传感器上的数据读取，再经过简单的加工处理，以实现用户行为的识别。一般情况下，主要涉及的传感器有加速度传感器、陀螺仪、GPS。加速度传感器主要用于监测人体的行为变化，包括站、坐、走等基本行为。为了校准手机位置变化，需要采集手机上的陀螺仪数据。有加速度传感器和陀螺仪数据，系统就可以计算出用户在室内的行为以及运动轨迹。比如，系统识别到用户从厨房移动到了卧室并坐下这一系列行为，这样就可以让中控服务器关闭一些厨房设备，并开启卧室内的相应设备。用户户外运动轨迹数据主要通过 GPS 进行监测，通过掌握用户每天的运动轨迹，系统能够估算出用户到家的时间，自动开启空调、电饭煲等智能设备。新技术概念可以为产品创意提供更多的思路。

第二节　家具产品设计实践

家具是人们生活中必不可少的用品，绿色家具是指环境友好型、资源节约型的家具产品，这是区别于一般家具产品的重要特征。绿色家具的绿色程度直接影响着人们的身体健康，所以优良的环境性能是绿色家具的首要特点。

由于稀缺的木材资源与自古用木材作为家具原材料的传统相矛盾，因此有效地节约原材料也是绿色家具的重要特点之一。

家具产品的外形相对较大，便于拆卸、组装、替换零件、易于运输的家具具有更好的绿色性能。此外，在加工过程中减少加工程序而节约了人力成本的家具，以及回收后可以翻新、重复利用、化整为零、变废为宝的家具，都属于绿色家具。(图 4–54)

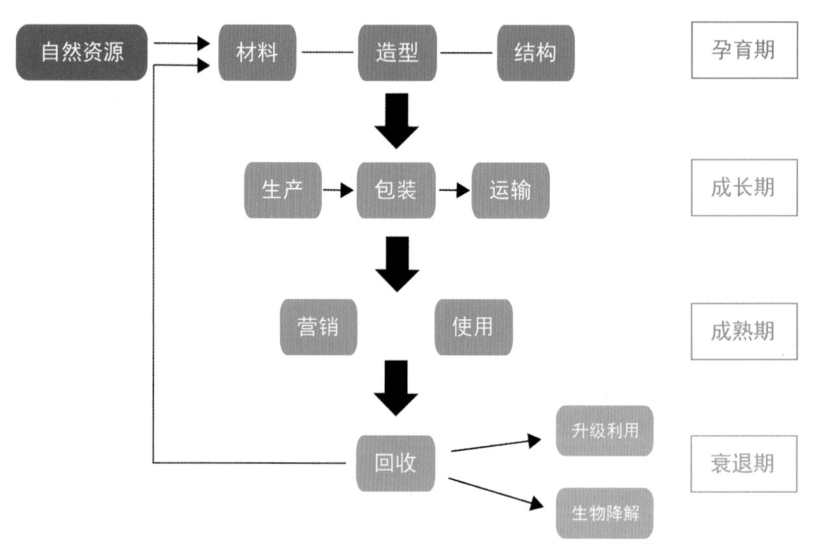

图4-54　绿色家具设计、使用流程

一、板式家具

板式家具通常是指产品框架及主要部分采用实木制作，而其他板件或板面等部分采用饰面人造板制作的家具，也称实木和人造板结合的家具 。

板式家具与实木家具相比有其独特的特点：可采用速生人工林木材，保护天然森林资源；可提高木材综合利用率，减少材料消耗；产品结构简单化，易拆装、易运输；产品部件标准化、专业化；生产方式高机械化、自动化、协作化；产品成本大幅度降低。

（一）板材的种类与选择

1. 实木板（图 4-55）

工艺：采用完整木材（原木）制成。在实木表面做凹凸造型，外喷漆。

优点：坚固耐用、纹路自然，天然木材芳香，有较好的吸湿性和透气性。

缺点：造价高，施工工艺要求高，木材资源有限，易变形，保养麻烦。

选择：边缘平直，无毛刺、裂纹、虫眼等；表面淋漆平整，无鼓泡、褶皱等。

图4-55　实木板

2. 集成板（图 4-56）

工艺：窄、短方条胶粘指接或拼接成一定规格的木材。如实木指接板、实木拼板。

优点：木材质感，外表美观，易加工。

缺点：易变形、开裂，但比实木板开裂变形小，成本较高。

选择：看年轮，年轮越小，材质越好；看齿榫，明齿上漆后较易出现不平，但暗齿加工难度要大些；看硬度，木质硬的较好。

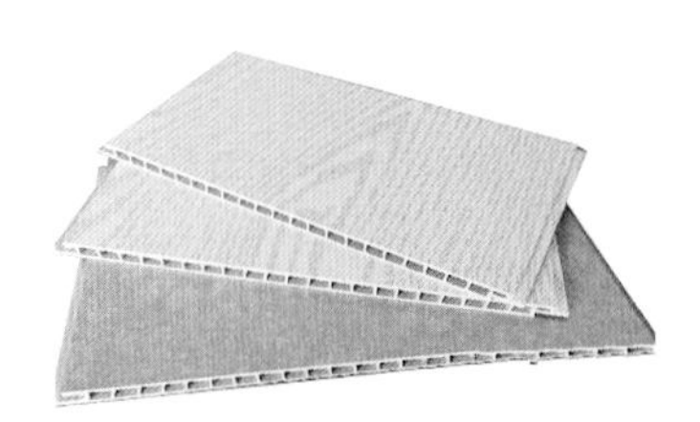

图4-56　集成板

3. 胶合板（夹板）（图 4-57）

工艺：又称夹板，单板或薄木胶合成三层或多层的板材。市场上的多层实木板也是胶合板。

优点：变形小、幅面大、施工方便、不翘曲、横纹抗拉力学性能好。

缺点：造价较高，含胶量大，面层不如密度板光洁，做基层不如中密度板牢固。

选择：木纹清晰，正面要平整无滞感，无疵点，无脱胶，拼缝严密平整。

图4-57　胶合板

4. 细木工板（大芯板）（图 4-58）

工艺：由木芯与上、下两面单板（上、下各一层或两层）胶合而成。

优点：规格统一（1220mm × 2440mm），易加工，握钉力好，不易变形，重量轻，便于施工。

缺点：在生产过程中大量使用脲醛胶，甲醛释放量普遍较高，怕潮湿。

选择：芯材质地密实，无明显缝隙，周围无补胶、补腻子现象，用尖嘴器具敲击板材表面，听声音应无明显差异。

图4-58　细木工板

5. 刨花板（图 4-59）

图4-59　刨花板

工艺：木屑及木材边角料加黏合剂后压制而成。从刨花板的板材横截面可以看出刨花板由三层组成，外面两层是细的颗粒，中间一层是比较大的颗粒。

优点：价格便宜、吸音、隔音、耐污染、耐老化、美观、可进行油漆和各种贴面。

缺点：密度较大，制作的家具较重；边缘粗糙易吸湿，边缘要采取封边措施防止变形。

选择：横断面中心部位木屑颗粒长度一般在 5mm~10mm 为宜，太长结构疏松，太短抗变形能力差；表面应平整光滑。

6. 密度板（纤维板）（图 4-60）

图4-60　密度板

工艺：以木质纤维或其他植物纤维为原料，施加脲醛树脂或其他适用的胶黏剂制成，表面处理主要使用混油工艺。密度板横截面都是压在一起的一样颜色和材质的细细的木质颗粒。

优点：表面光滑平整、材质细密、性能稳定、边缘牢固，表面装饰性好。

缺点：耐潮性较差，握钉力较刨花板差，如果出现松动，很难再固定。

选择：表面应无明显的颗粒，光洁平整。

7. 装饰面板（图 4-61）

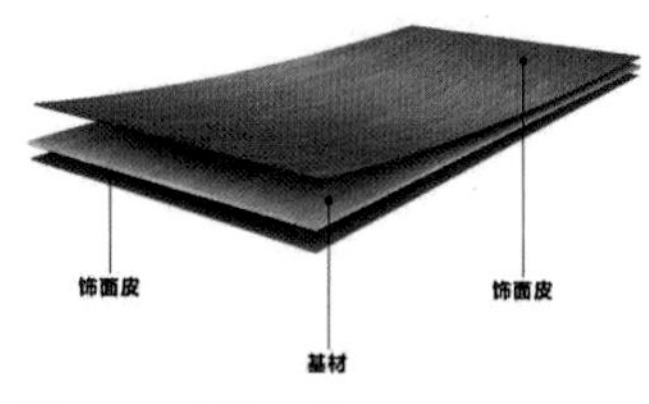

图4-61　装饰面板

工艺：以夹板为基材，将贴面经过胶粘工艺制作而成，不同种类面板有不同的用途。

优点：不同种类的木贴面，展示风格各异，能满足不同家居风格的要求。且木质装饰纹样，符合现代人返璞归真的观念。

缺点：装饰面板是一种人造板，即使是质量合格的产品，都会释放出一定量的游离甲醛。

选择：主要针对木单板面板，认清人造薄木贴面与天然木质单板贴面的区别；表面材质应细致均匀、色泽明晰、木纹美观；表面应光洁，无毛刺沟痕和刨刀痕；应无透胶现象。

8. 防火板（图 4-62）

图4-62　防火板

工艺：由表层纸、色纸、基纸（多层牛皮纸）三层构成，基材是刨花板或中纤维板，经过高温压贴后制成。

优点:颜色鲜艳，封边形式多样，耐磨、耐高温、耐剐、抗渗透、易清洁、防潮、不褪色、触感细腻、价格实惠，且避免了在室内刷漆，减少了污染。

缺点：门板为平板，无法创造凹凸、金属等立体效果，时尚感稍差。

选择：不要只选购防火贴面，而应购买贴面与板材压制成的防火板。

9. 三聚氰胺板（图 4-63）

图4-63　三聚氰胺板

工艺：将带有不同颜色或纹理的纸放入三聚氰胺树脂胶黏剂中浸泡，

干燥到一定固化程度后，将其铺装在刨花板、防潮板、中密度纤维板或硬质纤维板表面，经热压制成。

优点：表面平整、较耐磨，不易变形，颜色鲜艳，耐腐蚀，价格实惠。

缺点：封边易崩边，胶水痕迹较明显，纹理多但颜色选择较少，不能锣花只能直封边。

环保：板材里面的三聚氰胺只要不食用，对人体就不会造成危害（三聚氰胺常态下不挥发）。但是含有甲醛。

选择：有无污斑、划痕、压痕、孔隙，颜色、光泽是否均匀，有没有鼓泡现象，有无局部纸张撕裂或缺损现象等。

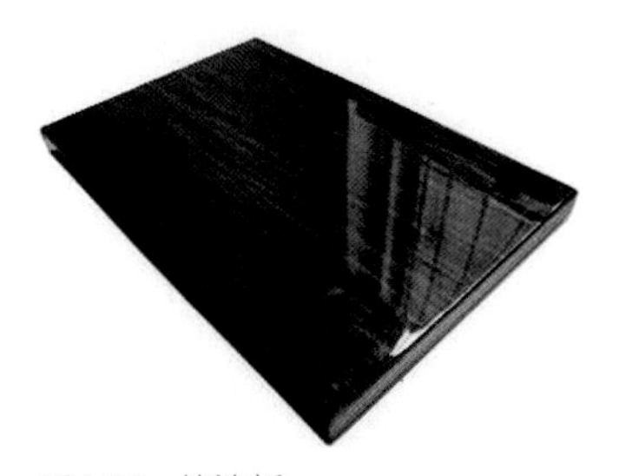
图4-64　烤漆板

10. 烤漆板（图 4-64）

工艺：以密度板为基材，表面经过 6~9 次打磨、上底漆、烘干、抛光（三底、二面、一光）高温烤制而成。烤漆板可分亮光、亚光及金属烤漆三种。

优点：颜色鲜艳，选择多样，易清洁，对空间有一定的补光作用。

缺点：工艺水平要求高，废品率高，价格高，怕磕碰和划痕，损坏难修补，要整体更换；油烟较多的厨房中使用易出现色差。

选择：表面光滑平整、厚薄匀称、手感舒适；有光泽、涂膜丰满、无划痕，无变色、褪色现象，表面涂膜无裂纹；板材闻起来不刺鼻。

图4-65　铝扣板

11. 铝扣板（图 4-65）

工艺：以铝合金板材为基底，通过开料、剪角、模压成型，表面使用各种涂层加工得到铝扣板产品。表面处理分为喷涂、滚涂、覆膜等几种形式。

优点：使用寿命长，防火，防潮，抗静电，易清洁，质感好，档次高，与瓷砖、卫浴、橱柜容易形成统一的风格。

缺点：安装要求高，铝扣板吊顶拼缝不如塑钢扣板吊顶，铝扣板的板型、款式没有塑钢扣板的板型、款式丰富。

选择：声音比较明显、清脆为佳；涂层基本上只有 0.02mm~0.03mm，覆膜厚度往往只有 0.15mm 以下，有的产品没有达到规定厚度，厂家只在铝扣板表面多喷了一层涂料使厚度达标，要仔细辨别。

图4-66　石膏板

12. 石膏板（图 4-66）

工艺：在熟石膏中掺入添加剂与纤维制成。

优点：轻质、隔音、绝热、不燃、可锯、可钉、美观。

缺点：耐潮性差。

选择：表面平整光滑，不能有气孔、污痕、裂纹、缺角、色彩不均和图案不完整现象，纸面石膏板上下两层牛皮纸需结实；看石膏质地是否密实，有没有空鼓现象;用手敲击，如果发出很实的声音说明石膏板严实耐用。

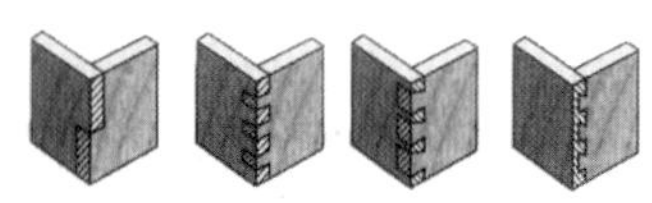
图4-67 板式家具常见榫接方式

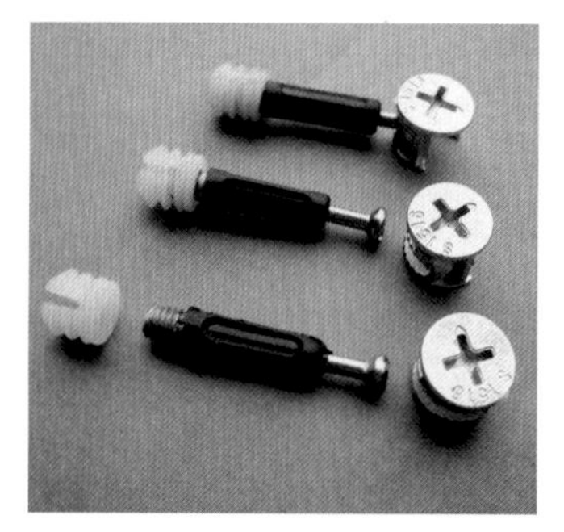
图4-68 三合一连接件

图4-69 二合一连接件

图4-70 射钉枪

（二）板式家具常见连接方式

1. 榫接（燕尾榫和直榫）

榫接式指榫头插入榫眼或榫槽的接合方式，是我国古典家具与现代家具的基本结合方式，也是现代框架式家具的主要结合方式。榫接式两块材料一个做出榫头，一个做出榫眼，两个穿到一起，靠材料的摩擦力将两块材料固定在一起。(图 4–67)

2. 三合一连接件

三合一连接件又称紧固件或组合器，由偏心轮、杆、胶粒组成，主要用于板式家具的连接。(图 4–68)

3. 二合一连接件

二合一适用于 12 厘板的连接，三合一适用于 15 厘以上板的连接，受力没有三合一强。二合一一般用于抽屉、背板的连接。(图 4–69)

4. 射钉枪

射钉枪是现代射钉紧固技术产品，能发射射钉，属于直接固结技术，是木工、建筑施工等必备的手动工具。射钉枪击发射钉，直接打入钢铁、混凝土和砖砌体或岩石等基体中，不需要外带能源如电源、风管等。因为射钉弹自身含有可产生爆炸性推力的药品，把钢钉直接射出，从而将需要固定的构件如门窗、保温板、隔音层、装饰物、管道、钢铁件、木制品等和基体牢固地连接在一起。(图 4–70)

（三）扁平化家具与 DIY 低成本板式家具

1. 扁平化家具

宜家是全球第一个提出“扁平”概念的家居厂商，其大部分家具产品都采用了扁平的板式包装，组装简单、易操作，减少了包装与安装成本。扁平设计往往和折叠设计、模块化设计等设计方法融合在一起，通过类似折纸、拼图的形式，将扁平设计的优势发挥到最大。这样不仅减少了物流空间，大大增加了物流的效率，同时还节省了资源。

痴迷于几何图形的法国视觉艺术家、摄影师 Christian Desile 为了实现家具的扁平化，干脆改行做了家具设计师。

Christian Desile 以设计嵌套、叠加和扁平家具见长，在他看来似乎所有的家具都可以像拼图玩具和乐高积木那样，通过简单的几何元素的组合，构建出有趣、有用的东西。(图 4–71)

2. DIY 家具

DIY 是 20 世纪 60 年代时起源于西方的概念，原本是指不依赖专业的工匠，利用适当工具与材料自己来进行居家住宅的修缮工作。通常提到 DIY 用语的兴起，常常会将其归功于一位英国的电视节目主持人、工匠贝利·巴克尼尔（Barry Bucknell），他最早明确地定义 DIY 的概念并且大力推广，使此用词广为人知。欧洲人纷纷自己动手装修房屋。在省钱的同时他们发现 DIY 装修的房屋更具个性，不仅可以使自己的房子与众不同，而且能满足自己的各种需求。之后他们便发现装修房子变成了工作以外的一大乐事，不仅释放了工作的压力，而且自己还掌握了一个新本领。此外，还可以选择最好的材料，践行绿色环保理念。这样 DIY 便风靡起来。

例如在墙上钉一块木板，然后随意排列组合木桩成为任意形状。这个名叫 Bang Bang Pegboard 的组合木桩墙就是如此，一大块木栓板，上面整齐地排列着很多孔位，人们可以按照自己的需要将小木桩插在上面组成任意形状，再放上小木板，一个置物架就大功告成了，既节省空间，又充满趣味性。（图 4-72）

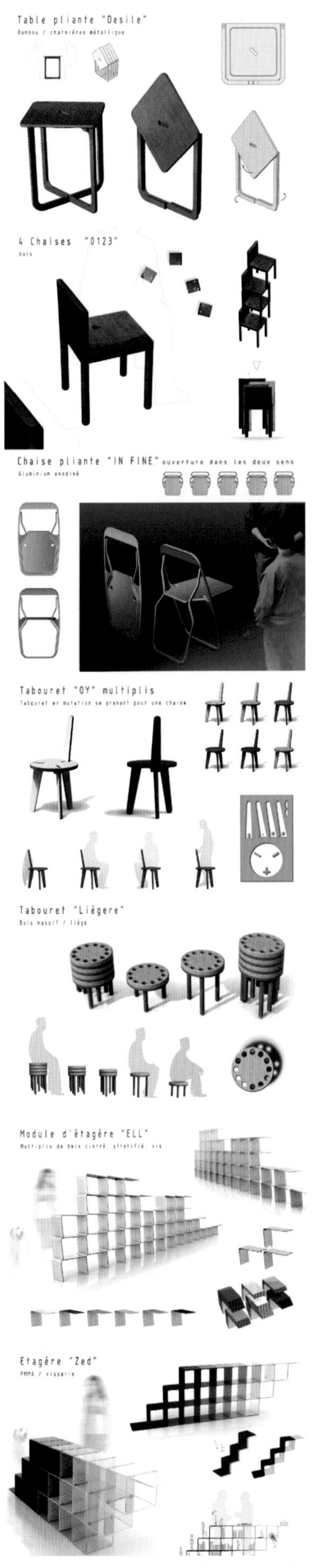

图4-71　Christian Desile的扁平化家具设计

（四）多功能、模块化的家具

家具的目的就是便于人们使用。在生活类产品中，家具的使用阶段在其产品生命周期中所占的时间最长。延长产品的使用寿命，是实现节能环保最直接、最有效的方式之一。从使用者更换家具的原因来看，很大一部分是由于居住场所的变更和家具款式的淘汰引起的。所以在进行绿色家具设计时，要尽量使家具在居住场所变更时便于携带和运输。

模块化的设计有助于用户搬运并以同方式组合模块，具有更强的适应性，即使适用场所的空间尺寸发生了变化，模块化的家具也可以通过重新组合来适应变化。绿色家具款式的设计应具有较持久的稳定性，而不能追赶一时流行的新、奇、热，要杜绝很快就会被淘汰掉的款式。另外，绿色家具设计可以通过可拆洗、可替换的部件，对家具产品进行翻新、再造、升级，使其适应新的审美或环境要求。

1. 多功能家具

有些家具是专门针对某些人群设计的，如儿童、老人、残疾人等，设计师首先应该对使用人群的特点进行深入分析，做出有针对性的设计优化，尽量延长产品的使用寿命。

（1）儿童家具。

儿童家具的设计，除了要充分考虑儿童使用时的安全性外，还应该考虑到由于儿童成长较快，家具的尺寸可能很快因尺寸不合适而被淘汰，所以儿童家具一般应具有多功能、可调节、可转换的特点，以满足儿童成长时期的不同需求。

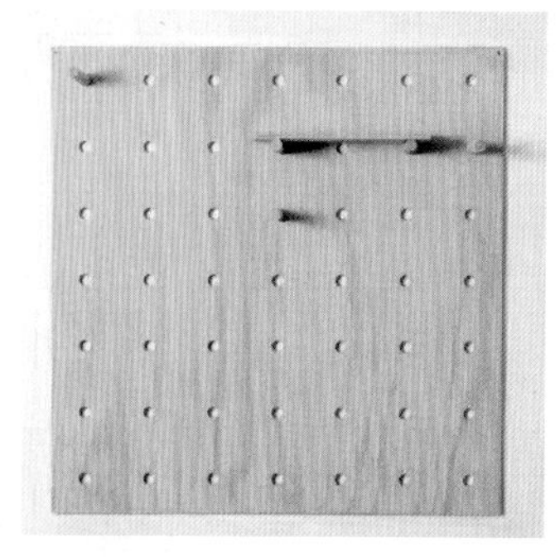

图4-72 Bang Bang Pegboard 的组合木桩墙

图4-73 Smart Kid儿童床组

例如，随着孩子年龄的增长，大多数婴儿床的尺寸不能适应其身高要求，当孩子长大一些之后，婴儿床就失去了原有的使用价值，但是产品本身的材料和结构并没有损坏。爱沙尼亚公司设计的 Smart Kid 儿童床组，遵循再使用的原则对产品进行了升级，使婴儿床具有了拆分重组的功能，让婴儿床在其生命周期末尾可以转变为儿童家具继续使用，其中的床板可变为黑板，床架可变书桌。这种设计使原本只能使用 3 年的婴儿床延长到 10 年，也从而延长了产品的生命周期，达到了环保的目的。（图 4-73）

而针对年轻人的家具设计，应考虑其经济能力有限和追求个性化的特点，使产品具有炫酷的外观和低廉的价格。针对老年人的家具，又应相对沉稳，并注重品质和稳定性、安全性。

（2）可折叠家具。

使产品的体积变小、质量变轻可以相应减少包装物需要的体积和强度；使产品的刚度变大，抗震、抗压、抗外力能力变强，可以减少对包装过程中的减震、保护措施的需要；加强产品防水、防腐、防霉，可以减少包装过程的相关防护措施；另外，如果家具的体积已经不能缩小，那么可利用模块化、可拆卸、可折叠的办法，重新组合其零部件的排列方式，来实现家具空间的压缩。

在家具产品的生命周期中，家具要经过很多次运输过程，设计时应考虑节约营销、转运成本的措施。（图 4-74）

（3）可折叠的办公桌案例。

久坐已经成为现代人的一种通病，三个来自惠灵顿的年轻人，试图改变这一现状，他们创造了一种可折叠的办公桌 —— Refold。它既便携又环保，并且可以让使用者在坐式与站立式两种姿态间任意切换。闲置时也可以将它折叠起来，空间占有率很低。 Refold 曾两次获得红点设计大奖，一次 Best 设计大奖以及新西兰 ECC 手工设计大奖。

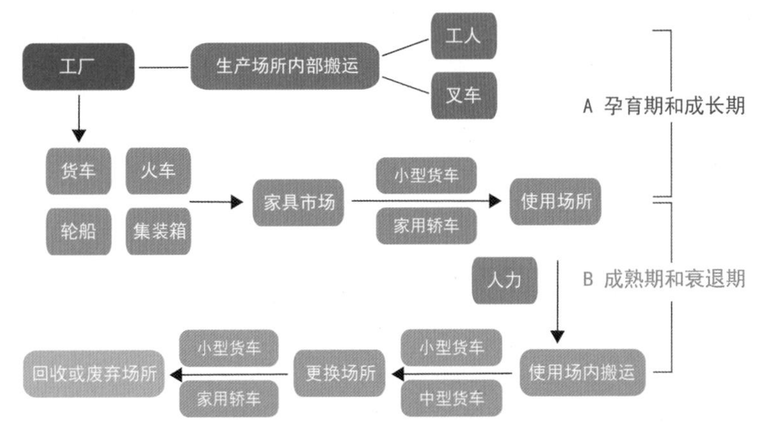

图4-74　家具可能出现的多次运输

图4-75　可折叠的办公桌——Refold

虽然 Refold 是用纸板做成的，但它的承重能力跟木质办公桌无差，一个成年男性站立在上面丝毫不会摇晃。这款纸板桌采用了 7mm 的双层牛皮纸板，总重量只有 6.5kg，拥有 6 个部件，2 分钟内可以完成组装或拆卸，以拼插方式组合，不需要任何胶带或螺丝。

更加人性化的是 Refold 提供了 3 种选择高度，它们分别适用于 160cm 左右、175cm 左右、185cm 左右的人群。使用者不但可以根据自身的条件调整桌子的高度，并且还能走到哪儿带到哪儿。需要用的时候，它是一张桌子；需要带走的时候，它是几张叠放整齐的纸板。Refold 的设计符合人体工程学，当你想坐下时，高度恰好合适；当你想站起来活动一下时，只需轻掰桌面改变组合角度，它即可随你的身高调整高度。(图 4-75)

二、材料家具

(一) 竹材家具

竹家具是一个新兴的低碳产业。竹材因具有无须栽植、生长快速、材质硬度高、韧性强等特性，成为取代实木的理想家具用材，对于森林的保护作用效果明显。(图 4-76)

图4-76　竹材制作的家具

竹材的优势主要有以下几点。

第一，绿色环保。竹材取材天然，再生速度快，能够调节室内湿度，吸收紫外线，抗静电，防潮，有益于人体健康。尤其是板材经过深度炭化后，

图4-77　藤材家具1

图4-78　藤材家具2

加工成的家具恒久不变色，能有效吸附室内有害气体。

第二，竹材的色泽天然、清新美观、高贵典雅。

第三，材料富有弹性，硬度高，容易加工，可以进行深加工，制作成竹丝、竹片等。

（二）藤制家具

藤制家具是世界上最古老的家具品种之一，其年代可追溯到公元前2000年，在古罗马壁画上常常可见坐在柳条椅上的官宦大人的肖像。在古代印度和菲律宾地区，人们选用藤来制作各种各样的家具，或将藤杖切割成极薄而扁的藤条，编成各种图案，做椅背、橱门或藤器。藤制家具将手工编织跟工业制作结合起来，将不同造型、图案甚至布艺巧妙地糅合在一起，保持原色，如同大自然赐予的工艺品，它们在满足使用功能的同时，也拉近了人与自然的关系。

1. 藤制家具特性

藤制家具透气性强、手感清爽，质朴的材质本色，有助于安神定气，室内外均可使用。

2. 藤制家具加工

藤制家具冬暖夏凉，在原材料加工过程中要经过蒸煮、干燥、漂色、防霉、消毒、杀菌等工序处理，比较耐用。藤材料可以加工成多种规格的藤皮、藤条等形式的形材，密实坚固又轻巧坚韧，且易于弯曲成形，不怕挤、不怕压、柔顺又有弹性，所以藤制家具的制作工艺和方式多种多样。藤材作为一种家具材料，不仅足够坚固，还具有不错的柔韧性，可以制作出多变、复杂的结构。

3. 藤制家具有利于环保

藤再生能力强，是一种生长迅速的植物，藤条可实现生物降解，因此藤器的使用有利于环保，不会对环境造成污染。

4. 藤制家具的使用

藤制家具具有色泽素雅、造型美观、结构轻巧、外观高雅、质地坚韧等优点，多用于凉台、花园、茶室、书房、客厅等处。（图4-77、图4-78）

（三）其他植物类与新材料运用

1. 混合材料

毕业于芬兰艾恩德霍芬设计学院的设计师 Wiktoria Szawiel 将天然植物纤维融入树脂材质中，设计了一系列特色家具，有椅子、凳子、桌子，还有一些花瓶和容器。开始试验的时候，Wiktoria Szawiel 只是将不同种类的花草和植物浇上树脂，制作的样件类似于化石。最终，设计师利用藤条、柳枝、木材编织成椅子、凳子等，将乳白色的树脂直接浇注到为椅子、凳子而专门设计的模具中，出模后再用砂纸打磨，即可清楚地看到相互交错的纤维图案。（图 4-79）

图4-80　Hans J. Wegner设计的椅子

图4-79　植物纤维结合树脂材料的家具

另外，还可根据材料的不同，调制相应比例的树脂，从而形成不同的纹理和透明度。例如，在木材上使用透明度低的树脂，突出表面纹理图案，而藤条则选择透明度高的树脂，使内部藤条更加分明，让天然纤维和人工树脂形成鲜明对比。

2. Y Chair

运用现代材料与现代加工技术重新架构传统中式家具的形式，如亚克力、碳纤维与针织面料等，强调其传统元素中的典型特征，产生现代感与时尚感。

Y Chair 是设计大师 Hans J. Wegner 设计的，灵感就来自明式家具，其轻盈而优美的外形，去繁就简，形式比明式家具更简洁。Y Chair 的名字来自其椅背的 Y 字形设计，结构科学，充分发挥了材料个性，造型完美、细节完善，给人亲切舒适、安静简朴之感，一改国际主义的机械冷漠。简约的线条保留了北欧特有的味道，同时也拥有明式家具所特有的历史韵味，加上人工绑上的天然纸纤坐垫，优美的线条与触感，抽象美与功能上的人机结合，让 Y Chair 有一种莫名的亲切感，并让人深深地喜欢它。（图 4-80）

图4-81　回收余料再利用家具1

（四）回收余料再利用家具

让产品得以循环利用是绿色设计追求的目标之一，其中部分家具回收材料可作降级或降解处理，为新的家具生产提供原料。现阶段家具产品的重复利用率普遍不高，这应该成为绿色家具设计的一个努力改变的方向。（图 4-81、图 4-82）

图4-82　回收余料再利用家具2

1. 回收家具再设计

长期以来，废旧家具的回收再利用一直是困扰设计师和家具行业的难

图4-83　美国建筑大师弗兰克·盖里的瓦楞纸家具

图4-84　瑞典设计师Maria Westerberg的T恤编织椅

图4-85　废旧轮胎再设计坐具

题。随着家具淘汰周期越来越短，每年都会产生难以计数的旧家具，它们大部分被丢弃或者进入旧货市场，只有很少一部分真正被回收利用。对回收家具的循环利用包括对仍存在使用价值的零部件的翻新再利用和对降级处理后的家具原料进行再加工。比如对陈旧的木质家具进行拆分，将木料打磨抛光，去除损坏的部位，修补好瑕疵部位，对家具进行翻新制造，或是重新循环使用仍有使用价值的螺丝、连接件、金属、玻璃等没有损坏的配件。

2. 回收材料再利用

另一种是对其他回收材料的利用，比如使用废弃的瓦楞纸装箱、木屑、废纸、废布，等等。而纸张可以通过结构设计实现与传统家具一样的承重功能，但其重量只有传统家具的 20% ~ 30%，而且纸可以回收 15 ~ 17 次，能循环使用，节省自然资源。另外，纸张的另一个优势是回收和再利用工艺已经很成熟。

以美国建筑大师弗兰克・盖里（Frank Gehry）设计的瓦楞纸家具为例（图 4-83）。通常情况下，瓦楞纸被视为无承受力的、废弃的材料。但是，弗兰克・盖里正是利用人们普遍认为脆弱的纸张，制作了一系列造型独特的椅子，大大颠覆了普通人的思维习惯，给观众带来巨大的惊喜。

图 4-84 中这张色彩缤纷的 T 恤编织椅是获得瑞典绿色家具设计大奖（Green Furniture Sweden）的首奖作品，由年轻设计师 Maria Westerberg 创作（这也是作者的大学毕业作品），材料收集自她 40 位朋友的旧 T 恤，并混搭了奶奶的旧窗帘以及自己最心爱的破牛仔裤。这些来自朋友与家人的旧材料所拼贴出来的作品已经不只具备旧物再利用的价值，它还让一张平凡的椅子融入了生命的故事，从而拥有了独一无二的价值。

T 恤编织椅背后所传达的内涵是，希望每个人都可以依照自己喜欢的颜色选择旧衣服或是任何对你有情感意义的布料来装饰这张躺椅，希望未来每个人都可随意依照自己的喜好，更新与维护一张属于自己的椅子。一张如同拼布床单概念的椅子，除了旧物再生的绿色概念，还有着保存生命记忆与情感的意义（图 4-85）。

第三节　传统生物材料的利用与再设计

材料是人类赖以生存和发展的物质基础。生物材料（Biological Materials）又称生物工艺学或生物技术，其是应用生物学和工程学的原理，将生物材料、生物所特有的功能，定向地组建成具有特定性状的生物新品种的综合性的科学技术。

一、传统生物材料秸秆的再利用设计

（一）利用的意义

1. 可促进经济发展

许多自然生物材料都具有生长周期短、产量高的特点。对生物原材料收集并进行后期处理，将可再生生物材料纳入社会生产的范畴，不仅可以在不增加附加劳动的情况下增加农民的收入，解决部分农民的温饱问题，促进农村经济发展，同时还能提高人们的环保意识。

2. 缓解材料资源供给问题

针对固态废弃物质对环境的污染影响等问题，用生物材料替代一些传统工业材料，能够缓解材料资源供给问题和能源问题。

3. 可有效降低环境污染

自然生物材料一般都具有能够自然降解的特性，生物材料制品突出了绿色设计的理念和作用，可以有效降低环境污染。

4. 创造崭新的时代材质感

结合其他材料，整合应用，创造崭新的时代材质感，为人们带来生动有趣的视觉体验。

（二）秸秆再利用的设计案例

秸秆是成熟农作物茎叶部分的总称，通常指稻草、谷壳、麦秸、玉米秆、甘蔗渣、棉花秆、锯末、枯草、树枝叶等一切农林在收获籽实后废弃的部分。秸秆是一种多用途的可再生生物资源。

1. 秸秆成分分析

秸秆的特点是粗纤维含量高（30%~40%），并含有木质素等（表4-5），分解后可产生可再利用物质木焦油、木醋液、可燃气，其中分解的木焦油可做消毒剂、防腐剂，木醋液可用于土壤改良、除臭、食品保存，也可作为植物生长调节剂、饲料添加剂、饮料添加剂……800m^3的秸秆可燃气相当于500KW/h的电量，提取后的剩余物可制成秸秆炭提供能量。秸秆覆

表4-5　秸秆化学成分表

种类	木质素%	纤维素%	半纤维素%	果胶%	聚戊糖%
棉秆	22	50.23	75.10	3.51	19.21
麦秸	18.34	40.40	71.30	0.30	25.56
杉木	24.91	50.43	44.69	1.69	25.90

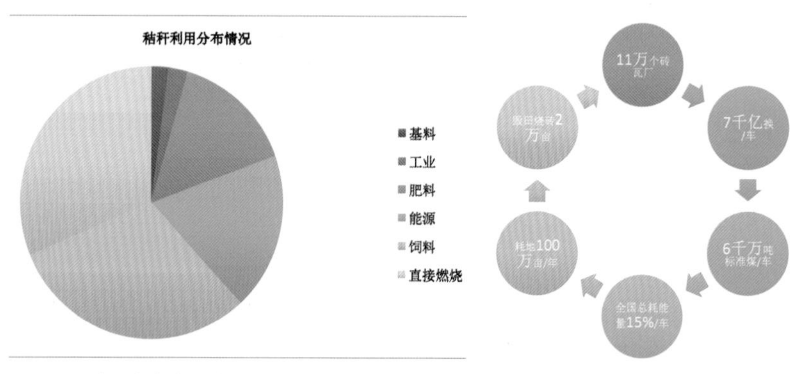

图4-86　秸秆在各行业的利用情况

盖地面还可隔离阳光对土壤的直射，对土体与地表温热的交换起调剂作用。

2. 秸秆利用现状

秸秆压块燃料作为新的商品能源已在一些行业得到了大量使用。而且因其密度高、热值高、形状规则、流动性好、方便实现燃烧自动控制，可以为企业节省能源成本。作为非燃料主要有以下特点：它是高效、长远的轻工、纺织和建材原料，既可以代替部分砖、木等材料，还可有效保护耕地和森林资源。

图4-87　秸秆保温砖

秸秆墙板的保温性、装饰性和耐久性均属上乘，许多发达国家已将“秸秆板”当作木板和瓷砖的替代品，广泛应用于建筑行业。针对传统建筑材料存在的诸多难以解决的问题，以秸秆为原材料的生态秸秆再生彩瓦凭借超群的品质获得了国家政策的支持。此外，经过特殊技术加工处理还可以将其制造成人造丝和人造棉，生产糠醛、饴糖、酒和木糖醇，加工成纤维板等。目前，秸秆在各行业的利用以直接燃烧的处理方式所占比最大，如图 4-86 所示。2010 年—2011 年，秸秆在工业上的利用增长 130%。

3. 秸秆相关案例分析

（1）建材类（秸秆砖、秸秆轻质隔墙板、秸秆彩瓦）。

随着人们对环境保护和再生资源有效利用的重视，秸秆越来越受到设计师的青睐，其中开发利用比较好的有泉林本色纸业，其采用新技术使秸秆变成了日常生活用纸，不仅在一方面缓解了造纸业因采用木浆而大量砍伐树木的问题，也给我们提供了另一个发展思路：秸秆不仅可用于施肥或工艺品制作，结合现代科学技术，还可以广泛用于其他领域。

对比材料 \ 秸秆	成本	克服缺点
石膏	1/2	强度低、不防水
木材	1/3	易燃、室内易朽
玻璃	1/10	易碎
红砖	1/2	施工率低

图4-88　秸秆轻体隔墙板和其他材质对比

如图 4-87 所示，秸秆作原料生产的保温砖。该保温砖使用后不需在墙体加保温材料，平均每立方米材料可节省近一半的价格。

图 4-88 为秸秆轻体隔墙板，可代替实心黏土砖块、瓷砖、涂料等，有体轻、便宜、耐水、保温、隔音、阻燃等优点。墙体厚度为红砖的一半，可增加近 15% 的使用面积，降低建筑物自重，大量节约钢筋和水泥并改善建筑功能，为建筑材料的更新开辟了一条新路。它必将成为今后 10 年内极具推广意义的建材主体。

图4-89　秸秆复合彩釉瓦

秸秆复合彩釉瓦（图 4-89）的生产原料以农作物秸秆、锯末及各种石粉为主，这些生产原料特别是农作物秸秆来源广泛，廉价易得，将这些废料变废为宝，加工成为彩瓦继续利用，是绿色设计深化的体现。基于中国建筑等行业的迅猛发展，其有非常大的市场空间。

秸秆建材既不需要毁田取土作原料，又保护了耕地，且使用寿命与水泥相同，可再生使用而不污染环境，被誉为绿色建材。这种秸秆绿色建材在美国、法国、日本等发达国家已应用了 20 多年，现风靡世界各地，在部分国家秸秆应用于建材的比例高达 80%，秸秆建材被各国誉为新世纪高科技绿色环保建材。

图4-90　自动化数控锅炉

（2）产品类。

① 秸秆作燃料的自动化数控锅炉。如图 4-90 所示，由东方麦田公司设计的新款自动化数控锅炉，其主要功能是以燃烧秸秆或者煤块来供能。这款锅炉改变了传统锅炉体积大、难安装、延伸难、操作劳动强度大等问题。锅炉在设计上的日趋完善和被重视，使秸秆等原材料得到了进一步的利用，在一定程度上缓解了能源问题，这也是秸秆作为燃料被逐渐重视的有利证明。

② 秸秆产品类。

图4-91　秸秆房

A. 秸秆房如图 4-91 所示。秸秆房轻质节能，冬暖夏凉，更重要的是万一遇到地震也十分安全，因为它每平方米的重量只有 3kg 左右。该安全房可以防震和节能隔热，受到了商品市场的青睐。因住到此房中同样可感受到普通楼房般的温暖和凉爽，在巴基斯坦，秸秆房已大面积投入使用，使当地资源得到了有效利用。秸秆房与同类活动房相比，它的特点是：由超轻质的秸秆制成，隔热，防水、防火强度大，防震效果好；性能稳定，不崩不裂，墙体不变形，坚固耐用，隔热防寒最理想。

图4-92　可降解秸秆花盆

B. 可降解秸秆花盆，如图 4-92 所示。将产品造型设计与模具设计相结合，可制作出形态变化丰富、适于生产的秸秆产品。秸秆花盆不仅造型简洁优美，而且在植物培育过程中可随植物一起种植到土壤中，经生物分解成为优质肥料，避免移栽过程造成根系损伤。

C. 秸秆塑料日用品，如图 4-93 所示。秸秆收购回厂之后，会依照程序进行加工，然后再将细加工后的秸秆跟 PP 塑料进行混合，倒入特定的压制机器中进行挤压等，从机器中得到秸秆造粒，最后将这些秸秆造粒进行高温熔化倒入模板中做成牙刷柄、梳子、日用餐具等生活用品。平均一天时间内，一吨秸秆可以生产出约 10 万把梳子。秸秆与塑料的搭配比例为，秸秆的含量最低达到 40%。如果跟聚乳酸混合，由于聚乳酸可以降解，这些制品能够 100% 降解。

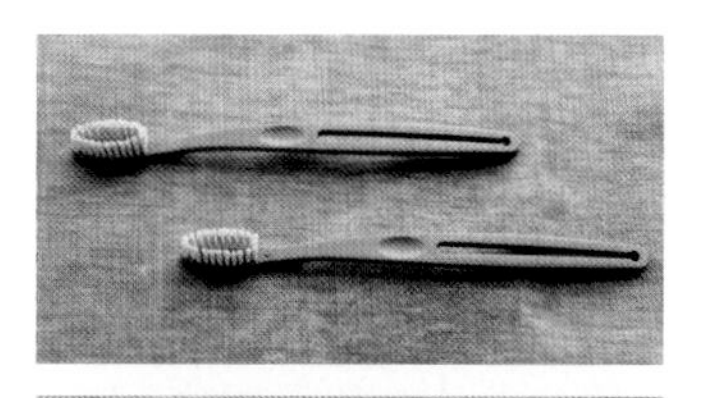

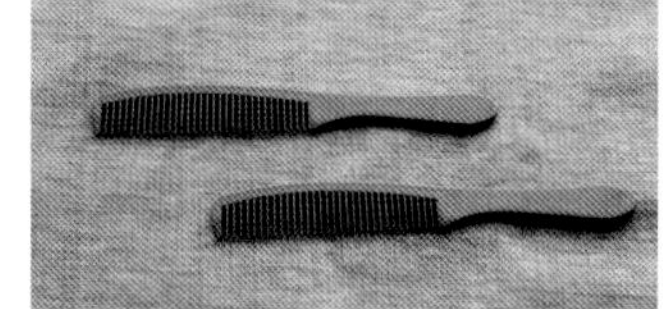

图4-93　秸秆塑料日用品

D. 秸秆编织类产品，如图 4-94 所示。编织是人类最古老的手工艺之一，中国编织工艺品按原料划分，主要有竹编、藤编、草编、棕编、柳编、麻编等。编辫是草编中最普遍的技法，它没有经纬之分，将麦秸或玉米皮等原料边编边搓转，编成 3 ~ 7 股的草辫，通常作为草篮、草帽、地席的半成品原料。草编大多存在于手工艺人或者以此谋生的农民手中，在产品类别中大部分属于生活家居类。

图4-94 草编生活家居类产品

图4-95 工业用物流托盘

4. 成型技术&加工制造

秸秆富含粗纤维，秸秆制品多综合采用物理、化学、电气、机械等技术原理，将经碾磨处理的秸秆纤维与树脂混合，利用高压、模压等机械设备成型。具体方法有两类：一是以人造板制造技术为代表的平压、辊压等平板成型法，制造的秸秆板材物理、化学性能优越，无污染，锯解、表面砂光、钻孔、握钉、胶黏等加工性能良好；二是将秸秆压制成型工艺原理与模具铺装或挤出成型方法相结合，适于制造造型变化多样、质感天然、外表光滑、色彩丰富的秸秆产品。

（1）秸秆产品在加工制造方面的流程。

下面将以物流托盘为例来讲解秸秆产品在加工制造方面的流程。一直以来，托盘多数以实木作为原材料，以满足托盘市场的需求。但随森林资源的日益减少，充分利用小径级木材、木材加工剩余物以及木质纤维材料越来越受到人们的重视。新兴植物纤维复合模压托盘（图4–95）是近年来国际上新兴的一种“植物性纤维复合材料”产品，这种轻质、高强度托盘使用了可延展环氧树脂体系并通过一次性模压成型工艺制成。它比木材托盘轻70%，耐磨损，具有很高的耐冲击性，由于没有钉子和锋利边角，操作更安全。此外，它们还具有抗紫外线和耐化学腐蚀等性能。

图4–96为物流托盘的模压成型工艺流程图：

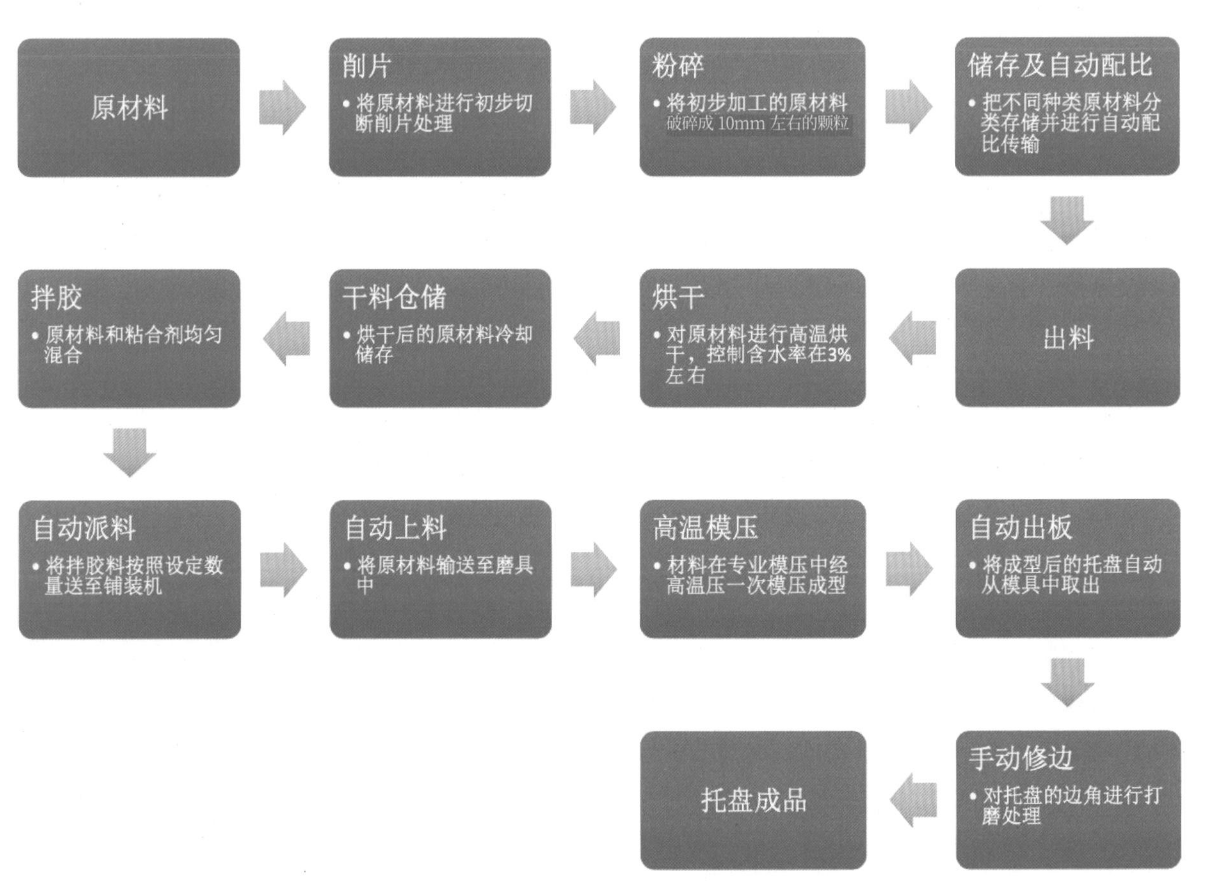

图4-96 物流托盘的模压成型工艺流程图

（2）发展趋势分析。

经调查，模压托盘如今占整个托盘市场份额的 3% 左右。2010 年之后的市场占有率和之前相比提升超过了 150%。而同比实木托盘的市场份额正在以每年 30% 的速度下滑，其所留市场主要被模压托盘所占有。在植物纤维模压托盘的目标市场方面，我国 90% 的木制托盘需要更新换代，是一个容量很大的市场。若能以秸秆为原料替代木材或黏土制成产品，只需利用不到 20% 的秸秆即可填补全部木材缺口。另外，由于秸秆利用属废物利用，可大大降低原料成本，同时其不受地域、气候、季节、环境影响，必定具有广阔的市场发展空间和极强的竞争力。秸秆相对于其他材料的优点分析如表 4-6 所示，可根据秸秆的优点来替代传统材料，实现绿色设计，有效降低环境污染。

表4-6　秸秆相对于其他材料的优点

塑料	自然降解，对环境无污染	← 秸秆
金属	废弃后无须工业加工，可直接回收利用	
纸材	不浪费森林资源，可缓解木材料资源短缺问题	
橡胶	成本低，简易可得	
陶瓷、玻璃	韧性大，与高硬度物体碰撞不易碎	

5. 秸秆与其他材料在产品中的综合应用案例

秸秆与其他设计材料在产品中的应用要综合考虑产品性质、造型结构形式、比例尺度等，合理选用材料，确定好不同材料的使用比例、位置关系。

秸秆的原生态会给人们的生活带来新意，在设计中将秸秆与其他材料结合应用可在一定程度上打破秸秆呆板、沉闷、不精致等缺点。秸秆与塑料均为不通透材料，搭配在一起会显得整体效果较笨重，产生头重脚轻的压迫感；秸秆与金属配置，金属镀铬工艺获得的强烈光泽感与镜面效果，层次丰富，具有现代感和时尚气息；秸秆与玻璃的配置将产品的实用功能与视觉效果衬托得相得益彰，秸秆的朴素自然与玻璃的晶莹剔透交相辉映，虚实结合，显得和谐而稳重。秸秆发展的新趋势：替代传统材料，突出绿色设计，有效降低环境污染；结合其他材料，整合应用，创造崭新的时代材质感。（图 4-97）

如图 4-98、图 4-99 所示，圆珠笔的材质以秸秆为主，并加入其他聚合物等经混合、模压后直接出模组装即可使用，制作简单。因为秸秆原材料的生产周期短，可降解性强，因而整只笔都可回收再利用，环保性很强，可以代替塑料、金属、木材等传统材料来缓解目前存在的能源紧张的问题。秸秆材料还可以加入不同颜色的着色剂以适用于不同的人群，拓展受众面。

图4-97　秸秆环保盒

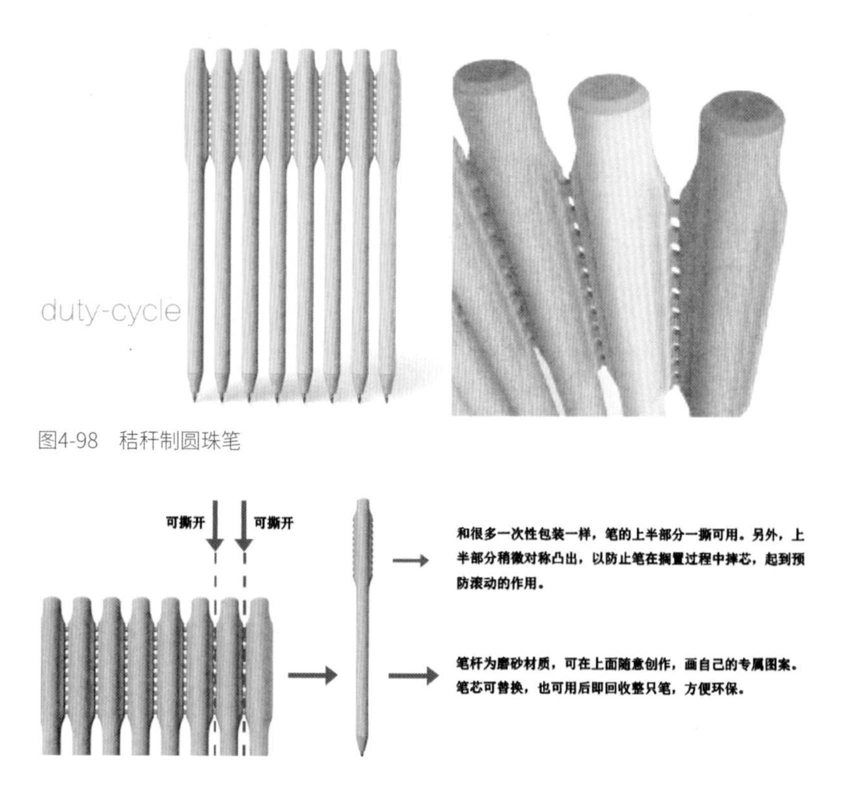

图4-98　秸秆制圆珠笔

图4-99　秸秆制圆珠笔介绍

3. 绿色照明灯具

秸秆和木头在材质上属于同种属性的材料，质暖、大颗粒，属热性物质，而光面塑料、玻璃、金属质冷、细腻、小颗粒，属于冷性物质，水泥属于冷性物质的同时，也是大颗粒物质。总体而言，秸秆与塑料、玻璃、金属的对比更加强烈，水泥次之，秸秆与木头的最大不同在于秸秆材质纹理微小，具有视觉整体性，而木头的无秩序纹理导致其具有特殊性，使其在视觉上与秸秆大不相同（以图 4−100 中秸秆和其他材料穿插的灯罩为例）。秸秆与其他材质搭配组合不仅环保，还能增加产品的多重发展方向。

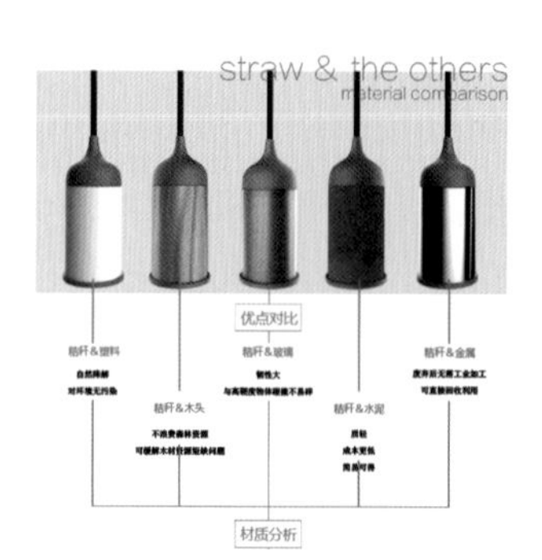

图4-100　秸秆和其他材料穿插的灯罩

二、绿色办公用品

办公用品，即指人们在日常工作中所使用的辅助用品。办公用品涵盖的种类非常广泛，包括文件档案用品、桌面用品、办公设备、财务用品、耗材等一系列与工作相关的用品。

（一）再生纸质办公用品及新型再生纸制造机设计

在我国，目前再生纸主要应用于纸板和纸箱、包装纸袋、卫生纸等生活用纸及新闻用纸和办公文化用纸等几个方面。其中作为办公文化用纸的绿色措施尚属起步阶段，一些商家开始生产再生纸办公用品，如复印纸、信封、信笺、名片、文件夹、文件盒、档案盒等。（图 4−101、图 4−102）

2008 年全国“两会”期间，会场和代表、委员驻地的办公用纸，全部采用了再生纸，使用的铅笔笔杆也由再生纸制造而成。据全国人大办公厅采购中心负责人介绍：“从两会的使用情况来看，大家对铅笔的质量没有提出异议，在保证笔芯性能的同时，环保举措也得到了大家的一致好评。”

在日常办公中纸张浪费相当严重，办公中用过的废纸必须经由专门的加工才能循环再用。日本著名打印设备制造商爱普生（Epson）推出了一款小型再生纸制造机（Paper Lab），放进废旧纸张就能制造出再生纸。（图 4-103）

该款制造机长 2.6 m，高 1.8 m，宽 1.2 m，它的体积比普通商用影印机要大。其使用方便，将废纸放进机器里面，按下启动键，3 分钟就能制造出首张再生纸，之后每一分钟能够制造出 14 张 A4 再生纸，但前提是要放入足够的废纸。

小型再生纸制造机使用了一种干纤维技术（Dry Fiber Technology），在不使用大量水的情况下就能制造出再生纸，相当环保。废纸被分解后，还能加入其他黏合剂制造出不同颜色和香味的纸张，纸张的尺寸和厚度也能根据需要制定。爱普生表示，机器安装很简单不需要额外连接任何东西，工作时只要少量水保持内部湿度即可。为了便于放置，今后还将进一步实现小型化。（图 4-104、图 4-105）

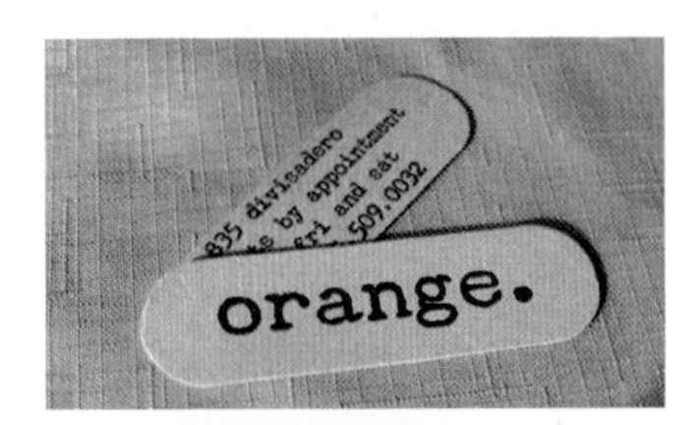

图4-101　再生纸名片设计1

图4-102　再生纸名片设计2

图4-103　小型再生纸制造机

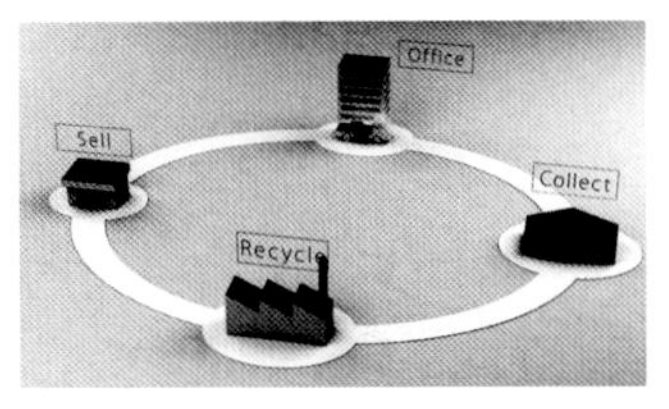

图4-104　小型再生纸制造机设备流转示意

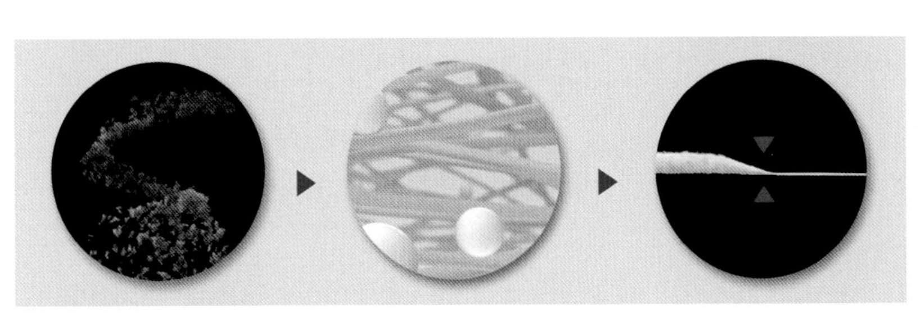

图4-105　纸张再生示图

（二）再生纸质文具

纸品设计作为文具设计的一部分在市场中占据了较大的份额，尤其是青少年市场。简单的纸品设计以纸张作为主要材料，包括记事本、便条本、账本、速写本等。国内的纸品设计基本上还停留在图形模仿与简单设计阶段，对功能栏目、纸质选择缺少尝试。市场的突破需要设计师能够自主开发出品牌，在尝试新型纸质的组合设计的同时针对不同消费群的使用感受进行研究开发，逐步提高设计水准，满足新时期青少年的审美需求，提升创新设计能力，并面向国际纸品市场。

1. 创意纸质文具设计案例

日本文具公司 KOKUYO 开发了一系列面向办公室年轻一族的文具盒类产品。因其构思巧妙，一经推出就受到了市场的热捧，一度在日本市场出现断货情况。此类产品外观漂亮，又极具个性，加之产品上印有广受欢迎的卡通形象，特别惹人喜爱，吸引了办公一族的眼球，取代了原来较普通的办公室文具。这种既实用又美观的新产品，拓宽了消费群，使年轻人成为消费主体，开辟出了一个新的市场。

2. 纸质文具的材料选择及要求

为装饰和美化文具盒，提高其商品价值，一般选用 F 型细瓦楞纸板裱糊白卡纸。一般瓦楞纸板的面纸都需要进行染色加工，颜色根据文具盒整体效果而定，选择大实地染色居多，而文具盒面纸要进行彩色胶印，并要上亚光油，所以就材料而言，与普通包装材料没有太大区别，只是装饰方法略有不同。出于使用方便考虑，此类产品采用自锁底盒的结构，也是普通包装的常用盒型，无须将盒底黏封，用户展开就能使用。（图 4-106）

为了适应社会和经济发展的需要，在保护生态环境和废物再生利用方

图4-106　一款纸质文具盒

面必须制定一系列相关法规，并在全国范围内建立“再生循环”的社会体系。在此基础上，对废物进行合理处置，把废物作为资源返还给人类重新加以利用，从而把产生的废物和对环境的污染降到最低限度，对社会与经济的可持续发展提供保障。

现在，生态产品已不仅限于废弃产品再生利用的“补偿型绿色设计”，一种新的“零排放”的设想正在逐步变为现实，即不仅要通过工厂内部的再循环，而且还要通过制造商间的再循环来把工业废物降到最低限度。“零排放概念”是在“联合国 21 世纪大会日程”上提出的，目的是要创建：① 一种通过改进各种工业加工手段来把对环境的负荷降到最低限度的系统；② 一个有利生态的工业系统，即通过各工业部门间有效、有组织的合作来转化资源和能源，从而把产生的废物和对环境的负荷降到最低限度。把“零排放”设想为“目的是要创造一个崭新的资源循环的社会，主要是把工业产生的所有废物作为资源用于其他领域，这样废物就减少到零”。这种在源头和过程中让生态环境问题得到解决的“零排放”设想就是我们所说的“适应型绿色设计”。

第四节　交通 / 移动工具绿色设计实践

一、新能源交通 / 移动工具

（一）新能源的开发与利用

1. 太阳能的利用

（1）太阳能的原理。

太阳能是由太阳内部氢原子发生氢氦聚变释放出巨大核能而产生的，来自太阳的辐射能量，主要表现就是我们常说的太阳光线。在现代一般用作发电或者为热水器提供能源。（图 4-107、图 4-108）

（2）太阳能的优缺点。

①优点：A. 普遍：太阳光普照大地，没有地域的限制，无论陆地或海洋，无论高山或岛屿，处处皆有，可直接开发和利用，便于采集，且

图4-107　太阳灶

图4-108　太阳能电站

无须开采和运输；B. 无害：开发利用太阳能不会污染环境，它是最清洁的能源之一，在环境污染越来越严重的今天，这一点是极其宝贵的；C. 量大：每年到达地球表面上的太阳辐射能约相当于 130 万亿吨煤，其总量是现今世界上可以开发的最大能源；D. 长久：根据太阳产生的核能速率估算，氢的贮量足够维持上百亿年，而地球的寿命约为几十亿年，从这个意义上讲，可以说太阳的能量是用之不竭的。

②缺点。A. 分散性：尽管到达地球表面的太阳辐射的总量很大，但是能流密度很低，平均说来，北回归线附近，夏季在天气较为晴朗的情况下，正午时太阳辐射的辐照度最大，在垂直于太阳光方向 $1m^2$ 面积上接收到的太阳能平均有 1000W 左右；若按全年日夜平均，则只有 200W 左右；B. 不稳定性：由于受到昼夜、季节、地理纬度和海拔高度等自然条件的限制，以及晴、阴、云、雨等因素的影响，到达某一地面的太阳辐照度是间断的、极不稳定的，这给太阳能的大规模应用增加了难度，为了使太阳能成为连续、稳定的能源，从而最终成为能够与常规能源相竞争的替代能源，就必须很好地解决蓄能问题，即尽量把晴朗白天的太阳辐射能贮存起来，以供夜间或阴雨天使用，但蓄能也是太阳能利用中较为薄弱的环节之一；C. 效率低和成本高：太阳能利用的发展水平，理论上在有些方面是可行的，技术上也是成熟的，但有的太阳能利用装置因为效率偏低、成本较高，现在的实验室利用效率也不超过 30%，总的来说，在经济性方面还不能与常规能源竞争，因而在今后相当长一段时期内，太阳能利用的进一步发展，主要受到经济因素的制约；D. 太阳能板污染：现阶段，太阳能板是有一定使用寿命的，一般 3~5 年就需要更换一次，而换下来的太阳能板很难被大自然分解，从而造成相当大的环境污染。

（3）太阳能的应用领域。

①热利用。太阳能光热利用的基本原理是将太阳辐射能收集起来，通过与物质的相互作用转换成热能加以利用。目前，使用最多的太阳能收集装置主要有平板型集热器、真空管集热器、陶瓷等。

②光电利用。清洁新能源太阳能的大规模利用主要用于发电。利用太阳能发电的方式有多种，而已投入使用的主要有以下两种。

A. 光—热—电转换，即利用太阳辐射所产生的热能发电。一般是用太阳能集热器将所吸收的热能转换为工质的蒸汽，然后由蒸汽驱动汽轮机带动发电机发电。前一过程为光—热转换，后一过程为热—电转换。

B. 光—电转换，其基本原理是利用光生伏特效应将太阳辐射能直接转换为电能，它的基本装置是太阳能电池。（图 4-109）

③光化利用。太阳能光化利用是一种利用太阳辐射能直接分解水制氢的光—化学转换方式。它包括光合作用、光电化学作用、光敏化学作用及光分解反应。（图 4-110）

④燃油利用。欧盟从 2011 年 6 月开始，利用太阳光线提供的高温能

图4-109　太阳能电池

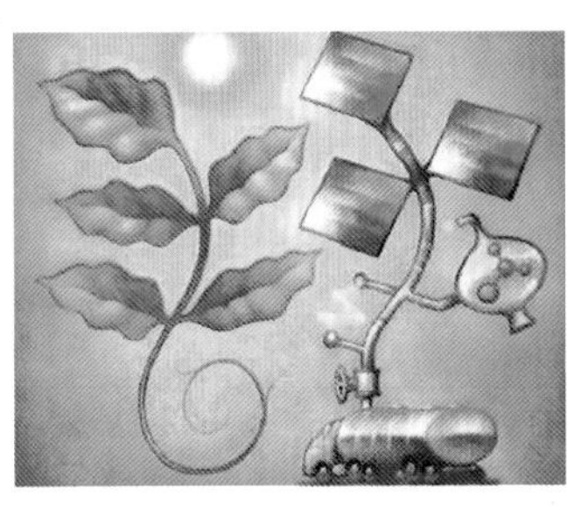

图4-110　光合作用

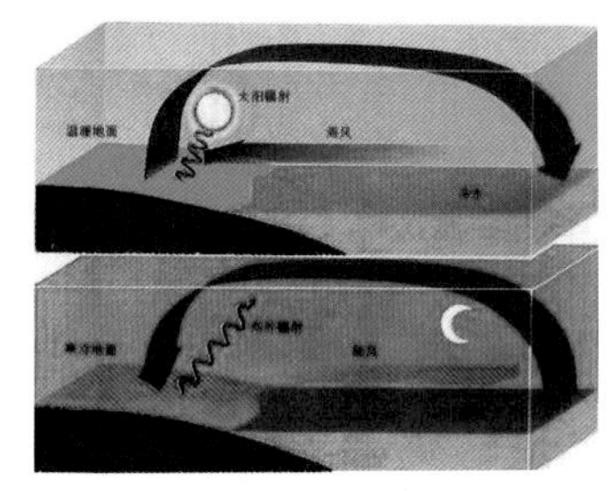

图4-111　海陆风

量，以水和二氧化碳作为原材料，致力于“太阳能”燃油的研制生产。研制设计的“太阳能”燃油原型机，主要由两大技术部分组成：第一部分利用集中式太阳光线聚集产生的高温能量，辅之 ETH Zürich 自主知识产权的金属氧化物材料添加剂，在自行设计开发的太阳能高温反应器内将水和二氧化碳转化成合成气（Syngas），合成气的主要成分为氢气和一氧化碳；第二部分根据费－托原理（Fischer-Tropsch Principe），将余热的高温合成气转化成可应用于市场的“太阳能”燃油成品。

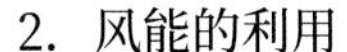

2. 风能的利用

（1）风能的基本概述。

风能（Wind Energy）指空气流动所产生的动能。由于太阳辐射造成地球表面各部分受热不均匀，引起大气层中压力分布不平衡，在水平气压梯度的作用下，空气沿水平方向运动形成风。风受环境的影响会产生不同的变化，了解一些关于风的常识有助于设计之时顺势而为。

（2）风能的利用形式。

①季风：理论上风应沿水平气压梯度方向吹，即垂直于等压线从高压向低压吹，但是地球在自转，使空气水平运动发生偏向的力，称为地转偏向力，这种力使北半球气流向右偏转，南半球向左偏转，所以地球大气运动除受气压梯度力的影响外，还受地转偏向力的影响。大气真实运动是这两力的合力。实际上，地面风不仅受这两个力的支配，而且在很大程度上受海洋、地形的影响，山隘和海峡能改变气流运动的方向，还能使风速增大，而丘陵、山地摩擦大使风速减少，孤立山峰因海拔高使风速增大。

②海陆风：所谓的海陆风也是白昼时，大陆上的气流受热膨胀上升至高空流向海洋，到海洋上空冷却下沉，在近地层海洋上的气流吹向大陆，补偿大陆的上升气流，低层风从海洋吹向大陆称为海风。夜间（冬季）时，情况相反，低层风从大陆吹向海洋，称为陆风。（图 4-111）

③山谷风：在山区由于热力原因引起的白天由谷地吹向平原或山坡、夜间由平原或山坡吹向谷底的风，前者称谷风，后者称为山风。具体来看，这是由于白天山坡受热快，温度高于山谷上方同高度的空气温度，坡地上的暖

空气从山坡流向谷地上方，谷地的空气则沿着山坡向上补充流失的空气，这时由山谷吹向山坡的风，称为谷风。夜间，山坡因辐射冷却，其降温速度比同高度的空气快，冷空气沿坡地向下流入山谷，称为山谷风。(图 4-112)

(3)风能的优点、限制及弊端。

①优点：A. 风能为洁净能源；B. 风能设施日趋进步，大量生产成本降低，在适当地点，风力发电成本已低于其他发电机；C. 风能设施多为非立体化设施，可保护陆地和生态；D. 风力发电是可再生能源，很环保，很洁净。

②限制及弊端：A. 风速不稳定，产生的能量大小不稳定；B. 风能利用受地理位置限制；C. 风能的转换效率低；D. 风能是新型能源，相应的使用设备也不是很成熟；E. 只有在地势比较开阔、障碍物较少的地方或地势较高的地方才适合使用风力发电。

(4)风能主要技术及发展。

①水平轴风电机组技术。因为水平轴风电机组风能转换效率高、转轴较短，大型风电机组经济性高，这些优点使它成为世界风力发电的主流机型，并占有 95% 以上的市场份额。

②风电机组单机容量持续增大，利用效率不断提高。近年来，世界风电市场上风电机组的单机容量持续增大，世界主流机型已经从 2000 年的 500KW~1000KW 增加到 2004 年的 2MW~3MW。

③海上风电技术成为新的发展趋势。目前，建设海上风电场的造价是陆地风电场的 1.7~2 倍，而发电量则是陆地风电场的 1.4 倍，所以其经济性仍不如陆地风电场，随着技术的不断发展，海上风电的成本会不断降低，其经济性也会逐渐凸显。

④变桨变速、功率调节技术得到广泛应用。由于变桨距功率调节方式具有载荷控制平稳、安全和高效等优点，在大型风电机组上得到了广泛应用。

⑤直驱式、全功率变流技术得到迅速发展。无齿轮箱的直取方式能有效减少由于齿轮箱问题而造成的机组故障，可有效提高系统的运行可靠性和寿命，减少维护成本，因而得到了市场的青睐，市场份额不断扩大。

⑥新型垂直轴风力发电机采取了完全不同的设计理念，并采用了新型结构和材料，具有微风启动、无噪声、抗 12 级以上台风、不受风向影响等优良性能，可以大量用于别墅、多层及高层建筑、路灯等中小型应用场所。

3. 探索综合能源的利用

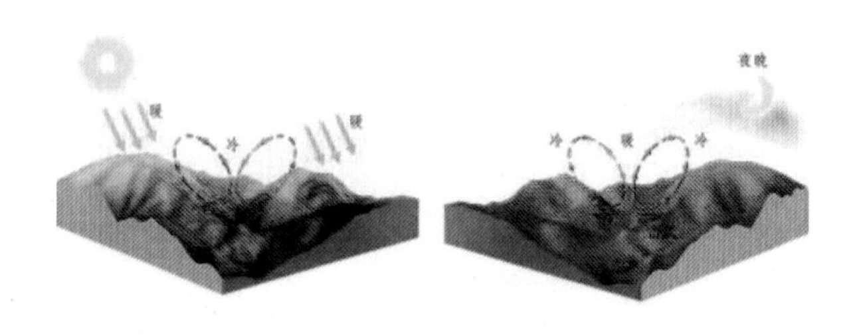

图4-112　山谷风

由于煤炭、石油等传统化石能源不可再生，并终将走向枯竭，因此提高能源利用效率，开发新能源，加强可再生能源综合利用，成为解决社会经济快速发展过程中日益凸显的能源需求增长与能源紧缺、能源利用与环境保护之间矛盾的必然选择。而打破原有各能源供用，如供电、供气、供冷、供热等系统单独规划、单独设计和独立运行的既有模式，在规划、设计、建设和运行阶段，对不同供用能系统进行整体上的协调、配合和优化，并最终实现一体化的社会综合能源系统，实现社会用能效率最优、促进可再生能源规模化利用。

（二）电动交通 / 移动工具

随着交通 / 移动工具的高速发展，汽车的生产量和社会保有量快速增加，尾气排放已成为主要的污染源。车用能源的需求量越来越大，严峻的能源问题成为全世界关注的突出问题。新能源开发对于改善人们生活环境、节约资源、减轻资源消耗压力有着深远的意义。

电动交通 / 移动工具的发展具有明显的环境效益，相对于燃油汽车其在减少尾气排放污染、减少噪声污染、降低能源消耗方面有明显优势。开辟车用新能源能减轻石油消耗带来的负面影响，而且能相应减少汽车尾气排放对环境的污染。

1. 电动交通 / 移动工具的形式

（1）纯电动交通 / 移动工具。以纯电动汽车为例。纯电动汽车是指以车载电源为动力，用电机驱动车轮行驶，符合道路交通、安全法规各项要求的车辆。目前各种类别的蓄电池普遍存在价格高、寿命短、外形尺寸和重量大、充电时间长等问题。

（2）混合电动交通 / 移动工具。混合动力汽车是指车辆驱动系统由两个或多个能同时运转的单个驱动系统联合组成的车辆，车辆的行驶功率依据实际的车辆行驶状态由单个驱动系统单独或共同提供。

混合动力车辆的节能、低排放等特点引起了汽车界的极大关注并成为汽车研究与开发的一个重点。混合动力装置发动机不仅持续工作时间长、动力性好，而且无污染、低噪声。

2. 电能的存储方法

（1）铅酸电池。电解液是硫酸溶液的蓄电池（图 4–113）。铅酸电池（VRLA）是一种电极，主要由铅及其氧化物制成。铅酸电池放电状态下，正极主要成分为二氧化铅，负极主要成分为铅；充电状态下，正负极的主要成分均为硫酸铅。

根据结构与用途，我们粗略地将铅酸蓄电池分为四大类：①启动用铅酸蓄电池；②动力用铅酸蓄电池；③固定型阀控密封式铅酸蓄电池；④其

图4-113　铅酸电池

图4-114　镍镉电池

他类，包括小型阀控密封式铅酸蓄电池，矿灯用铅酸蓄电池等。

（2）镍镉电池。镍镉电池是一种直流供电电池，可重复 500 次以上的充放电，经济耐用。其内部抵制力小，内阻很小，不仅可以快速充电，又可为负载提供大电流，并且放电时电压变化很小，是一种非常方便的直流供电电池。（图 4-114）

镍镉电池最致命的缺点是，在充放电过程中如果处理不当，会出现严重的“记忆效应”，使服务寿命大大缩短。此外，镉是有毒的，因而镍镉电池不利于生态环境的保护。众多的缺点使镍镉电池已基本被数码产品所淘汰。所以在绿色设计中，设计师要尽量规避设计使用镍镉电池的产品。

（3）镍氢电池。镍氢电池是一种性能良好的蓄电池。镍氢电池分为高压镍氢电池和低压镍氢电池。镍氢电池正极活性物质为 Ni（OH）$_2$（称 NiO 电极），负极活性物质为金属氢化物，也称储氢合金（电极称储氢电极），电解液为 6mol/L 氢氧化钾溶液。镍氢电池作为氢能源应用的一个重要方向越来越受到人们的关注。

图4-115　锂电池

（4）锂电池。锂电池是以锂金属或锂合金为负极材料，使用非水电解质溶液的电池。1912 年锂金属电池最早由 Gilbert N. Lewis 提出并研究。20 世纪 70 年代时，M. S. Whittingham 提出并开始研究锂离子电池。由于锂金属的化学特性非常活泼，使得锂金属的加工、保存和使用对环境有了非常高的要求，所以，锂电池长期没有得到应用。随着科学技术的发展，现在锂电池已经成为主流。锂电池大致可分为锂金属电池和锂离子电池两类。锂离子电池不含有金属态的锂，并且是可以充电的。（图 4-115）

（5）铁电池。目前，国内外研究的铁电池有高铁和锂铁两种，还没有厂家宣称其产品可以大规模实用化。高铁电池是以合成稳定的高铁酸盐（K_2FeO_4、$BaFeO_4$ 等）作为高铁电池的正极材料，来制作能量密度大、体积小、重量轻、寿命长、无污染的新型化学电池。

铁电池技术是世界新能源汽车领域最先进的技术，具有以下特点：

①高安全：铁电池在极端高低温和碰撞实验中“岿然不动”，表现出了极高的安全指数。

②低成本：铁原料资源丰富，容易从矿产资源中获取，铁的价格较低廉，为电动车商业化提供了条件。

③长寿命：电池的循环寿命是指在保证电池性能的前提下，电池可全充全放的次数。铁电池的循环寿命超过 2000 次，能满足电动车行驶 60 万公里，使用时长近 10 年。

④绿色环保：铁电池在生产和使用过程环保无污染，旧电池原材料可以回收再利用。

（6）氢燃料电池。氢燃料电池是使用氢化学元素制造成储存能量的电池。其基本原理是电解水的逆反应，把氢和氧分别供给阳极和阴极，氢通

图4-116　氢燃料电池

过阳极向外扩散和电解质发生反应后，放出电子通过外部的负载到达阴极，氢燃料电池具有无污染、无噪声、高效率的特点。（图 4-116）

①无污染：氢燃料电池对环境无污染。它是通过电化学反应，而不是采用燃烧（汽、柴油）或储能（蓄电池）方式——最典型的传统后备电源方案，

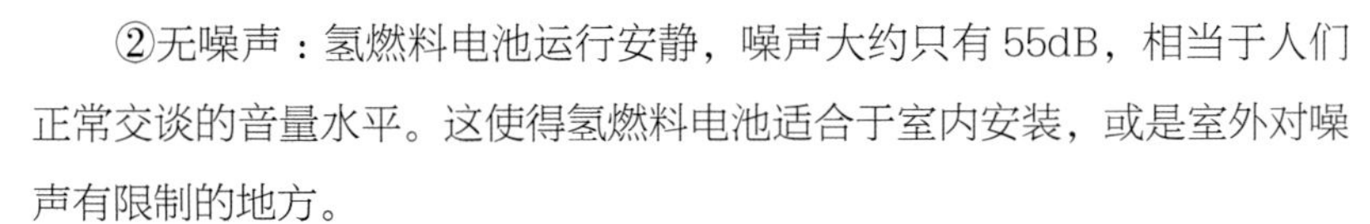

燃烧会释放像 CO_x、NO_x、SO_x 气体和粉尘等污染物。如上所述，氢燃料电池只会产生水和热。如果氢是通过可再生能源产生的（光伏电池板、风能发电等），整个循环就是彻底的不产生有害物质排放的过程。

②无噪声：氢燃料电池运行安静，噪声大约只有 55dB，相当于人们正常交谈的音量水平。这使得氢燃料电池适合于室内安装，或是室外对噪声有限制的地方。

③高效率：氢燃料电池的发电效率可以达 50% 以上，这是由燃料电池的转换性质决定的，其直接将化学能转换为电能，不需要经过热能和机械能（发电机）的中间变换。

（7）石墨烯电池。石墨烯电池是利用锂离子在石墨烯表面和电极之间快速大量穿梭运动的特性，开发出的一种新能源电池。

美国俄亥俄州的 Nanotek 仪器公司利用锂离子在石墨烯表面和电极之间快速大量穿梭运动的特性，开发出一种新的电池。这种新的电池可把数小时的充电时间压缩至不到一分钟。分析人士认为，未来一分钟快充石墨烯电池实现产业化后，将带来电池产业的变革，从而也会促使新能源汽车产业的革新。

二、乘用车绿色设计

（一）针对废弃及再利用的先期预案设计

1. 汽车回收再利用体系

以德国为例，在 2002 年建立了涵盖政府部门、汽车最终使用者、汽车生产企业、回收站、拆解厂、回收利用企业等相关方在内的报废汽车回收管理体系，如图 4-117 所示。

由汽车生产企业通过独立、联合、委托第三方等方式建立报废汽车回收站，汽车使用者将汽车送至指定品牌的回收站。根据欧盟规定，汽车生产企业需支付处理报废汽车的全部或大部分费用，因此汽车最终使用者在将汽车交付给经授权的回收站时，不必因为汽车没有市场价值而缴纳任何费用，实行免费回收。

由回收站统一将报废汽车移交至经认可或指定的拆解处理机构，这些拆解处理机构必须在获得许可证后方被允许从事经营活动。“ELV 指令 2000-53-EC”规定了这些拆解处理机构的最低资质要求，如报废车辆处理前的存储场地（包括临时存储）必须具备如下设施：

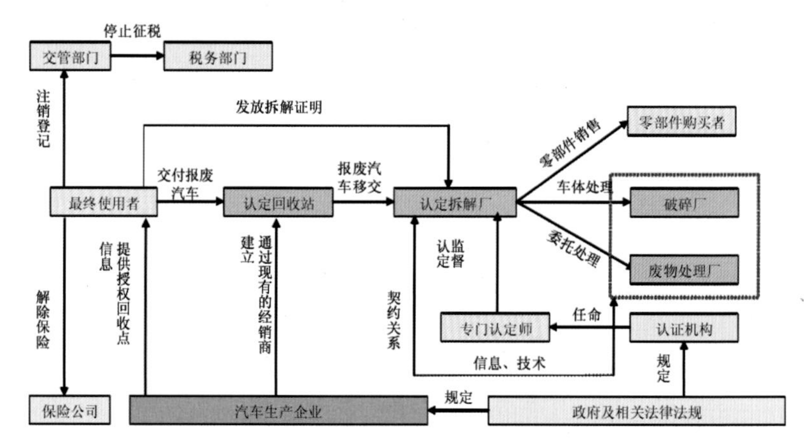

图4-117　德国报废汽车回收管理体系

图4-118　德国报废汽车的拆解粉碎处理过程

（1）配置滴漏收集设施，清洗洗涤器，清洗、除油设备，且场地可以防渗透。

（2）具有符合健康与环境法规的水（包括雨水）处理设备。

（3）拆下的零部件有适宜的存储场所，对于具有油污染的零部件应有防渗透地面。

（4）具有存储电池（原地或异地电解液中和）、过滤器和含 PCB/PC 冷凝器的适宜容器。

（5）具有分离存储报废汽车液体（燃油、机油、齿轮油、传动油、液压油、冷却液、防冻剂、制动液、电池酸液、空调液以及报废车辆内含有的其他液体）的适宜存储容器。

（6）用于存储废旧轮胎的适宜场所，包括防火措施和堆放过量预防措施。

报废汽车进入拆解处理机构后，必须严格按照拆解步骤进行操作，通常分为三个过程：首先是拆解，拆解回收能够再使用、再利用、再制造的零部件，除去有毒有害物质；其次是粉碎，粉碎回收金属废料；最后是 ASR 处理，分拣出塑料颗粒、纤维残渣等。以德国报废汽车拆解为例，其拆解粉碎处理过程如图 4-118 所示。

在德国，对于能够再使用、再利用、再制造的零部件，相关方都可以参与经营，但必须经过所属品牌的汽车生产企业授权。作为一个有利可图的行业，目前已经吸引了所有汽车生产企业的参与，这也恰恰更有利于零部件再制造与回收利用。

对整个拆解过程来说，粉碎 ASR 处理是关键，ASR 的残余量大小直接决定最后对环境污染的严重程度。汽车生产企业参与拆解技术和回收技术的研究，对这一问题的解决有极大的帮助。可以说在德国，汽车生产企业、汽车最终用户、回收站、拆解厂、回收利用企业等之间分工明确，相互间的职责和接口定义清晰，能在整个汽车生命周期过程中各司其职，有序运行，这种管理制度、政策体系有效的和行业发展融合。

2. 回收技术

（1）金属的回收利用。车用金属分为黑色金属和有色金属。

①黑色金属是指钢和铸铁。钢铁的回收利用方法主要有再使用、再制造和物理再利用，而且这些回收处理过程在国内都有较为成熟的实现方法，其中部分具有商业价值的零部件都开始了再制造。发动机再制造的主要工序是拆解、分类清洗、再制造加工和组装。同时，根据各个发动机零部件的性能不同，采用的再制造工艺也有差异。钢铁的物理再利用主要采用剪切、打包、破碎、分选、清洗、预热等形式，使废钢铁最终形成能被冶金业利用的优质炉料。同时，根据废料的不同形式、尺寸和受污染程度以及回收用途和质量要求，选用不同的处理方式。

②有色金属主要是指铝合金、镁合金、铜合金和少量的钛合金、铅合金、铂族金属。铝合金、镁合金及钛合金是使轿车实现轻量化的重要材料，铝合金在轿车中用量最大，镁合金在跑车上用得较多，钛合金因性能优良和价格高而主要用于高级豪华车。铜合金用于轿车散热器和电气装置，铅合金用于轿车上的铅酸蓄电池，铂族金属在汽车上的应用主要是尾气净化器。其他金属在轿车上用得较少。有色金属的回收利用技术主要是物理再利用。铅酸蓄电池含有有毒的铅，所以要合理回收，其物理再利用工艺有冶炼法、循环铅工艺、氢氧化物沉淀法、全湿法、硫化物沉淀法、综合回收法等。汽车尾气净化器中含有贵重的铂族金属，非常具有回收价值，其物理再利用工艺有空气—盐酸介质浸出法、酸浸法、酸溶—阴离子交换法、全溶法、选择性溶解法、铜捕集回收法、高温氰化法、氯化—干馏法、亚砜萃取法、整体式基体法、离子熔融法、等离子电弧炉熔炼法、硫酸盐化焙烧—水浸出法等。

（2）聚合物的回收利用。车用聚合物分为工程塑料和复合材料。

① 常用的工程塑料分为热塑性工程塑料和热固性工程塑料两类。

热塑性工程塑料在成型前即处于高分子状态。加热时材料会软化并熔融，可塑造成型，冷却后即成型并保持既得形状。而且，这个过程具有重复性。这类塑料的优点是加工成型简单，具有较高的力学性能。缺点是耐热性和刚性比较差。在工业生产中，热塑性工程塑料在数量上占绝对优势，大约占总塑料产量的 80％左右。常用的车用热塑性工程塑料有 PP、PE、

ABS、PVC、PA、PET/PBT、PMMA、PC、PTFE 和 POM 等。

热固性工程塑料是把分子量 1000 以下的一次性树脂加热融化，浇入模中加热，使一次性树脂连接成高分子树脂的成型品。其特点是初加热时软化，可塑造成型，但固化后再加热时将不再软化，也不溶于溶剂。它们具有耐热性高、受压不易变形等优点。缺点是力学性能不好，但可加入填料来提高强度。常用的车用热固性工程塑料有 PU、PF 等。

工程塑料回收的首要任务是对各类塑料的鉴别和分离。塑料鉴别法主要有物理特性鉴别法、综合鉴别法、燃烧鉴别法和红外光谱鉴别法等。塑料分离法主要有粉碎分离法、浮选法、电动分离法、摩擦筒分离法、温差分选法、湿浆法、溶液分选法、流体分离法和选择溶解分离法等。

工程塑料的回收利用方法主要有物理再利用、化学再利用和能量回收。工程塑料的能量回收是将废塑料燃烧，产生能量，并将燃烧的灰烬作为生产水泥的原料。（表 4-7、表 4-8）

②车用复合材料主要有高分子基复合材料、金属基复合材料和陶瓷基复合材料三种。另外，电子线路板是一种相对特殊的复合材料，在汽车电器和电子元件中广泛应用。

复合材料的回收利用方法主要有物理再利用、化学再利用和能量回收。复合材料的能量回收主要是 FRP 和电子线路板，前者的能量回收方法与工程塑料的能量回收方法相同，电子线路板的能量回收方法是将电子线路板热解发电，产生能量和焦炭等。（表 4-9、表 4-10）

表4-7　工程塑料的物理回收方法

序号	回收材料	回收利用产出	工艺
1	PP	建筑模板型材、竹塑复合板材、复合管材、建筑制品、聚丙烯颗粒等	挤压成型法、共混改性法、增韧改性法、熔融法、干粉共混法、填充改性法等
2	PE	塑料管材、桶状容器、周转箱、混合纤维、塑料地板、建筑用瓦等	挤压成型法、吹塑法、注射成型法、共混法、溶解法、塑炼法等
3	ABS	ABS 塑料漆、注塑组合物、再生 ABS 等	混合—搅拌—研磨法、共混法、低温粉碎法 / 浮选法 / 粉碎—分离法等
4	PVC	再生电线穿管、再生地板、再生凉鞋、防水卷材、活性炭纤维等	吹塑中空成型法、挤出法、捏合法、注射成型法、压延成型法、溶解法等
5	PA	玻璃增强尼龙、热熔衬胶、PP/ 胶粉复合材料、丙烯酸酯复合材料法等	溶解—重结晶法、改性法、搅拌—挤出法、混炼法等
6	PET	聚酯颗粒、涂漆、聚合物混凝土等	冷相造粒法 / 摩擦造粒法 / 熔融造粒法、溶解—研磨法、混合法等
7	PMMA	有机玻璃浆液、干式剥漆粉、建筑涂料、聚甲基丙烯酸多胺等	溶解法、研磨—混合法、聚合—涂料复配法、化学反应合成法等
8	PC	PC/ABS 塑料合金等	熔融混炼法等
9	PTFE	油墨的改性添加剂、再生 PTFE、POM 复合材料等	混合法、粉碎法、填充改性法等
10	PU	隔热材料、体育用垫、改性丁腈橡胶、PU 泡沫成品、板材等	混合法、混合—压制法、填充改性、黏结再生处理法、模压法 / 层压法等
11	PF	热固性混合料、涂料、胶黏剂等	混合—粉碎法等

表4-8　工程塑料的化学回收方法

序号	回收材料	回收利用产出	工艺
1	PP	C_3~C_{30} 烃类化合物等	催化裂解法、热裂解法等
2	PE	液体油等	催化裂解法等
3	PVC	燃料油、氯乙烯单体等	催化裂解法、热分解法等
4	PA	己内酰胺、己二胺、浇铸尼龙等	水解法、解聚—催化聚合法等
5	PET	乙二醇、对苯二甲酸二甲酯、聚酯绝缘漆、聚酯切片、苯二胺等	水解法、甲醇醇解法、醇解法、酯化法、氨解法、合成法等
6	PMMA	MMA 单体等	熔化金属盐法、过热蒸汽法、熔化金属法、蒸馏法、连续解聚法等
7	PC	双酚 A 等	超临界流体解聚法、近临界水催化解聚法等
8	PTFE	氟活性物质、低分子量的气体和油品等	辐射裂解法、高温裂解法、流化床热解法等
9	POM	甲醛单体等	酸解法等
10	PU	多元醇、聚醚、再生胶黏剂、环氧树脂固化剂、合成气等	醇解法、水解法、混合—溶解法、醇解法、解聚—固化法、气化法

表4-9　车用复合材料的物理回收方法

序号	回收材料	回收利用产出	工艺
1	FRP	改性不饱和聚酯树脂、SMC 的填充料、再生玻璃纤维增强 PF 等	填充改性法、压制成型法、机械回收法等
2	铝基复合材料	铝、废渣等	精炼法、熔融盐法等
3	电子线路板	塑料粉和金属、复合材料、海绵银和海绵钯、金属和玻璃纤维等	低温破碎工艺、机械分离法、直接冶炼法、共混法、火法、湿法、超临界 CO_2 回收法等

表4-10　车用复合材料的化学回收方法

序号	回收材料	回收利用产出	工艺
1	FRP	玻璃纤维 / 低分子烃混合物、不饱和聚酯树脂、丙酮和树脂、合成气和纤维等	低温热裂解法、化学回收法、反向气化法等
2	电子线路板	碳氢化合物和固体残渣、金、合成气等	热裂解法、硫脲法、微波热解法等

（3）橡胶的回收利用。

橡胶占汽车用材料比重的 5%，每辆车上多达 400 ~ 500 个橡胶件，包括减振零件、软管密封条、油封和传动带等，而轮胎是汽车中橡胶用量最多的产品，它约占轿车中橡胶件总重量的 70%。

橡胶的回收利用方法主要有再制造、物理再利用、化学再利用和能量回收。橡胶的再制造主要是废旧轮胎的翻新，橡胶再制造的工艺主要有预硫化法、热硫化法、胎面压合法、胎面浇注法、冷翻法等。

① 橡胶物理再利用的第一步是将废旧橡胶加工成胶粉。同时，为了提高胶粉的再生质量，通常采用的方法是活化，之后，胶粉或活化胶粉作为原料可以生产许多产品。橡胶的物理再利用工艺如表 4-11 所示。

表4-11　橡胶的回收再利用方法

序号	再利用方法	回收利用产出	工艺
1	生产胶粉	胶粉	空气膨胀制冷法、空气冷冻粉碎法、低温电爆粉碎法、LY 型液氮冷冻法、辊筒式常温粉碎法等
2	胶粉活化	活化胶粉	开炼机捏炼法、搅拌反应法、高温搅拌法、本体接枝改性法、包覆涂层法等
3	胶粉再利用	耐磨胶管、传动带、三角带、橡胶软枕垫、V 带底胶、全胶粉地板、防水涂料、彩色沥青瓦、建筑用泥桶、微孔鞋底、胶板等	混炼法、微生物分解法、母体法等
4	生产再生胶	再生胶	低温塑化脱硫法、快速脱硫法、螺杆挤出脱硫法、高温连续脱硫法、无油脱硫法、微波脱硫法等

② 橡胶化学再利用的工艺主要有密闭热裂解法、流化床热裂解法、催化裂解法等，其主要产出汽油、柴油、炭黑和橡胶颗粒等。

③ 橡胶的能量回收工艺主要是焚烧发电法，其主要产出电能、灰烬等。

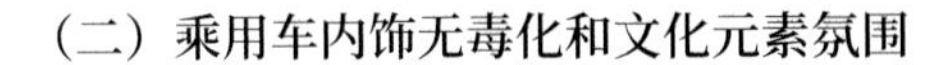

（二）乘用车内饰无毒化和文化元素氛围

1. 内饰无毒化

除了少数顶级豪华乘用车的内饰是手工定制的之外，大多数车都是由批量生产的各种零件组装而成，从座椅到安全带扣，都是由供应商运到车厂再进行装配，这些产品的原材料，其实在质量上很难做到严密把关，和食品生产领域一样，在市场利益的驱使下，有的厂商会将不合标准的有害物质掺杂在整车、零部件等生产中。

图4-119　石棉刹车瓦

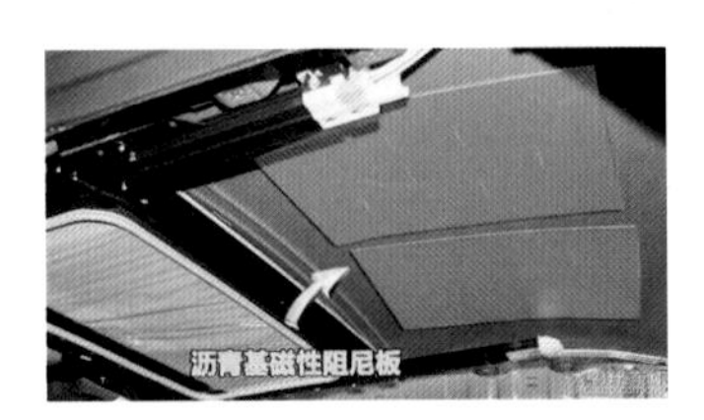

图4-120　沥青内饰填充

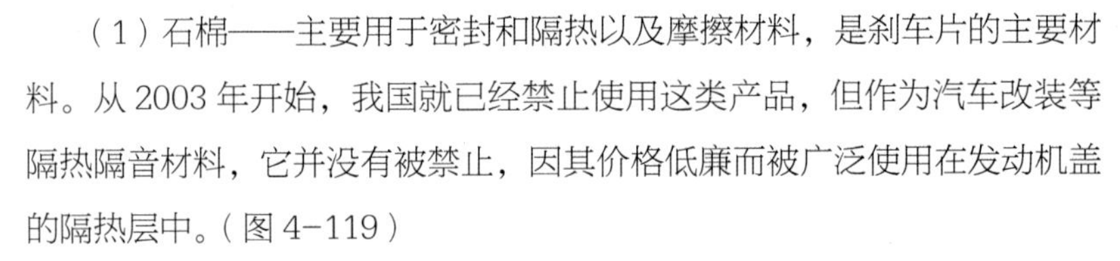

（1）石棉——主要用于密封和隔热以及摩擦材料，是刹车片的主要材料。从 2003 年开始，我国就已经禁止使用这类产品，但作为汽车改装等隔热隔音材料，它并没有被禁止，因其价格低廉而被广泛使用在发动机盖的隔热层中。（图 4–119）

主要危害：石棉纤维断裂后产生的微小纤维，尺寸比 PM2.5 还小，是典型的致癌物质。

（2）沥青——主要用于车身钢板贴合处的沥青阻尼片，作用是防震、降噪和隔热。国外一些发达国家早在 20 世纪 80 年代就逐步在车内淘汰和禁止使用沥青材料，因为在太阳暴晒及车辆发热时，紧贴钢板的沥青因受热极易分解老化，释放有害物质，并且这个过程会是长期存在的。（图 4–120）

主要危害：除了散发刺激性气味，还是典型的致癌物质。

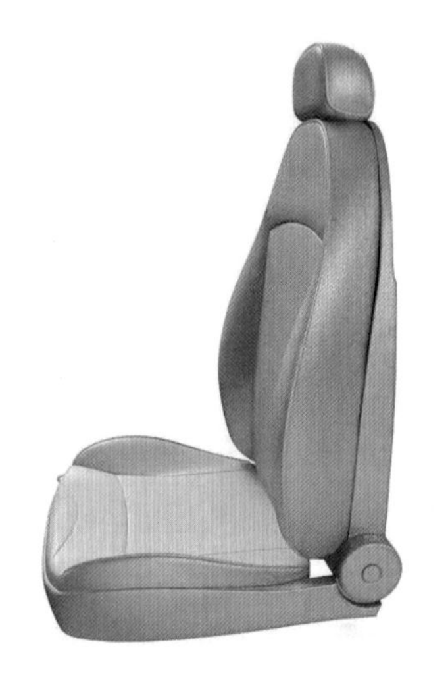

图4-121　聚苯乙烯车座

（3）聚苯乙烯——主要用于车厢座椅、包装膜等一些塑料零件上，因其是热塑性材料，加工方便，所以被广泛使用，不止内饰方面，汽车外饰零件也常用到它。不过目前兴起的 ABS 材料已经可以取代含苯材料了，ABS 塑料无毒无味，还兼具其他优点。（图 4–121）

主要危害：具有易挥发、易燃的特点，影响人的造血功能。

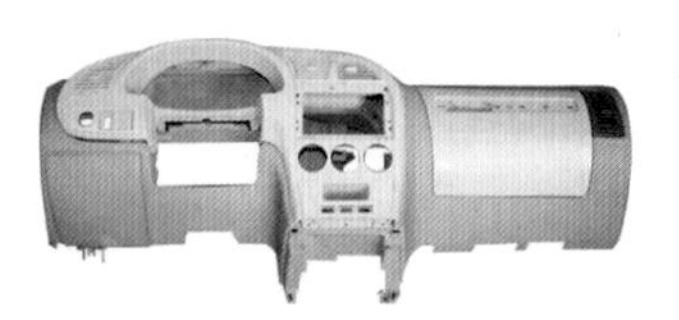

图4-122　含甲醛汽车内饰

（4）甲醛——主要在内饰零部件的黏合剂成分中存在，可以说是车内有毒气体的主犯。（图 4–122）

主要危害：在夏季高温时节，甲醛的挥发往往达到最高值，是诱发癌症和白血病的元凶之一。

2. 乘用车文化元素氛围

（1）健康和谐的汽车文化。

在现代文明的发展进程中，从汽车产业到汽车社会，再到汽车文化的演绎，都是汽车文明构建的历程。汽车文明强调人与车多重关系的良性转化，积极消除矛盾，转而构建更加和谐健康的发展之路。中国汽车文化的文明发展，就是要构建出健康和谐的、有中国特色的汽车文化，让汽车能够在生态文明建设中更有担当。

（2）汽车文化的特征。

汽车文化以汽车为载体，有汽车独有的文化气息。其特征主要表现为：

① 继承性，汽车文化有丰富的文化积淀，是优秀汽车文化保留与继承的产物；② 时代性，汽车文化是社会文化中的亚文化，以汽车为载体的发展形态，强调其所构建的文化要素是随着汽车的发展而体现出时代性；③ 创新性，创新是汽车属性的重要体现，从汽车性能、品质、外观等的不断革新足以看出，创新发展历程就是汽车文化的演绎；④ 民族性，汽车文化有血缘性，有民族特有的品质，汽车文化的民族性充分体现在汽车设计等方面，如法国汽车的典雅浪漫，美国汽车的大气，日本汽车的精致等都是每一个汽车品牌文化的民族性体现。

（3）汽车文化的表现形式。

汽车多元化的文化特征，决定了其文化表现形式的多样化。概而言之，汽车文化的表现形式有公共关系表现、传承与教育表现、美学与艺术表现等。这些表现形式的体现与现实发展，突显出汽车文化元素的构建，强调整体性发展。汽车文化引领着和谐健康的生活方式，并从多方面改变着我们的生活。

（4）中国汽车文化的反思。

中国汽车文化的发展，历经了汽车产业、汽车社会两个阶段，汽车文化逐步成为一种大众文化。汽车文化浓厚的商业气息、民族气血都是汽车文化多元化发展的现实需求。汽车成为现代生活中重要的交通工具，汽车产业发展带来的经济效益，是客观的；汽车对现代社会的建设发展起到的促进作用，是积极的。但随之而来的发展问题，让我们不得不思考当前中国汽车文化所面临的困境。

（三）移动及空间变化的概念创意

1. BMW——GINA

BMW——GINA 车身面料使用无缝织物材料，覆盖整个金属结构。基于这种设计，驾驶者可以随意改变车的外形。布料外壳覆盖在铝制框架

上，而此框架的变动则由电动与水压传动装置来控制，以便车主随意改变汽车的形状。（图 4–123）

图4-123　BMW——GINA

2. 日产“变色龙”汽车

日本尼桑公司运用纳米技术开发了一款能根据驾驶者喜好自动改变颜色的“变色龙”汽车。尼桑公司研发的这款变色汽车，外壳涂上一层纳米颗粒物质，这些颗粒能根据电流强弱的变化，改变彼此间的距离，从而使整个涂层的颜色发生变化。（图 4–124）

图4-124　日产“变色龙”汽车

3. 英国“圣甲虫”汽车

“圣甲虫”汽车拥有 4 个车轮和一个碳纤维车架，看起来更像是小型飞机的驾驶舱。“圣甲虫”可以使用多种能源做动力，既可以使用电池驱动，也可以使用生物燃料或燃料电池驱动。“圣甲虫”最大的优点就是节省空间。不用的时候，可以将其折叠起来，一个普通的停车位可以停放 4 辆“圣甲虫”。（图 4–125）

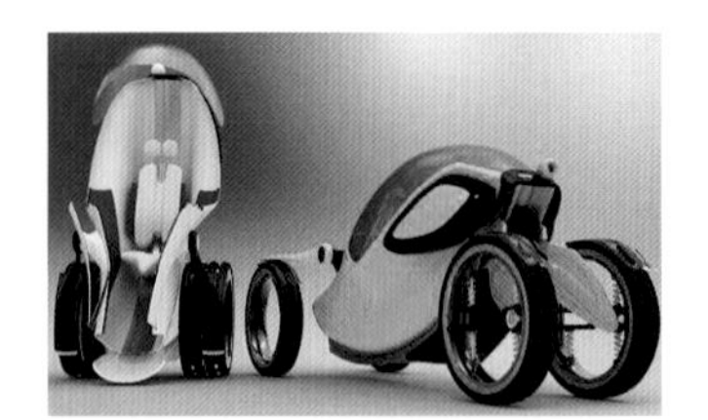
图4-125　英国“圣甲虫”汽车

4. 瑞典“Presto”汽车

Presto 神奇的伸缩变化来自车底中间的电动马达，转动两根长达 746mm 的金属螺杆，可推出固定于后底盘的低摩擦力精密套筒，把后车身像抽屉般轻巧地推出来。虽然车身长度可变，但车身扭曲刚性却是绝对够的，而且还有卡榫设计用于车长固定，以避免车长在行驶中发生变化。（图 4–126）

图4-126　瑞典“Presto”汽车

5. 老人乘用车

老人乘用车，又叫老年电动车、老年代步车、老年助力车，是老年人户外出行代步的理想车辆。其性能相对稳定，车速较慢，运用电力无须加油，故又称环保老年车，老年电动车所使用的能源有很多，主要有铅酸电池（含铅酸胶体电池）、镍氢电池、镍镉电池、镍铁电池、锂离子电池（常称之为锂电池）、燃料电池等。电池按电化学方式直接将化学能转化为电能。它不经过热机过程，因此不受卡诺循环的限制，能量转化效率高（40%~60%），几乎不产生 NOx 和 SOx。

三、特种车辆

（一）地震救援工作车

我国是一个地震灾害频发的国家，而且随着城镇化和城市现代化进程的推进，城市灾害的突发性、复杂性、多样性、连锁性（次生、衍生灾害和灾害的耦合性）和城市灾害后果的严重性更加突显。尤其是在城市市区或靠近城市的正下方所发生的地震灾害，往往是“一灾诱发多灾”，即出现连发性和复合性灾害。它的特点是地震所引起的一连串的灾害，有时比地震直接造成的灾害更严重。

地震救援装备按照用途可分为侦检设备、搜索设备、营救设备、动力照光设备、通信设备、医疗急救、个人装备、后勤保障设备、救援车辆共 9 大类。营救装备按照动力性质可划分为液压、气动、电动、机动和手动等。

地震救援工作车是集成卫星、短波、移动通信、光纤等通信方式，可随时随地与指挥中心联系的车辆，它可以搜集方圆 1km 之内的震区图像，并传回指挥中心。

2016 年 5 月 29 日，经过半年的设计、改造，从瑞士漂洋过海来到中国，落户河南省地震局地震现场指挥平台，成为河南省首台“超级地震车”，造价 468 万元，如图 4-127 所示。

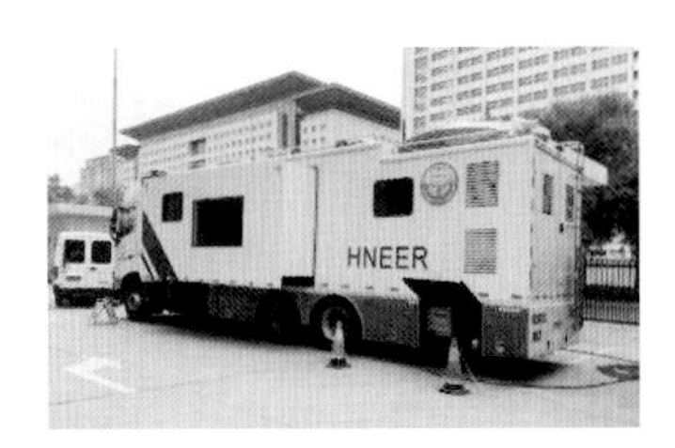

图4-127　“超级地震车”

1. 地震灾害紧急救援队的性质与结构

地震灾害紧急救援队人员要经过严格、规范、系统、科学的训练和培训，配备精良的救援装备，在地震灾害或其他突发性事件造成建（构）筑物倒塌时，实施紧急救援的专业救援队。救援队一般由搜索、营救、医疗和保障 4 个分队组成，其队伍的基本组成结构如图 4-128 所示。

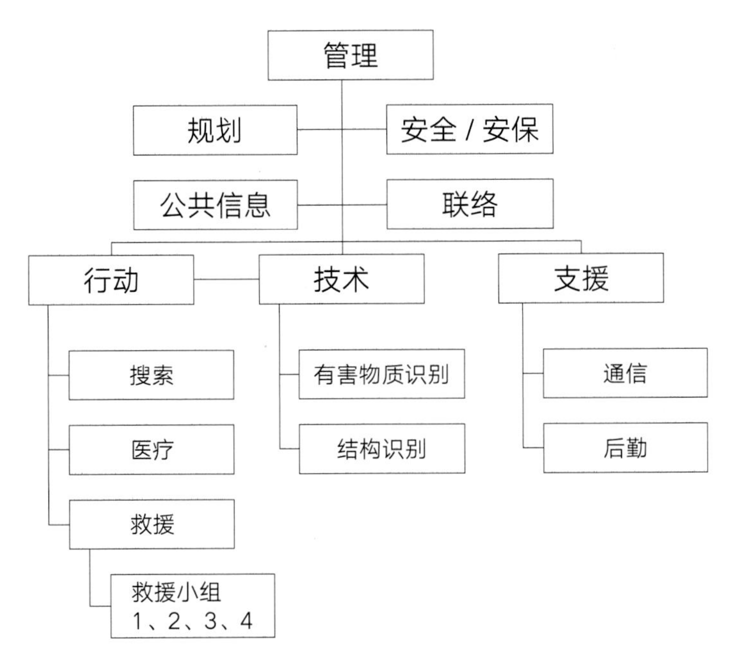

图4-128　地震灾害紧急救援队基本组成结构

2. 地震救援装备配备的基本要求

（1）体积小、重量轻、便于携带。

（2）易于启动和操作，安全防护性能好，维护保养方便。

（3）具有较强的功能拓展性、组合性和兼容性。

（4）地震救援装备常在狭小空间中使用，要充分考虑人体工程学的要求。

（5）应满足环境安全性的要求，避免对救援人员和被压埋人员构成危害。

3. 地震救援装备的开发方向

地震救援风险高、危险因素多、时间要求急、持续时间长。大震巨灾救援阶段要持续 200 小时左右，而且救援一旦展开将 24 小时不间断工作。这向救援人员的素质和救援装备的性能发起了严峻的挑战。历次大震巨灾的救援实践告诫我们，研发被压埋人员的快速定位技术、改进营救装备技术性能、提高救援人员个人防护技术及装备水平是实现科学、有序、安全、高效救援的重要条件。如微型救援仓、太阳能照明设备、小型多功能组合机械、遥控救援装备、多功能医疗救助器材、结构稳定性装置和余震报警装置等均是未来地震救援急需配备的装备和仪器。

（二）消防车

消防车又称救火车，指主要用来执行火灾应对任务的特殊车辆，包括中国在内的大部分国家消防部门也会将其用于其他紧急抢救任务。消防车可以运送消防员抵达灾害现场，并为消防员执行救灾任务提供保障。

消防车种类多样，功能复杂，可依据不同的标准进行分类，其中按消防车底盘承载能力可分为微型消防车、轻型消防车、中型消防车、重型消防车；按外观结构可分为单桥消防车、双桥消防车、平头消防车、尖头消防车；按灭火剂种类可分为水罐消防车、干粉消防车和泡沫消防车。

按水泵在消防车上的安装位置分类：前置泵式消防车，水泵安装在消防车的前端，优点是维修水泵方便，适用于中轻型的消防车；中置泵式消防车，水泵安装在消防车的中部位置，目前我国消防车大多数采用这一形式，优点是整车总体布置比较合理；后置泵式消防车，其特点是水泵维修比中置泵方便；倒置泵式消防车，水泵位于车架的侧面，后置发动机的机场救援消防车常采用这种形式，这样布置不仅可以降低整车的重心，也给检修水泵带来方便。

（三）救护车

救护车是指救助病人的车辆。车身上的“AMBULANCE”是反过来写的，这是为了让前面的汽车司机通过后视镜能直接看到正方向的 Ambulance 单词，从而迅速让道。

伴随着警示灯的闪烁和警报器的呼啸，救护车在赶往事故现场的途中所有的交通要道都会魔幻般地为它放行。司机可以在车行道边缘、人行道，甚至反方向上行驶。

现代救护车的内部比较宽敞，使救护人员在赶往医院的途中有足够的空间对患者进行救护处理。现代救护车内还配备了大量的绷带和外敷用品，可以用于止血、清洗伤口等医疗操作。车上还带有夹板和支架用来固定被救人员的肢体，还备有氧气、便携式呼吸机和心脏起搏除颤器等。大多数救护车上还配有病人监护仪，以便医护人员随时监测被救人员的脉搏和呼吸，这些检测数据可以通过无线电发送到医院诊疗系统中。

（四）送水车

送水车是专门运送水的车辆。生活中经常因为各种灾害需要为受灾地区运送饮用水。如图 4-129 的赈灾送水车，通过运用模块化设计理念，改良了取水方式，使水的分发效率显著提高，同时增加了节水过滤装置。

图4-129　赈灾送水车

四、人体能源交通 / 移动工具

（一）概念自行车

以色列的工程师兼自行车爱好者伊扎尔・加夫尼（Izhar Gafni）用再生硬纸板制造了自行车（图 4-130）。这辆自行车除了车胎和链条等配件材料，其余部分完全由回收利用的硬纸板制成，并且成本仅 12 美元。首先，伊扎尔将硬纸板裁剪为特定的形状，之后将纸板折叠、黏合、挤压，制成具备特定强度的自行车部件。之后，伊扎尔使用自己钻研出的技术再次处理这些部件，使其拥有更高的强度。最后，伊扎尔给自行车每个部件刷上松香进行防水处理，再同组装普通自行车一样把每个部件组装起来。

图4-130　再生材料自行车

墨西哥企业家 Alberto González 创办了一个名为 Green Code 的创业公司。他创造了 Urban GC1 纸自行车（图 4-131），这是世界上第一辆用再生纸制成的自行车。开发商介绍，这辆自行车比一般的城市自行车便宜，不必担心它被雨水淋湿，因其干后会恢复原状。

图4-131　Urban GC1纸自行车

以色列一名工业设计系大学生 Dror Peleg 的毕业设计是一台颜色鲜艳并且所有部件都是用再生塑料注塑而成的城市自行车（图 4-132），降低汽车尾气排放和减少工业垃圾都是他设计的初衷。

图4-132　注塑自行车

（二）便携交通 / 移动工具

1. 电动滑板车

电动滑板车是继传统滑板之后的又一滑板运动的新型产品。电动滑

图4-133　电动滑板车

板车十分节省能源，充电快速且航程远。整车造型美观、操作方便、驾驶安全。（图 4-133）

（1）技术提高。

① 由以前的单后减震增加为双后减震，骑行起来更为舒适放心。

② 电池可轻松拆卸，携带更方便。

③ 增加了车座位与车把的距离，即使 1.9m 身高的用户也不会感到腿部拥挤。

④ 电机加装散热片，较以前更加美观，同时使电机稳定性和使用寿命得到提高。

⑤ 大多数电动滑板车采用锂电池，高 120cm、宽 14cm、长 100cm，折叠后为 25cm × 14cm × 100cm，续航 30km，重 14.5kg，可轻松带上公交车、地铁、动车等。

（2）特色及优点。

电动滑板车外观非常时尚、小巧，可以折叠，可以带上公交车，适合在自家附近逛逛或去外面游玩，是个很好的便携休闲移动工具。

图4-134　平衡车

2. 电动平衡车

电动平衡车，又叫体感车、思维车、摄位车等，是现代人用来作为代步工具、进行休闲娱乐活动的一种新型的绿色环保的移动工具。市场上主要有独轮和双轮两类（图 4-134）。

（1）技术原理。

其运作原理主要是建立在一种被称为“动态稳定”（Dynamic Stabilization）的基本原理上，也就是车辆本身的自动平衡能力。以内置的精密固态陀螺仪（Solid-State Gyroscopes）和加速传感器来判断车体的姿态的变化，透过精密且高速的中央微处理器计算后发出的指令来驱动马达，以保持车身平衡。

（2）技术特点。

① 左右两轮电动车，独特的平衡设计方案。

② 集合了“嵌入式 + 工业设计 + 艺术设计”的产品创新技术，以嵌入式技术提升产品的内在智能化，从而适应当代产品数字化、智能化的趋势，实现由内而外的创新。

③ 产品信息建模，建立一套既包含产品形状特征，也包含用户认知意象的心理特征体系，并在此基础上进一步开发以用户对产品的最终要求驱动的产品生成系统。

（3）设计特点。

① 绿色环保。电动车采用蓄电池供电，对环境完全无污染，绝对绿色环保，并且可以反复充电使用。电动机的运行效率高，噪声低，既降低了噪声污染，也节约了能源。

② 无刹车系统。由陀螺仪检测角速度信号，加速度计检测角度信号，

然后融合得到两轮电动平衡车的精确角度信号，最后传输到单片机，让单片机的 PWM 模块控制两轮电动平衡车的电机正反转。这样既降低了能源消耗，又避免了刹车片的磨损。传统汽车可能出现刹车不灵的情况，这一点在两轮电动平衡车上完全不用担心。

③ 控制极其方便。仅通过人体的前后倾斜就可以改变两轮电动平衡车的前进后退以及运行速度，比传统的汽车方便灵活得多。转弯半径很小，基本接近 0，非常适合在小空间范围内使用，如大型商场、羊肠小道、人才市场、车间等。

在现实生活中，两轮电动平衡车已被一些特殊行业采用，如在 2008 年北京奥运会期间，行驶在北京街头的“赛格威”，当民警遇到可疑情况时候，就可以非常迅速做出反应，提高了工作效率。

第五节　公共服务设施设计实践

一、城市雨水收集循环利用

城乡户外设施和城市房外设施是城市发展的基础，是持续保障城市可持续发展的一个关键性的设施。它主要由交通、给水、排水、燃气、环卫、供电、通信、防灾等各项系统工程构成。

（一）道路雨水收集

城市道路雨水收集是针对城市开发建设区域内的屋顶、道路、庭院、广场、绿地等不同下垫面所产生的径流采取相应的措施进行收集利用，以达到充分利用资源和减轻区域防洪压力的目的。

案例：澳大利亚悉尼维多利亚公园道路建设

维多利亚公园社区是占地 24000m^2 的综合开发项目，包括为 5000 人提供中高密度住宅、商务及零售设施。与众不同的是，这里的道路交通体系除了能满足交通功能之外，同时还是一个具有路面雨水收集和处理功能的基础设施。（图 4-135）

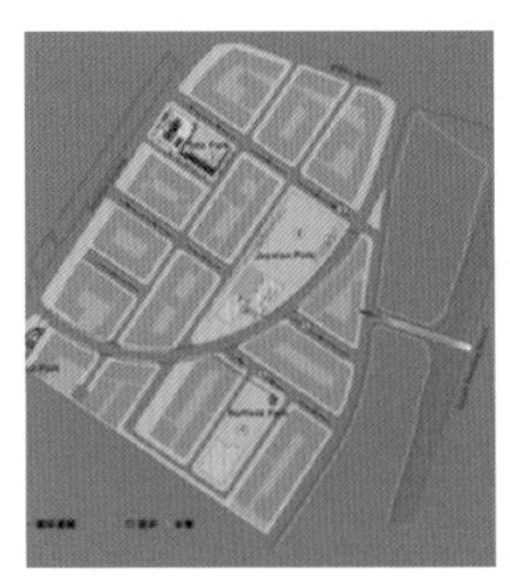

图4-135　维多利亚公园道路建设示意图

（1）道路绿化分隔带中除了有常见的行道树之外，还设置了长满植物、能够进行雨水收集和渗透的景观明沟。

（2）雨水经过植物和砂石过滤层后，先是被水管收集并储存到社区公园里的由四个水塘所组成的蓄水系统中。

（3）经过湿地处理，最终被作为绿地浇灌和水景的水源重复使用。当水面因蒸发而下降时，自动系统便会用蓄水水塘中的水进行补充。

建设意义：通过建立城市道路基础设施与公园绿地系统之间的联系，根据雨水自然循环过程来进行水敏感性城市设计，从而为达到包括雨水收集、调节旱涝、减少地表径流、水质净化、提供多样性的生物栖息地等多种目的，找到了一种可持续的发展途径。

（二）居住小区雨水收集绿化系统

以济南某住宅小区为例，对雨水资源可利用潜力进行分析，同时对雨水可利用量和需求量进行了计算，并对小区雨水利用方式进行了设计，设计师认为雨水收集系统的设计非常重要，尤其是车库顶部绿化地带的雨水收集。雨水收集采用塑料蓄排水盘，收集来的雨水可以贮存在小区人工湖内，进行简单的处理即可回用。处理流程如下：

1. 雨水收集系统

小区内车库为半地下大型车库，车库顶板进行了大面积的绿化，为了避免雨水、浇灌水下渗，并有效保证雨水的排蓄和植被的正常生长，所以车库顶板雨水收集系统的设计是非常重要的。车库顶部整体的排水及收集系统设计结构如图 4-136 所示。从上到下依次为植被、人工覆土、过滤层、排水蓄水层、防水层、找坡层、车库顶结构层。

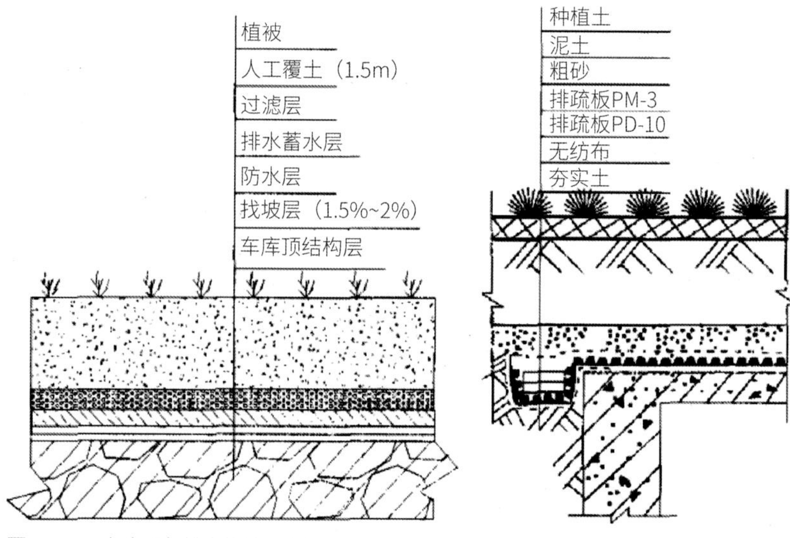

图4-136　车库顶部排水构造示意图

图4-137　车库顶板蓄排水层与排水孔示意图

传统的人工渗排水结构由粗砂滤层、砾石排水层和盲管（沟）组成。现常采用新型的塑料蓄排水盘代替传统的卵砾石作为排水层，如图 4-137 所示。在排水的同时还可以在凹处蓄积一部分雨水，具有保持土壤湿度、通气的作用。同时也兼具防水作用，可进一步保护顶板免受水的渗透与浸泡。 图 4-138 为一种塑料蓄排水盘示意图。根据上部建筑物与工程周边的排水情况，确定排水路径和坡度处理。利用找坡层对车库顶部进行汇水分区，以利于排放收集。

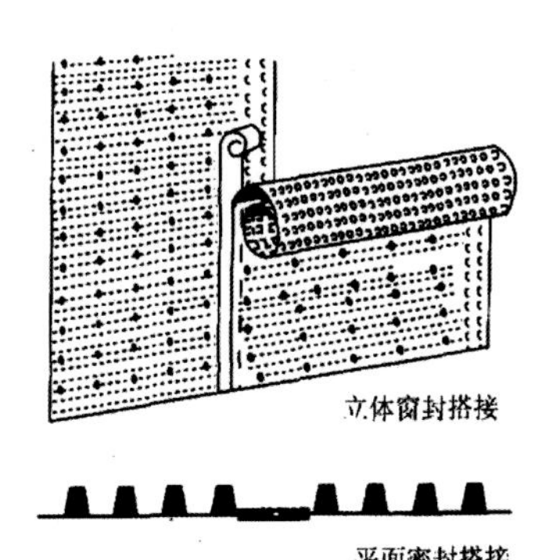

图4-138　塑料蓄排水盘

2. 雨水贮存系统

雨水收集后可利用小区的人工湖进行存储，或修建地下雨水调蓄池。

3. 雨水处理系统

小区的雨水主要用于绿化灌溉、浇洒道路和景观补充水等方面，通过对济南市城区和郊区不同地点的雨水水质的监测与分析，弃去前十分钟的初期径流雨水后，水质指标接近景观用水水质（GB/T 18921—2002）和城市杂用水水质（GB/T 18920—2002）的标准，可采用常规处理工艺，工艺流程如图 4-139。过滤和消毒均可以在贮存池中进行，节约了占地面积。

建设意义：通过对济南某小区雨水利用的计算与分析，可知雨水利用量能满足小区生活杂用水量的 47％，每年可节约自来水用量 20773.3m^3；在小区雨水收集系统中，车库顶部绿化带部分采用新型的塑料蓄排水盘，具有防水、保持土壤湿度、通气的作用。居住小区雨水收集绿化系统能产生良好的环境效益、经济效益和社会效益。

图4-139　小区雨水处理工艺流程图

（三）公共建筑雨水收集绿化系统

公共建筑雨水收集绿化系统是在城市广场绿化带、众多建筑区域、景观池等区域进行雨水收集，收集到的雨水资源可用于绿化浇灌、道路浇洒和景观用水等。

1. 德国柏林波茨坦广场雨水收集利用系统

波茨坦广场是德国柏林最具魅力的场所。其引人注目的建筑集餐馆、购物中心、剧院及电影院等于一体，不仅吸引着外地观光客，同样也是柏林本地人经常光顾的景点，每天大约有 7 万人光顾于此。这里的水景观能给游客留下深刻的印象，但是大多数的游客或许并不知道，波茨坦广场还是雨水收集利用的典范，所有景观用水都来自雨水。

（1）雨水收集及处理系统。

由于柏林市地下水位较浅，因此要求商业区建成后既不能增加地下水的补给量，也不能增加雨水的排放量。为此，开发商采用了如下方案：将适宜建设绿地的建筑屋顶全部建成“绿顶”，利用绿地滞蓄雨水，一方面可以防止雨水径流的产生，起到防洪作用；另一方面可以增加雨水的蒸发，起到增加空气湿度、改善小气候的作用。对不宜建设绿地的屋顶，或者“绿顶”消化不了的剩余雨水，则通过专门的已带有一定过滤作用的雨漏管道进入主体建筑及广场地下的总蓄水箱，经过初步过滤和沉淀后，再经过地下控制室的水泵和过滤器，一部分进入各大楼的中水系统用于冲刷厕所、浇灌屋顶的花园草地，另一部分被送往地上人工溪流和水池的植物与微生物的净化生境（清洁性群落生境），形成雨水循环系统，完成二次净化和过滤。（图 4-140）

图4-140 波茨坦广场雨水收集利用系统示意图

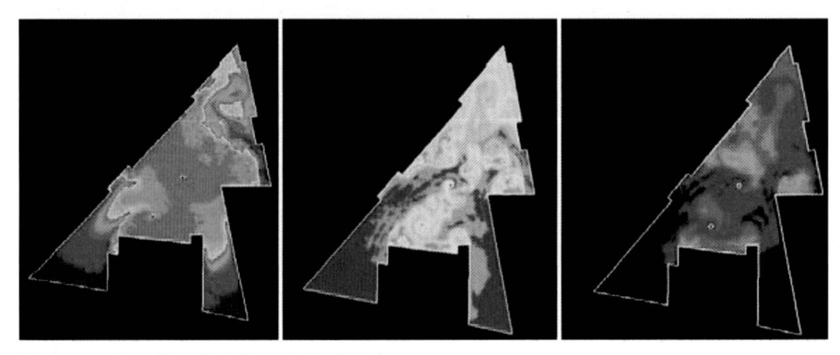

图4-141 波茨坦广场水质自动监测系统

而地下总蓄水池又设有水质自动监测系统，当水面因蒸发而下降时，系统便会自动用蓄水箱中的水进行补充。值得一提的是，这里应用了计算机模拟水池中水的流动来确定植物净化生境的布置，以及进出水口位置以避免死角的出现。（图 4-141）

（2）打造自然生态环境。

雨水净化的景观由北侧水面、音乐广场前水面、三角形主水面和南侧水面 4 部分水景系统构成。（图 4-142）

通过人工水系将都市生活与自然元素融为一体，不仅净化了雨水，同时还为这个喧嚣拥挤的城市增添了亲近自然的公共空间，其中索尼中心大楼前水柱四溅的喷泉周围是最聚人气的地方。（图 4-143）

2. 荷兰鹿特丹雨水广场

近年来，随着全球变暖，极端灾害性天气出现的频率逐年增加，许多城市频繁遭遇强暴雨袭击，部分城市排水系统难以担负起突如其来的大量雨水，导致雨水无法在短时间内排走。尤其对于像鹿特丹这样地处海平面以下的城市来说，问题尤为突出。

为了解决这一问题，荷兰的城市规划师与工程师制定了一套“水规划”，通过采用景观与工程相结合的统筹途径，将城市内有效蓄水与公共空间结合起来，进而发展出包括下沉广场、灵活的街道断面、水气球，以及拦截坡面堤坝等多个公共空间原型。可以根据具体环境的尺度、空间的使用、储存雨水的能力要求应用于不同的地点。鹿特丹雨水广场就是在这一“水规划”指导下具体实施的诸多原型之一。

（1）雨水收集及处理系统。

广场主要由运动场及其中的山形游乐设施两个部分组成。运动场相对于地平面下沉了 1m，周围是人们可以用来观看比赛的台阶。山形游乐设施由多个处于不同水平面的可坐、可玩、可憩的空间组成。广场的周边由草地与乔木围合而成。大多数时候（几乎一年中 90% 的时间）雨水广场是一个干爽的休闲空间，即便在雨季，广场仍能保持干燥，雨水将渗入土壤或被泵入排水系统。只有当遭遇强降雨时，广场才会一改往常的面貌和功能，暂时储存雨水。收集来的雨水将从特定的入水口流入广场的中央，并且水的流动过程，完全可视化。该设计还确保了广场被淹没是个循序渐进的过程，短时间的暴雨只会淹没雨水广场的一部分。届时，雨水将汇成溪流与小池，孩子们可以在其间戏水游乐。（图 4-144、图 4-145）

之后，雨水将在广场中停留数小时，直到城市的水系统恢复正常。若

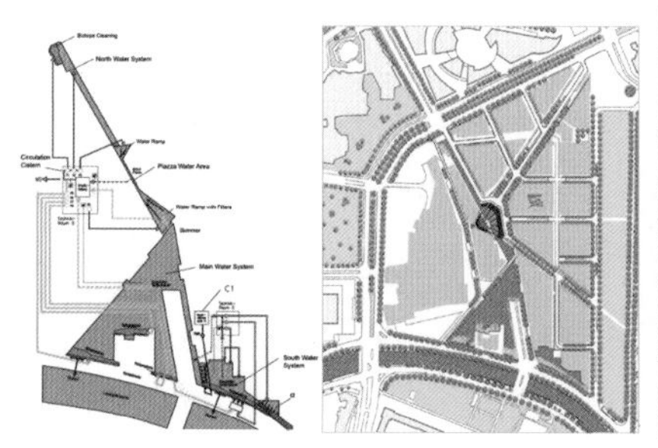

图4-142　波茨坦广场雨水收集利用系统规划图

图4-143　波茨坦广场索尼中心大楼前

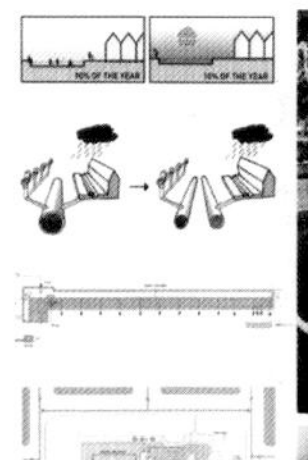

图4-144　荷兰鹿特丹雨水广场示意图1

图4-145　荷兰鹿特丹雨水广场示意图2

暴雨延长，雨水广场将逐渐浸泛，直到运动场被淹没，广场则成为一个名副其实的蓄水池。此时，那些大胆而不怕湿身的人会下去享受雨水广场带来的乐趣。

广场最多可以容纳 1000m^3 的雨水。一般雨水不会在广场里储存太久，最长只有 32 小时，这种情形理论上两年才会发生一次，所以一般不会出现卫生问题，即便是在炎热的夏天。

（2）安全性问题。

另一个议题是当雨水注满广场时的安全问题。为此，设计师采用了一套结合公共空间美学的警示系统，这套系统通过色码灯对水深做出指示。不同颜色的灯标识雨水广场不同的标高（颜色从黄转为橙，最后再到红色），水位越高红灯越多。此外，简单的边界护栏可以防止低龄儿童进入注满水的广场。

通过景观途径将雨水储存与公共空间相结合，平时该空间所行使的功能和其他公共空间没有什么两样，但在暴雨时，该空间可以被用来暂时储存雨水。因此，许许多多这样的雨水广场在成为城市独特风景线的同时，又起到缓冲雨水、改善城市水质的作用。同时，省下来的建设地下排水基础设施的钱可以用来建造更多、更好的城市公共空间，可谓一举多得。

3. 北京鸟巢雨水收集利用系统

北京鸟巢雨水收集利用系统，在地面设施下方，安装有过滤膜、渗滤沟、雨水收集池以及泵站等，这样组成了一套整体性的公园雨水利用系统。北京鸟巢雨水收集利用系统应用了奥运全球合作伙伴——美国 GE 公司的纳滤膜技术，系统收集的雨水经过微滤、超滤、纳滤三重净化后，就能投入回用。在我国大型公共建筑领域中该技术的运用成为典范。（图 4-146）

图4-146 鸟巢效果图

（1）雨水收集系统。

考虑到地下建筑的范围和雨水收集的可行性，经计算，在南流域内共建设 5 个蓄水池，其中一个用于收集中心赛场内的雨水，容积为 1000m^3，其余四个用于收集体育场屋面和周边场地的雨水，每个贮水池容积为 2700m^3。五个蓄水池的分布和各自负担的区域如图 5-147 所示。北流域设计建设一个容积为 2700m^3 的雨水蓄水池，用于收集热身场和周边地面的全部雨水。

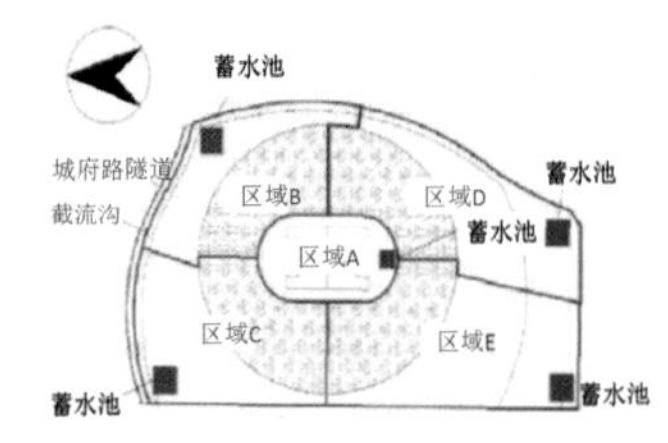

图4-147 南流域蓄水池分布和负担区域

雨水系统由重力系统、集水槽和虹吸系统三部分组成，在屋面排水天沟中设置重力雨水斗，约 500m^2 范围内的膜单元及其围护结构内的雨水以重力排水方式接入悬吊在屋面主围护结构梁下的一个水平集水槽中，集水槽内设置虹吸式雨水斗。两三个相近标高的集水槽内的虹吸式雨水斗由一条虹吸排水悬吊管和立管相连，立管沿建筑外围框架的指定位置的钢制立柱下降到楼板下，沿顶板敷设直到出户排入建筑物周围的雨水管道系统。（图 4-148）

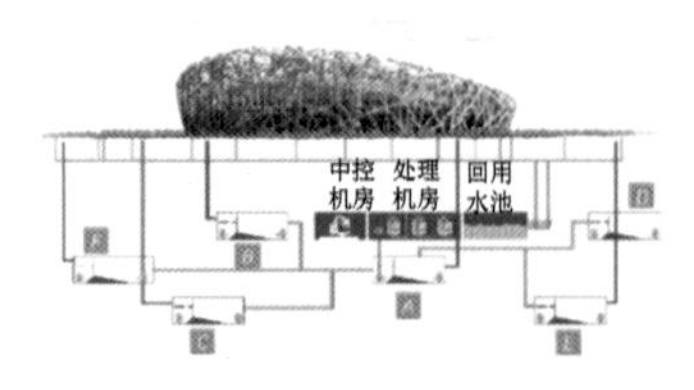

图4-148 鸟巢雨水收集示意图

（2）雨水处理系统——GE 水处理系统。

微滤可去除水中的悬浮物、胶体等污染物，如花粉、毛发、煤灰、颜料等；超滤则以小孔径膜技术滤去水中的细菌和大分子物质，如石棉、炭黑。常规的水处理到这一步就已经达到中水标准。GE 公司提供的纳滤膜技术是鸟巢地下雨洪回用系统的核心技术，它对经过前面两步净化过的水做进一步处理。纳滤可以过滤掉二价金属离子，如钙、镁等水溶性盐。经过这三重净化的水质，已基本接近饮用水标准。（图 4-149）

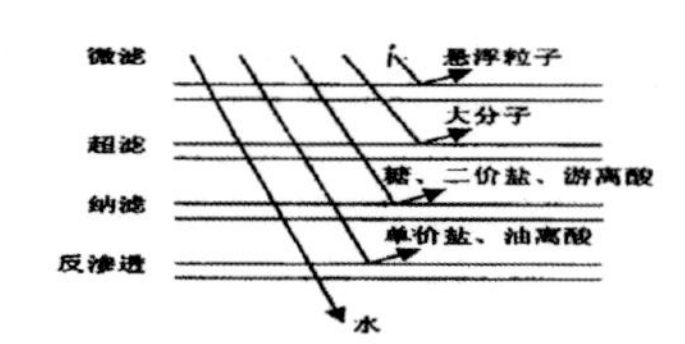

图4-149　微滤、超滤、纳滤三重净化步骤示意图

该系统利用地下积水池最高可每小时处理 100 吨雨水并产生 80 吨可回用水。回收的雨水用于景观绿化、消防及卫生清洁，直接节约了体育场的常规用水消耗成本。相比传统占地面积大且添加化学药剂的水处理方式，这项技术通过非化学方式进行水处理，不仅占地面积小，而且直接安装在地下室，能完全满足场馆对空气、噪声等严格的环境要求。

二、临时服务设施和公交站点

（一）临时服务设施

临时服务设施指用于在一定时间内进行非固定售卖的，或者从事其他服务活动的设施，具有流动性、轻量化的特点。

1. Sweet Pea 冰激凌车售卖系统

Sweet Pea 是一个冰激凌品牌，电动冰激凌售卖车和可完全降解冰激凌包装为其环境友好型的品牌形象的塑造打下了良好基础。（图 4-150）

（1）电能冰激凌车。

作为全球第一台 100％电力冰激凌车，它具有无污染的优点。这些卡车配有制冷设备，用于储存和流动出售 Sweet Pea 自制冰激凌产品，包括冰激凌、冷冻酸奶、果汁冰糕和各种口味的水冰（冰激凌产品），且这些制冷设备均为电能驱动。（图 4-151）

图4-151　Sweet Pea车体宣传海报

（2）可自然降解的纸制品包装。

Sweet Pea 的临时售卖包装全部使用生物降解制品，如竹节等作为包装原材料。（图 4-152）

图4-150　Sweet Pea 冰激凌售卖车

图4-152　Sweet Pea纸制冰激凌碗

图4-153 Redesigning Food Trucks车体

2. Redesigning Food Trucks

美国最大的食品卡车制造商 AA Cater Truck 制造的食品卡车的新车价格为 12.4 万美元，经过重新设计后售价可以达到 25 万美元。设计师 Andrea Lenardin 说希望这个食物售卖车可以成为一个人性化的、环保的售卖体系，而不仅仅是一辆冰冷的铁皮车体。(图 4-153)

(1) 太阳能的使用。

Andrea Lenardin 在太阳能电池板屋顶上安装了光伏电池。这种能量可以保证多种设备同时运行。

(2) 食用油的再使用。

共同设计者 Natasha Case 说，为了获得额外的绿色能源，卡车的燃料将被会替换成炸过食物的油，这实现了食用油的二次使用。

(二) 公交车站

1. 现状分析

通过对部分城市公交候车亭系统设施的调查，发现目前公交车站的现状如下：

(1) 设计不够人性化。

现有的候车亭大多数没有任何遮挡物，遇到极端的天气，人们在此候车就显得格外“艰苦”。另外，候车的乘客还会在等车期间被迫吸入大量的汽车尾气等有害气体。

(2) 外观设计千篇一律。

大量的不锈钢材质亭棚、大幅面的滚屏广告设计、站牌设计的布局、字体也几乎相同，各城市区域的公交候车亭极其相似、毫无新意。

(3) 功能性流于形式。

虽然有指示标牌，但对于外地人或老年人来说，却不易理解，乘错车的现象时有发生；在雨天，候车亭里还是站满了撑着伞的乘客。

2. 需求分析

对调研的结果进行分析总结，新型环保公交车站功能应包括：

(1) 空气质量检测及污染或尾气处理：让乘客能有一个健康的候车环境。

(2) 实现供电节能化：要求环保而且节约能源。

(3) 候车亭内应安装动态公交车信息显示牌：包括当前站公交经停信息及相应的公交进站情况，还有天气、时间、路况等信息显示等，实现智能化、人性化管理。

3. 新型环保公交车站候车亭的改进设计与研究

(1) 新型环保公交车站设计特点。

① 站牌中间顶端有时间钟，及时提醒候车人。

② 设计有遮挡板，可以遮阳挡雨；广告牌设计成三个部分，可以显示比较多的内容信息，有一长排凳子可供乘客坐下休息。整体设计稳重流畅，为广大市民出行提供便利。

③ 亭外设有道路水雾喷洒器，通过传感器装置测试空气中的灰尘量并自行启动喷洒进行降尘处理。

④ 站亭顶部安装太阳能装置，为全站亭的所有设施提供能源。

⑤ 站亭两侧的道路底部安装有尾气吸收装置，及时吸收亭内的尾气并通过内部的处理装置进行净化处理。

（2）设计创新点。

① 空气质量检测及污染处理。路基处安装空气质量检测传感器，可监测路面有害气体强度及浮尘，并将数据传送到候车厅内控制机，控制机根据路面空气质量和浮尘情况做出响应，通过喷洒装置向路面喷洒水雾，传感器和喷洒装置可向车站两侧路基扩展安装。

② 车站内部汽车尾气处理装置。车辆进入车站以后，尾气处理装置自动启动，并开始处理汽车尾气；车辆离开车站以后，该装置停止运行。如此，汽车尾气不但没有排放到空气中污染环境，还转化成了无害气体和水，能循环利用。

③ 主机及站内照明均用太阳能供电，通过利用车站顶部太阳能收集系统，为控制机及照明装置供电。

4. An Environmental Health of the Bus Station

设计师 Yuanhua Wu 提出了一种健身与公交车站相结合的设计方案，一方面能为车站提供能源，另外一方面市民可以边等车边健身。（图 4-154、图 4-155）

①健身和便携式发电机组合，使动能转换成电能，高效的发电和储电性能为车站提供照明所需的电量。此款设计可以有效缓解 21 世纪城市能源紧缺的问题，同时还能提高人们的健康意识。②整个车站都采用环保设计，草坪屋顶，雨水循环系统，这是理想中的未来绿色空间站。

图4-154　An Environmental Health of the Bus Station示意图

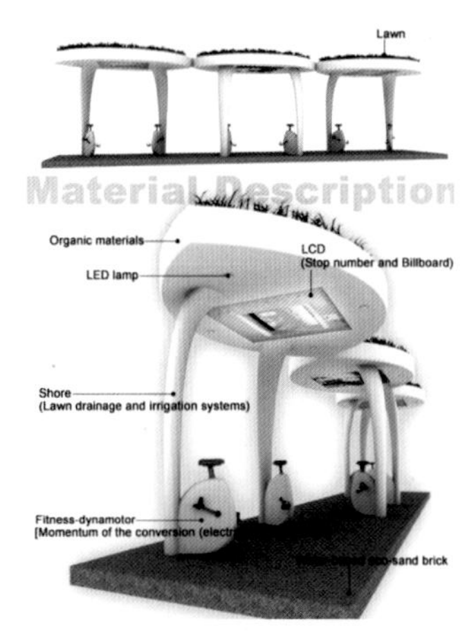

图4-155　An Environmental Health of the Bus Station环保设计细节

三、环境生态示范

生态示范城市是指可以满足绿色设计的实验试点或建成城市，是充满绿色空间的、生机勃勃的开放城市；是管理高效、协调运转、适宜创业的健康城市；是以人为本、舒适恬静、适宜居住和生活的家园城市；是各具特色和风貌的文化城市；是环境、经济和社会可持续发展的动态城市。这五个方面是生态示范城市的必备条件，也可以称之为生态城市的五大目标。

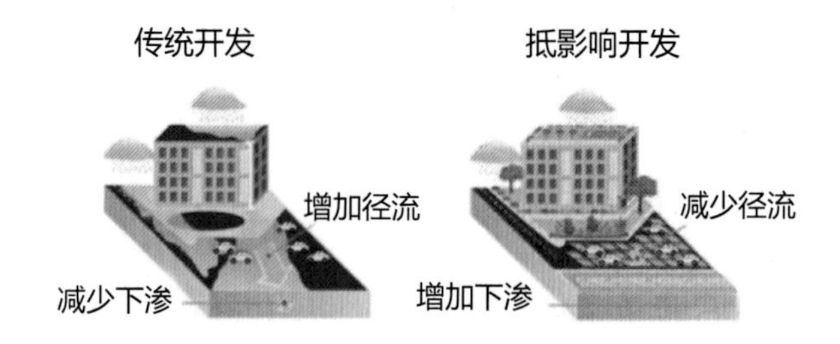

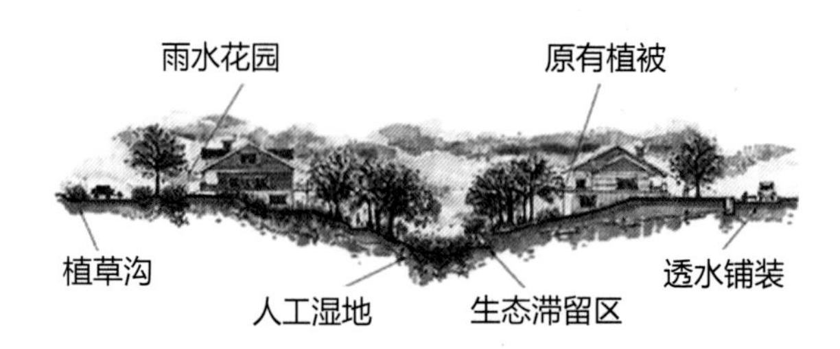

图4-156　海绵城市示意图

（一）海绵城市

海绵城市是新一代城市雨洪管理概念，是指城市在适应环境变化和应对雨水带来的自然灾害等方面具有良好的“弹性”，也可称之为“水弹性城市”。国际通用术语为“低影响开发雨水系统构建”。下雨时吸水、蓄水、渗水、净水，需要时对蓄存的水进行“释放”并加以利用。（图 4-156）

1. 低影响开发

低影响开发主要是通过对雨水进行渗透、储存、调节、传输、截污净化等处理，有效地控制径流总量、径流峰值和径流污染。

2. 降低开发对雨水径流的影响

海绵城市具有优秀的渗水、抗压、耐磨、防滑以及环保、美观、多彩、舒适、易维护和吸音减噪等特点，“会呼吸”的城镇景观路面，有效缓解了城市热岛效应，让城市路面不再发热。

（1）雨岸（Rain Bank）。

雨岸是一个横穿澳大利亚 West End 和南布里斯班的 300000m^2 的流域收集雨洪系统。

雨岸的概念基于“雨水收集回用”的思路,类似于“海绵城市”的构想，是一种生态新技术的运用。

雨水收集运用是一个创新性的、可持续性的处理方式，大致有如下六个阶段。

Step1：Coagulant Tank（凝结处理）。

Step2：Lamella Clarifier（薄板澄清器）。

Step3：Sand Filtration（过滤沙）。

Step4：Carbonfiltration（过滤碳）。

Step5：UV Disinfection（紫外线消毒杀菌）。

Step6:Chlorine，Clean Treated Water（加氯消毒，成为干净的水）。

图4-157　雨岸处理用房

①雨岸展示。

雨岸在南岸公园里，木栈道高高低低地在丛林中穿行，与植物错开或交接，旁边有溪流（有水和无水的）。当然，这些基本都是人工重新建造的。在该区域内有一个尼泊尔花园，是世博会保留下来的，被移到这里永久展示。

雨岸处理用房位于南岸公园丛林区的一个角落里，普通人不会太注意。需要向下走 1.2m 左右，才可以看到雨岸处理用房。该建筑故意设计成玻璃幕墙，让游人可以看到内部的设施，展现雨水回用的科普知识。门口的木质座椅可以供游客休息交谈。（图 4-157、图 4-158）

中国的设备房，不是用砖墙修建，就是用浓密的植物进行遮挡，唯恐他人看到房间里面冰冷的机器。而南岸公园的设备房采用玻璃幕墙的方式，特意将机械设备展现在游客的面前，让游客在感受科技力量的同时受到科学知识熏陶。在建筑的设计上打破陈规，一定程度上反映了时代的发展方向。（图 4-159）

图4-158　玻璃幕墙

雨水收集有雨季与旱季之分，雨季来临溪流蜿蜒，旱季之时，形成干涸河道，两种季节景色各异，各有千秋。

图4-159　无水期植被地面

在公园里可见这样一些细节：木栈道旁边的一些小溪流旁有人工堆砌错落的石块，旁边种植着地被植物，还有一些预制混凝土石砌块，作为小型的挡土墙和跌水设施。在南岸公园里，水流给鸟提供了水资源和栖息地。小溪流中有小鸟在喝水，同时河岸两边的地被植物长势也相当的喜人，形成了一个小型的生态系统。（图 4-160）

图4-160　木栈道旁边的小溪流

②系统运作。

雨水收集的第一步是将水通过溪流汇聚在一个大型的凝结池中。后运用管道进行连接，使收集而来的水通往薄板澄清器具，并对各处理流程依次进行连接，起到净化水体的作用。（图 4-161）

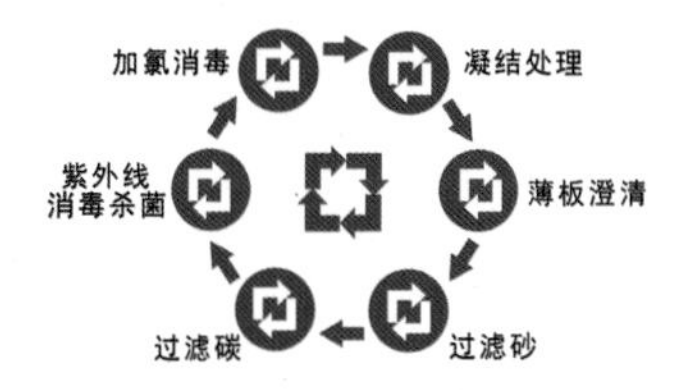

图4-161　雨岸解释图

通过六个不同的过滤处理过程，使水体得以净化，人们能够安全使用雨水。同时，雨水收集回用系统还采用不同颜色的罐子进行展示。（图 4-162）

每年，雨岸能存储再利用最多 7700 万升的雨洪水量。这些水量相当于 30 多个奥林匹克标准游泳池的储水量。

雨岸为公园绿地提供了大量的灌溉及非饮用水。雨岸的水供应足以持续服务于 170000m^2 的公共绿地。

（2）产生可再生能源的游乐场。

Andrew Simoeni、Joel Lim 和 Funfere Koroye 三位工业设计师已经绘制出一个游乐场的蓝图，其中的游乐设施可以通过这个蓝图收集动能来产生电力。将从游乐场上收集而来的机械能转换为电能，以便在夜间为游乐场提供照明。（图 4-163）

图4-162　雨水收集系统使用的罐子

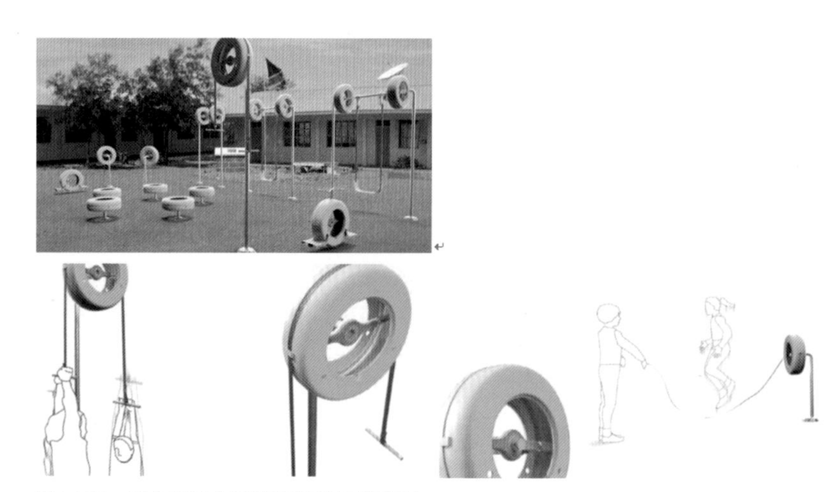

图4-163 产生可再生能源的游乐场模型图

据设计师介绍，每台发电机每小时可产生 31.5W 的功率。(他们也注意到，这可能能为 20 个灯泡供电一个小时)。如果一所学校游乐场设有 6 台发电机，每天使用 3 个小时，一周使用 5 天，那么该学校的游乐场将达到 2835 瓦特 / 周。能对城市电力能源能做出一些贡献。

（二）防灾救援设施

防灾、减灾、救灾工作事关人民群众生命财产安全，事关社会的和谐稳定，是衡量执政党领导力、检验政府执行力、评判国家动员力、彰显民族凝聚力的一个重要方面。当灾难危及人们生命之时，时间可换得生命，而好的设施装备可为救援赢得时间。有针对性地设计出应对多种灾难环境的防灾救援工具装备和配套设施，对于提高抢险救援工作效率，有效救助更多的受灾群众，同时最大限度地保障施救人员的安全都具有极其重要的意义。

1. 山区防灾避险亭舍

山区防灾避险亭舍是建设在山体上的，在遇到气象灾害如飓风、暴风雪，或发生地质灾害如山体崩塌、滑坡、泥石流等时，可以为附近居民提供规避风险的户外装置。

和平原地区的避险亭舍的区别是，山区地势多崎岖不平且山体较多岩石地貌、建造避险亭舍时需考虑施工可行性和风险规避指数。

（1）山区环保避难所：Earth Lodge 2.0。

位于北美洲的 Earth Lodge 2.0 项目，选用本地生产的工具和材料，与传统建筑相比，大大降低了成本。Earth Lodge 2.0 紧急住房的设计和实施是一个自我维持的项目，辅以永续栽培和森林园艺的概念。(图 4–164)

图4-164 Earth Lodge 2.0项目

（2）Earth Lodge 2.0 紧急住房项目的设计特点。

①沙包的设计，以现场开挖的土壤作为建筑材料。

②建筑木材选用的是二次利用的木材，如从森林大火中抢救出的被

烧毁的木材。

③雨水收集，这些棚层设有雨水收集系统，雨水将被收集在中心位置，并通过生物过滤器过滤。

④ 堆肥厕所，堆肥在这种野外环境下是必需的，对环境是负责任的。

⑤太阳能和风能，将太阳能系统和风力发电机作为备用电源的离网设置。

⑥绿色屋顶，绿色屋顶与洒水系统组合，使住房免受烈日和寒风的侵袭。

⑦管状天窗，所有空间都有自然光线。

图4-165　浮动太阳能发电机

图4-166　巴黎溢洪道防洪亭

2. 水难救援 / 避难设备

水难救援 / 避险设备是指在发生洪涝自然灾害或其他意外事件时能提供援助或避难港的设备或设施。浮动性是水难救援 / 避难设备区别于其他救援 / 避难设备的最大特点。

（1）FloES Floating Solar Energy Generator（浮动太阳能发电机）。

浮动太阳能发电机在洪水期间为救援行动提供动力，FloES 是 Floating Energy Station 的缩写，是一个能在洪水期间为救援队提供急需能源的共享项目。浮动电站每天运载四块大型太阳能电池板，每天可提供高达 2450W 的电力，可以为受灾群众的 LED 灯、手机和笔记本电脑充电。（图 4-165）

（2）巴黎溢洪道防洪亭。

巴黎溢洪道防洪亭是由 Margot Krasojevic 博士于 2014 年设计出来的，他将一个封闭的圆形玻璃条放置在一个喇叭口的溢洪道上，这个溢洪道可以让水从整个周边进入，引导水流进入溢洪道。（图 4-166）

①圆形空间引导水流通过坡道进入位于可移动玻璃复合地板下的溢洪道。内部空间的工业功能与一个灵巧的坚硬外壳相结合，形成了光线的自然反射，通过蚀刻的玻璃人们可以看到水流流向蓄水湖的壮观景象。一个轻质复合纤维单体壳盖覆盖了漩涡形成的空间，引导水流绕过其表面并进入其下的溢洪道。（图 4-167）

②巴黎人一贯的精致作风和随处可见的井盖是设计师的灵感来源，硬壳结构确保了结构的强度。

图4-167　巴黎溢洪道防洪亭结构图

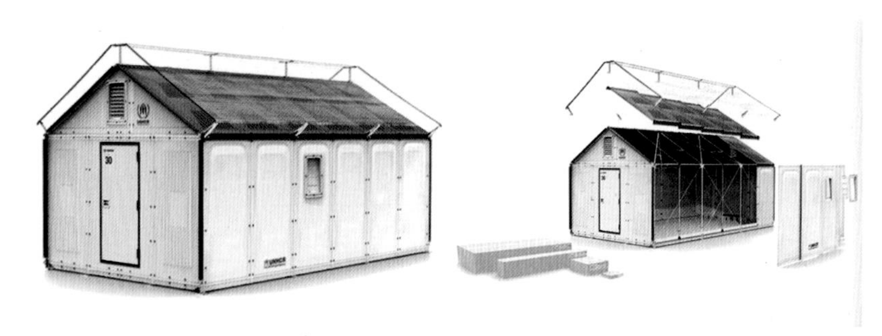

图4-168 宜家太阳能平板组装避难所拼装图

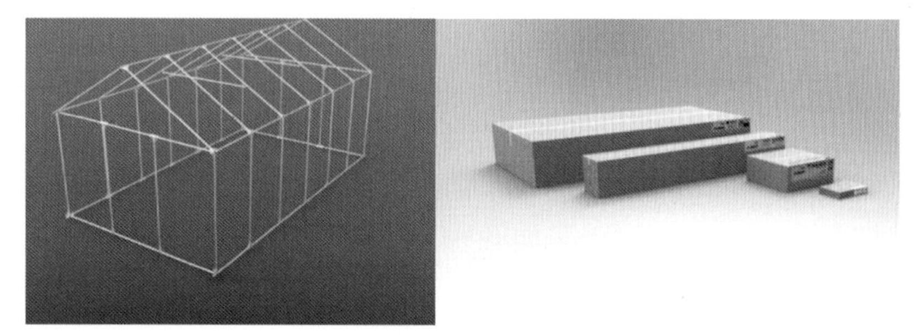

图4-169 宜家太阳能平板组装避难所回收图

3. 公众及家庭应急套装设备

公众及家庭应急套装设备是指在发生自然灾害时，可以快速有效地为受灾群众提供避难场所或救援的设备。一般应急套装设备具有安装快速、坚固耐用的特点。

（1）宜家太阳能平板组装避难所。

如图 4-168 是宜家为世界各地受灾群众提供的临时避难帐篷，售价为 1000 美元。

①太阳能供给能源。

这些房屋屋顶都镶嵌有太阳能平板，受灾群众可以自己收集电能。这种屋顶能够转移 70% 的太阳能反射，让房屋内部在白天保持凉爽，在夜间保持温暖。

②减少运输成本且用材可回收。

宜家的太阳能平板组装避难所是由易于运输的可回收轻质塑料制成。组件收在四个纸箱里，减少了运输成本。（图 4-169）

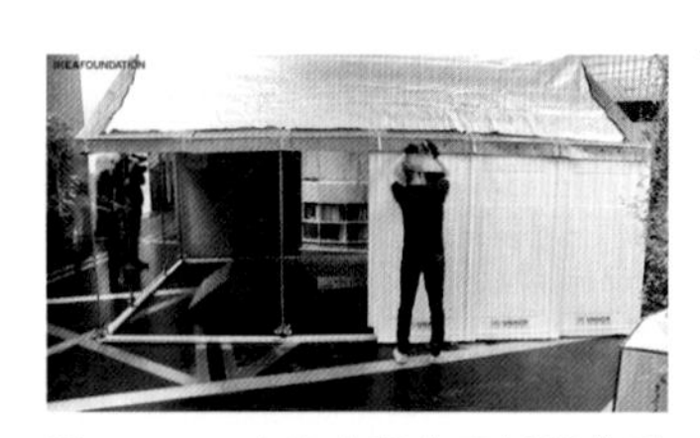

图4-170 宜家太阳能平板组装避难所拼装现场

③减少安装成本。

装配一间 188m^2 的小屋十分简单，仅需要四个小时即可完成；其面积是普通难民帐篷的两倍，可以供五个人居住，且拼装不需要借助任何工具。（图 4-170）

图4-171 可折叠结构的提供水电能避难营模型图

（2）可折叠结构的提供水电能避难营。

约旦的加拿大建筑设计师 Abeer Seikaly 设计了一款避难营。该避难营由一种结构织物组成，它模糊了结构和织物之间的区别，从而扩大了私人围栏，为流动性创造了契机，同时也带来了现代人所需要的一些基本设施，包括水和可再生电力。（图 4-171）

①外层结构吸收太阳能，然后转换成可用的电，而内部结构提供存储空间，特别是在庇护所的下半部分。避难营顶部的波浪形设计的目的是为了增加能源转换空间，以便更大限度地获取太阳能。（图 4–172）

②雨水再利用

帐篷顶部的储水箱可以为人们提供快速淋浴服务。虹吸系统和排水系统可以确保帐篷不被水淹。

（3）Uber 紧急住房 。

灾难发生后，众人无家可归。无论是住在公寓里的人们，还是住在棚屋里的人们，都面临着严峻的考验。拉斐尔・史密斯（Rafael Smith）提出了一个名为 Uber Emergency Shelter 的生态友好型住房。该住房有两三个房间，四面墙和屋顶的基本结构用可回收和可重复使用的材料制成。可以对墙和屋顶的结构进行调整，以适应多方面的需求。（图 4–173、图 4–174）

安装在这些掩体的屋顶上的太阳能电池板可以运行一个小冰箱，并可以保障整个房屋的照明。四面遮蔽的外墙，也可以从各个角度吸收太阳能。

图4-173　Uber紧急住房模型图

4. 防灾避难公园应急设施

防灾避难公园应急设施是指在灾害发生时，在城市公园及辐射用地，能为受害者提供规避、减少损失的公共应急设施。（图 4–175、图 4–176）

（1）东京临海防灾公园。

该公园占地 132000m^2，设有配备电源插座的应急避难设施。避难公园规模大，效率高，能承载大量的城市人口。

在发生灾难时可以容纳大约 27 万名滞留人员。东京临海防灾公园作为

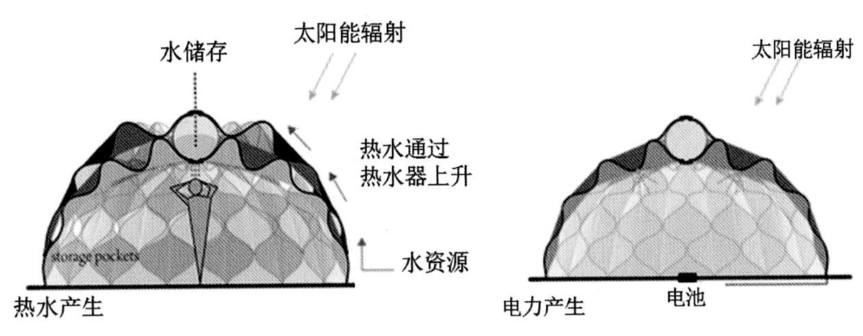

图4-172　可折叠结构的提供水电能避难营结构图

图4-174　Uber紧急住房拼装图

当地的枢纽，除了能为受灾群众提供电力、烹饪设施之外，还将防灾信息传达给当地居民。园区是区域救助单位的核心基地，也是灾害医疗救助的基地。

图4-175 公园仓库陈列的应急物品

①配备太阳能电动充电站，可为有电力故障的电动自行车和智能手机充电，公共长椅可以变成烹饪炉灶，沙井可以兼作紧急厕所。

②隐藏在空地下方的是一个井、一个水箱和一个仓库，里面装有应急物资。救援物资充足，可以为整个地区的受灾群众在灾难发生后的 72 小时提供日常供给。

图4-176 地下指挥与监控中心

（2）中野中央公园。

中野中央公园将办公室、餐厅和会议地点等场所的减灾措施更加充分地融合在了一起。该公园网站上介绍它提出了一种传统办公室不可能实现的绿化工作的新风格。公园 35000m^2 的开放空间被医院、警察局、三所大学、办公室和公寓楼包围，几乎全部使用隔震系统建造，隔震系数更高，是当前要求的 1.25 倍。（图 4-177、图 4-178）

图4-177 中野中央公园

高原的稳定基岩，再加上地势较高这一特殊情况意味着此处发生洪涝灾害的可能性不大。中野中央公园与当地政府协调，重新制定了应急措施，以应对地震或其他灾难。具体包括：①灾难网络；②紧急补给仓库（中野区）；③防灾井；④防灾水箱；⑤灾难撤离者受理空间；⑥电池充电站（移动电话等）；⑦灾害时使用的厕所；⑧供水（水龙头）。

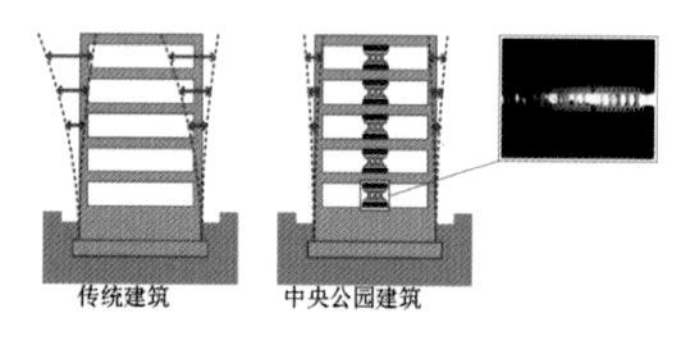

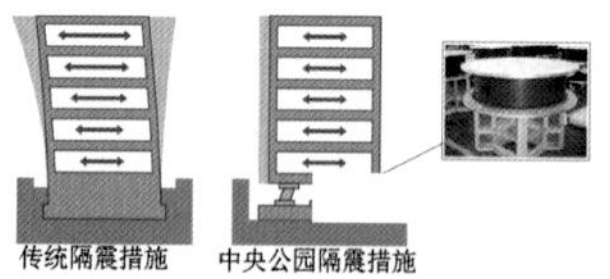

图4-178 中野中央公园隔震系统

中野中央公园使用特别设计的隔震系统，实现比当前要求强 1.25 倍的抗震性能。隔震系统利用了阻尼器技术，以便在发生重大地震时维持结构。

5. 简易救援工具

简易救援工具是指在发生自然灾害或突发事件时，受灾群众能被其他人救援或自救时使用的工具，一般具有轻量化、易携带、易操作的特点。

（1）日本紧急救援筒。

在经历长年地震和海啸洗礼的日本，出现过许多专门用于紧急救援的发明创造。而最近由 Nendo 设计工作室设计的金属应急筒 MINIM+AID 就是一款隐藏了大奥妙的救援产品。（图 4-179）

图4-179 MINIM+AID

① MINIM+AID 的外观被设计成了光滑的金属筒，并且内部结构非常紧凑。这个直径不到 5.08cm 的桶状装置和一把长伞尺寸差不多。

② MINIM+AID 被分成了五个部分，每个部分都可以拆卸开来单独使用，也可以组装到一起，携带方便。（图 4-180）

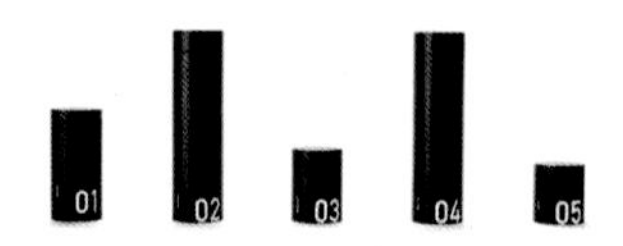

图4-180 MINIM+AID五部分

③ MINIM+AID 包含了一个手摇发电的紧急收音机，可以让受灾群众在无须供电的情况下收听政府的紧急广播。同时，除了可以对其进行手摇充电之外，还可以通过 USB 接口充电。当然，还具备照明功能。（图 4-181、图 4-182）

图4-181 手摇发电收音机部分

④ MINIM+AID 装有供用户紧急使用的饮用水，并且水被密封在真空袋中，同时还可以把筒作为水杯使用。（图 4-183）

⑤ MINIM+AID 还附带了轻量化防水雨衣，可以在暴雨等各种恶劣天气中保持身体相对干燥。（图 4–184）

图4-182　LED照明灯部分

⑥ MINIM+AID 还有一个急救箱，里面配备了绷带、剪刀、应急药品和其他帮助治疗的工具。如果需要诸如胰岛素等特殊药品，还可以在购买时进行个人需求定制。最重要的是，MINIM+AID 非常便于携带，居民可以将它放在家中随手可触的地方，当灾害发生时背上它就是给自己增加了更多的生存机会。（图 4–185）

（2）日本进口警用必备紧急救援担架。

图4-183　紧急使用饮用水部分

紧急救援担架是日本消防、医院、公安、电厂、学校、铁路、体育馆、养老院等自主救灾常备品。

特点：①轻量性，仅重 3.5kg，2~8 人合作，妇女儿童均可轻松使用；②耐水性，双面防水处理，不怕雨雪和血污，易于清洁维护；③耐久性，把手孔 8 处各承重 80kg，主体承重 500kg，24 小时浸水后仍保持 200kg 承重；④保管性，可三折收纳，折叠后尺寸仅为 730mm×600mm×50mm，能轻易放入乘用车内；⑤环保性，利用再生纸材料制作的环保型紧急担架，可完全被土壤分解，不造成环境污染。日本北越 PASCO（八丝酷）环保硬质纸板采用废纸原料制造，具有超越一般纸质材料的卓越强韧性和良好的成型性。

图4-184　轻量化防水雨衣部分

（三）智能服务设施

图4-185　急救箱部分

智能服务设施是运用高新技术完善城市发展的新模式，与网络系统完全融合对接，并借助物联网等高新技术对现代城市公共设施进行全面的管理与规划，通过各种信息服务平台加强人与人、人与物、物与物之间的联系与沟通，在医疗卫生、社会保障、社区服务等各种公共设施方面为人们提供舒适、便捷的服务，推动城市快速发展。

Geotectura 建筑工作室设计了一个绿色且易于部署的概念应急避难所 X2 Shelter，简称 X2S。该紧急避难所可以被空投到无法快速到达的灾区，并由可再生能源提供动力。X2S 可以作为住宅、卫生和保健的独立帐篷，也可以与其他 X2S 相连接，为更多人提供庇护。（图 4–186）

特点：①避难所优化了无源通风和照明，还配备了太阳能电池板和小型风力涡轮机，为照明和通信提供所需的能源；② X2S 屋顶上有一个雨水收集器，在结构的两极中储存水，使用后，X2S 可以折叠重新使用或回收；③易于运输和安装，只需两个人就可以完成避难所的安装，且装置可以被大限度拆解，可减少运输成本。（图 4–187）

图4-186　X2 Shelter

图4-187 X2 Shelter

四、非物质化服务产品设计案例

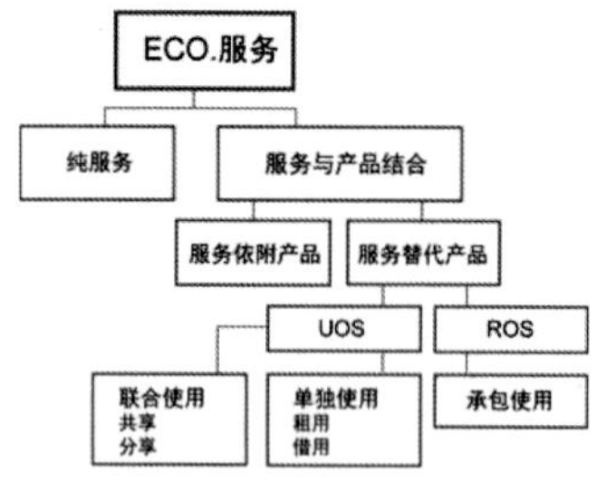

图4-188 Hrauda和Jasch的产品服务体系分类

作为实现供给侧绿色设计的解决方案，产品服务系统（Product Service System，PSS）概念首先被提出来。产品服务系统概念是预先设计并且向社会提供能够满足客户使用需求的产品、服务系统、支持网络和基础配套设施。相对，传统商业模式，其核心思想是制造企业向客户提供产品功能而非产品实体，进而满足市场需求，实现价值链重组。根据产品和服务的比重，PSS 可以分为产品导向型（Product-Oriented Service，POS）、使用导向型（Use-Oriented Service，UOS）、结果导向型（Result-Oriented Service，ROS）三种。（图 4-188）

（一）乘用车租赁服务系统

乘用车租赁服务系统通过整合汽车租赁行业资源为公共交通提供服务，从而提高道路使用率，缓解交通压力，引导绿色出行。

乘用车租赁是指在约定时间内，租赁经营人将租赁的乘用车交付承租人使用，不提供驾驶劳务的经营方式。目前，国内外主要的租赁服务模式有两种：一是以汽车短租 / 长租业务为主的 P2P（Person to Person）共享租车模式，即所租车辆归车主所有，车辆可能是出租车、私家车，车主负责维护和保养车辆，租客支付平台租赁费用；二是以从传统的汽车短租业务切分出时间模块更短的分时租赁业务为主的 B2C（Business to Customer）共享租车模式，即所租车辆归平台所有，平台负责维护和保养车辆，租客支付平台租赁费用。

1. 长途旅行用车租赁

以中国汽车运输规定为参考标准，0km~5km 为短途出行，5km~50km 为常规中短途出行，50km 以上为中长途出行。长途旅行用车租赁服务主要有两种形式：兼顾短租和长租的传统汽车租赁和 P2P 共享租车。这里我们主要分析基于共享经济的 P2P 共享租车模式。（图 4-189）

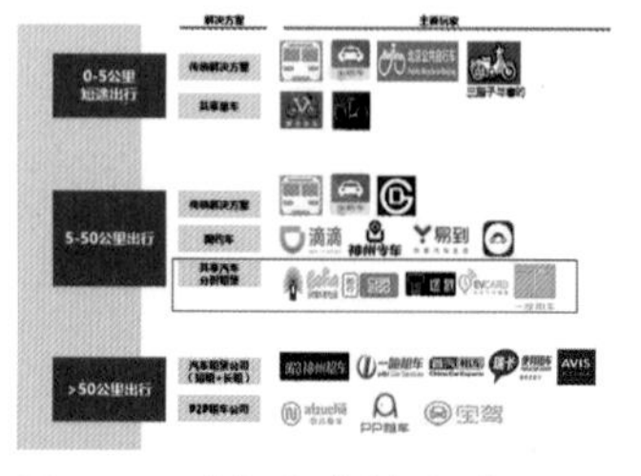

图4-189 出行方式选择汇总图

PP 租车（现已更名为 START 共享有车生活平台），PP 租车提供 P2P 租车服务，这使参与进来的每一个人都能体验到舒适、便捷的用车服务。PP 租车秉持汽车共享的理念，打造私家车出租模式，将私家车的闲置时间与租客的用车需求结合起来：车主在安全掌控自家爱车的基础上，招租养车；租客在便捷用车的前提下，低价享受私家车驾乘。（图 4–190、图 4–191）

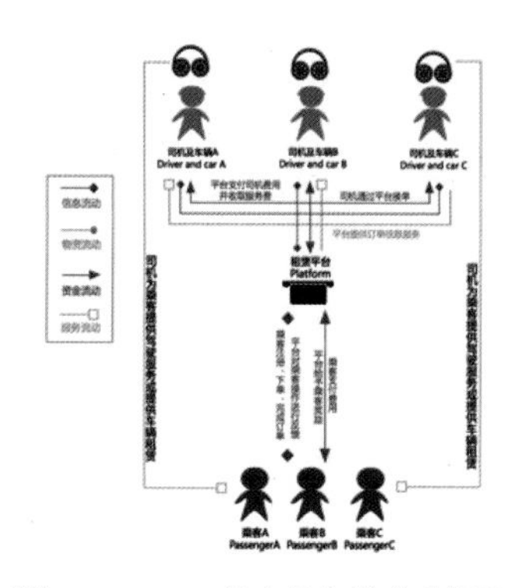

图4-190　P2P共享租车模式系统图

2. 市内租赁

市内租赁主要针对 5km~50km 的中短途市内出行，是采用分时租赁业务为主的 B2C 共享租车模式。

（1）法国 Autolib 自助租车服务。

Autolib 自助租车服务是由巴黎市政府推出的城市交通服务管理计划，2011 年开始运营，截至 2016 年 8 月全球共有 4000 辆车，13 万用户，超过 5900 个充电桩，最终意图是引发城市居民出行习惯的革命性变化，使城市变得更加自由、出行更加方便、生活更加便捷。（图 4–192）

图4-191　START共享有车生活平台官网及共享汽车操作流程

图4-192　Autolib自助租车广告

Autolib 服务的对象是所有需要临时用车的人，例如，赴约、送孩子，或临时采购笨重物品的人，等等。租用人可以在一个站点启用，在另一个点异地还车。而且，由于巴黎市和周围 46 个近郊市镇形成一个密集的租用点网络，它有可能会使人们放弃使用私家车，成为一种名副其实的市内出行的无污染替代方案。（图 4–193 至图 4–195）

Autolib 使用的是名为 Bluecar（蓝车）的 100% 电动力车。因此，这一项目具有两大重要的环保特性：一是不产生任何温室气体；二是电动车行车寂静无声，有助于减少城市的噪声污染。但为了防止无声行驶对非机动车和行人造成危害，车内装有一个特殊发声器，驾驶者可用以提醒行人。

（2）Car2go。

德国戴姆勒公司 2008 年推出的创新城市可持续绿色交通理念，采用随取随用、即租即还、按分钟计费的运营模式。Car2go 项目已在欧洲和北美的 25 个城市成功实施运营，并已成为这些城市公共交通系统的重要组成部分。（图 4–196）

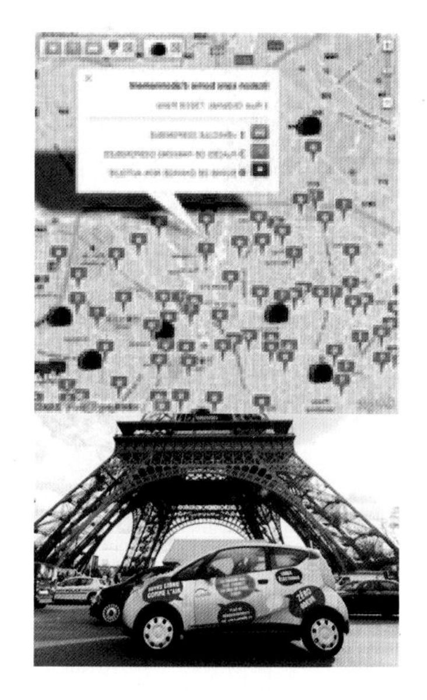
图4-193　Autolib应用界面图

Car2go 目前只有一款车型，即 Smart fortwo。Car2go 项目是单程、自由流动式汽车即时共享体系，会员无须在指定地点租车和还车，租车用车更为便捷、灵活。会员只需用 APP 寻找附近的可租车辆，再用手机解锁汽车后即可按分钟租用。用完车后，不用开车回租赁指定停放地点，而是停泊到运营区域内的任何一个合法停车点。（图 4–197）

根据 TSRC 在 2016 年 7 月发布的北美 5 个城市的 Car2go 调研报告发现，Car2go 的部分会员会因为使用 Car2go 而卖掉自己的车，一辆

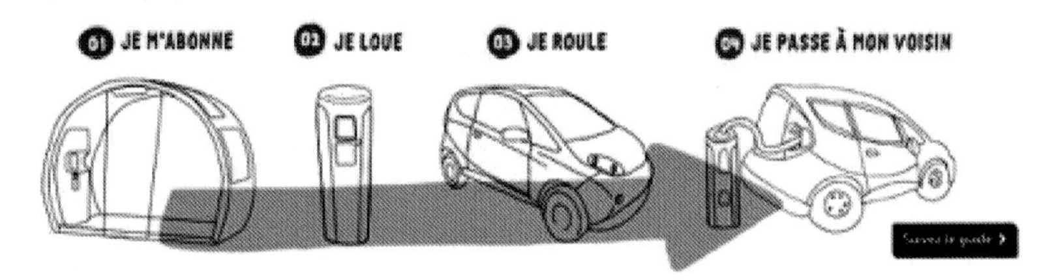

图4-194　Autolib简单租车流程

图4-195　利用电子设备租车流程

图4-196　Car2go共享汽车展示

图4-197　Car2go手机应用

Car2go 的车会抑制 4~9 辆私家车的购买需求；此外，一辆 Car2go 能够代替 7~11 辆私家车，减少 6%~16% 的汽车行驶距离，同时减少 4%~18% 的温室气体排放。（图 4–198）

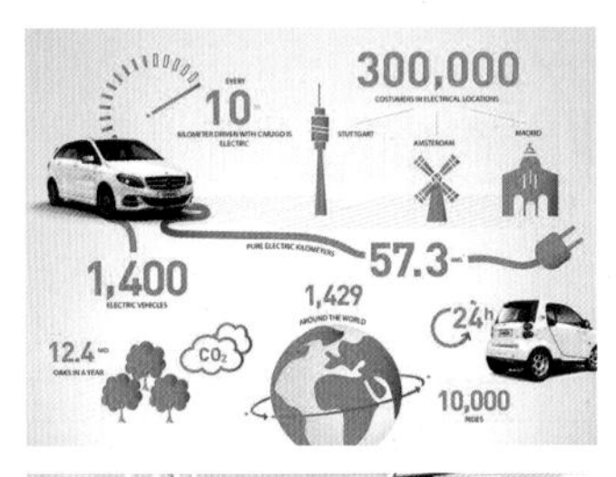

图4-198　Car2go节能减排示意图

（二）非动力交通 / 移动工具租赁系统

1. 自行车、拖车租赁

（1）自行车租赁系统。

自行车是一种环保节能型的交通 / 移动工具。世界各国把自行车尤其是“Bike–Sharing”纳入城市公共交通的大框架，以期达到缓解公共交通压力和环境压力的作用，并提出了“Bike–Sharing 拯救城市”的口号。如米兰的“Bike–Mi”、巴黎的“V é lib”、巴塞罗那的“Bicing”、里昂的“V é lo'v”、哥本哈根的“ByCyklen”，等等，都已取得不错的效果。随着中心城市交通越来越拥挤、环境污染日益加剧、石油危机等问题的出现，各国政府开始提倡这种绿色的交通形式并受到居民的欢迎，其被看作是一种拯救城市的交通方式。

摩拜单车，英文名 Mobike，是由胡玮炜创办的北京摩拜科技有限公司研发的互联网短途出行解决方案，是无桩借还车模式的智能硬件设备。为了让人人都有单车可骑，摩拜单车定价为 1 元人民币每半小时。摩拜鼓励人们回归单车这种低碳、占地面积小的出行方式，以缓解交通压力，保护环境。（图 4–199）

图4-199　摩拜单车展示图

人们通过智能手机就能快速租用和归还单车，用户使用手机扫描车上的二维码，即可打开车锁。摩拜目前研发推向市场的有两种车型：Mobike 普通车型，使用者骑行提供电力支持车锁的电力供应；轻骑兵 Lite 车型，车锁的电力供应依靠车筐里的太阳能板提供。（图 4–200、图 4–201）

图4-200　摩拜单车手机应用

图4-201　Mobike普通车型

图4-202　南京市某小区“共享拖车”服务

（2）社区拖车共享。

南京市某居民小区推出“共享拖车”服务，蓝色的小拖车在小区各大出入口“上岗”，四轮“驱动”，免费供居民取用；物业也配合社区，将放在单元楼下的小拖车整理好，以及时折返到小区门口。在明令禁止自行车、小型货运车进入社区的举措下，“共享拖车”不仅保护了居民的日常出行安全，同时也确保了小区环境的整洁。（图 4-202）

2. 共享电动滑板车、轮椅租赁

（1）Neuron 共享电动滑板。

新加坡 Neuron Mobility 公司推出 Neuron 共享电动滑板车，该公司通过效仿共享单车的模式，来鼓励更多人选择电动滑板车出行。2016 年新加坡的马路街道上大约投放了 2 万辆电动滑板车。（图 4-203）

图4-203　Neuron共享电动滑板车

Neuron 共享电动滑板车有自动锁定、QR 码解锁、可退还的押金和使用费等功能，还提供专用智能充电坞，滑板车还内置了 GPS 和物联网传感器，能够识别滑板车的具体位置和实时进行软件定位，用户可通过手机 APP 来进行预订。

（2）轮椅租赁服务。

苏州三百山医疗器械有限公司 2017 年推出“轮椅共享，出行无忧”的轮椅短长租公益项目。只需要 5 块钱即可租赁一台轮椅 24 小时，还可以以周或月为单位进行租赁，这很大程度上节省了出行不便人士的出行时间和成本，为出行不便的人提供了更好的服务。只要很少的费用就可以解决短期轮椅使用需求。这让更多的人在享受到“共享”的便利的同时，很大程度上也解决了老年人、病人出行对轮椅的短期需求等问题，更节省了时间与空间。（图 4-204）

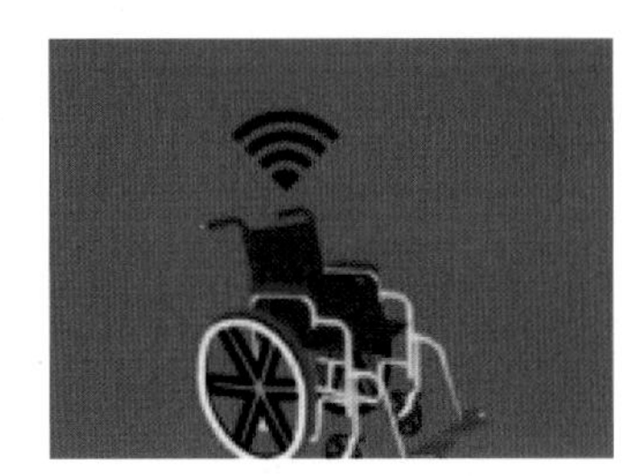

图4-204　轮椅租赁服务

（三）机器人及其他租赁

图4-205　除草机器人Bonirob

图4-206　智久搬运机器人

在当前高效工业社会发展背景下，机器人代替人力已成为一个必然的发展趋势。在 2014 年提出的国家战略级行动纲领“中国制造 2025”中，倡导“机器换人”战略，成立各项基金，给予企业高额补助支持“机器换人”。但是机器人代替人力所带来的昂贵成本，并不是所有企业都能承受的。机器人租赁就能有效解决这个问题，不仅可以降低企业投资成本，还有助于企业未来的灵活性发展。在 20 世纪 80 年代，日本就出现了机器人长期租赁公司，使用者只需要每月支付低价的租金就能长期使用机器人，从而大大减轻了企业购置机器人所需要的资金负担。并且，季节性企业也可以选择在旺季时租赁更多的机器人，淡季时则可以减少或停止机器人租赁。

1. 除草机器人

德国创新公司 Deepfield Robotics 研发出来的除草机器人 Bonirob 能够从根本上除去杂草，以便让我们种植的农作物获得良好的生长环境。BoniRob 在农田中进行了测试，在胡萝卜栽培试验基地，Bonirob 的除草效率高达 90%。整个过程完全是机械化的不需要任何除草剂。不久之后，Bonirob 将会出租给希望减少体力劳动成本的农民。（图 4-205）

Bonirob 拥有一套叫作决策树学习的机器学习机制，能够通过叶子颜色、形状、大小等参数来更加精准地辨别农作物和杂草。从 Bonirob 除草机制上来看，采用无除草剂方式除草，在保证农作物安全的前提下减少了对环境的污染。与手动除草相比，减少了人力成本，除草工作更加科学、高效、便捷。

2. 搬运机器人

智久机器人专注于搬运机器人租赁服务。2016 年智久推出“机器人租赁”——RaaS（Robot-as-a-Service）模式，以租赁取代销售，客户不需购买，仅需按月或按季度支付租赁费用，即可享受智久提供的专业服务和智久全套的租后服务。（图 4-206）

智久 RaaS 是智久（厦门）机器人科技有限公司推出的“使用机器人按需服务”的创新模式，大大降低了企业使用机器人的门槛，使租用智久机器人的中小企业在生产、运输等方面实现降低成本提高效率的目的。目前，租赁产品为旗下送宝（Send Bot）——智能搬运品牌，包括送宝 K（智能 AGV）与送宝 L（无人搬运叉车），可满足中小企业不同的搬运需求。

3. Cinch 太阳能帐篷

Cinch 号称是世界上最先进的弹出式帐篷，它拥有热调节、LED 照明和伸缩顶棚等诸多便捷功能。在炎热的夏季，阳光直射会让帐篷内变得非常闷热，而 Cinch 的遮阳顶棚可以反射光线的热量，从而保持帐篷内部的凉爽。而在夜晚，它还能阻止帐篷内热量的流失。Cinch 还附带一个太阳能移动电源，其容量达到 13000mAh，可同时给 2 部移动设备充电。（图 4-207）

Cinch 还提供了一个可延展的顶棚，能将空间扩大 75%，使用者可以在帐篷内做饭、吃东西、休息，或是和好友聊天、玩游戏。Cinch 的双层设计可有效避免帐篷内出现冷凝，加厚的防潮布也尽可能地提高帐篷的舒适度。帐篷的外层为 4000HH 织物材质，防水能力是普通材料的 3 倍。（图 4-208）

4. 可以发电的柴火炉 Biolite CampStove

Biolite CampStove 是一款户外多功能篝火充电器，神奇的“野营炉”组合，可以一边取暖一边充电，并可在短短的四五分钟内烧开一杯热水。炉子边上固定了一个装载有热电发电机的橘黄色电源箱，能将火中的热能转换成为可使用的电能。同时，利用电力带动风扇进行强制换气，这样可以让炉子中的柴火燃烧得更加充分。剩余的电量则会通过 USB 接口输入，用户可以为自己的电子设备充电。（图 4-209）

BaseCamp 整体采用了模块化设计思路，用户可根据需求进行组合搭配。由于是可拆式设计，因此使用过后的清洁工作也很简单。（图 4-210）

图4-207　Cinch太阳能帐篷

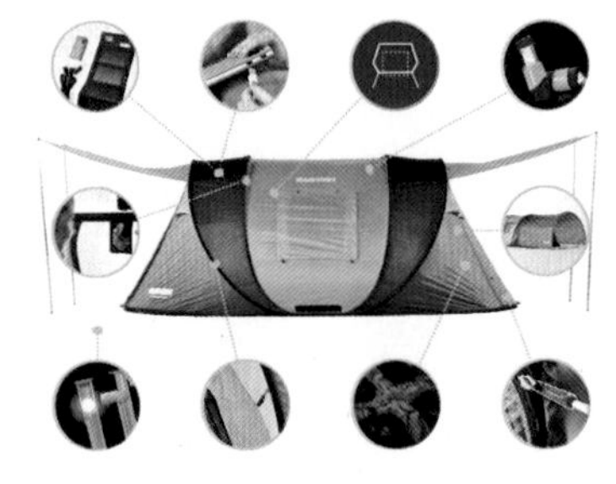

图4-208　Cinch太阳能帐篷细节图

图4-209　户外多功能篝火充电器

图4-211 便携式微型风力发电设备

图4-212 DrinkPure飞盘便携微型净水器

图4-210 户外多功能篝火充电器细节图

5. 便携式微型风力发电设备

德国汉堡美术学院的学生尼尔斯·费伯（Nils Ferber）设计制造了一款紧凑、轻巧、便携的户外充电设备，可以用 USB 给手机等移动设备充电，用来解决野外手机没电时的尴尬及其他需求。该微型风力发电设备采用了轻量化设计，设备重量不到 1kg，并且可以向下折叠到只有一个登山杖大小，非常方便携带。该设备即使在非常低的风速下，仍然可以输出高达 40％的电能，非常适合户外旅行使用。（图 4–211）

6. 瑞士飞盘便携微型净水器 DrinkPure

DrinkPure 净重只有 150g，而且使用简单，可以直接安装在市面上常见的饮用塑料瓶上。DrinkPure 采用苏黎世理工学院研发的最新技术净化污染水，其亮点在于快速，而且不需要水泵。通过轻轻按压水瓶，水流通过多级过滤系统和高性能净化膜流出，直径为 12cm 的过滤膜具有 63 亿个毛孔，安全净水，可以随时随地畅饮。飞盘便携微型净水器附送一只可折叠的水袋配合使用。滤膜的生产工艺所产生的废水要比同类膜的生产工艺少 4 倍。世界权威的实验室认证，飞盘便携微型净水器的细菌杀灭率大于 99.9999%（大肠杆菌），病毒杀灭率大于 99%（MS2 噬菌体），是目前仅有的一款同时拥有生态生成膜、活性炭和自身消毒体的便携式净水器。（图 4–212）

（四）社区 / 校园公共服务设施

21 世纪，社会公共服务机构快速发展，这使全球经济的格局和形式发生了巨大变化，便捷的自助服务模式悄然走进人们的生活，并获得广大群众的认可和青睐。

1. 可整合家庭保健设备的远程医疗服务系统

现代社会人口老龄化问题越来越严重，医生和医疗服务提供商数量过少，同时患者群庞大、分散范围广且通常距离医疗保健机构较远，加之患者缺乏医疗专业知识，导致医疗保健成本越来越高。远程医疗服务系统是提高诊断与医疗水平、降低医疗开支、满足广大人民群众保健需求的一项全新的医疗服务。

2010 年开始远程医疗逐步呈现出走进社区，走向家庭，更多的面向个人提供定向、个性化服务的发展特点。根据奇笛网的智能家居行业报告分析，远程医疗与智能手机的发展紧密相连，随着物联网技术的发展与智能手机的普及，远程医疗也开始与云计算、云服务结合起来，众多的智能健康医疗产品逐渐面世，远程血压仪、远程心电仪，甚至远程胎心仪的出现，给广大的普通用户提供了更方便、更贴心的日常医疗预防、监控服务。远程医疗也从疾病救治发展到疾病预防的阶段。

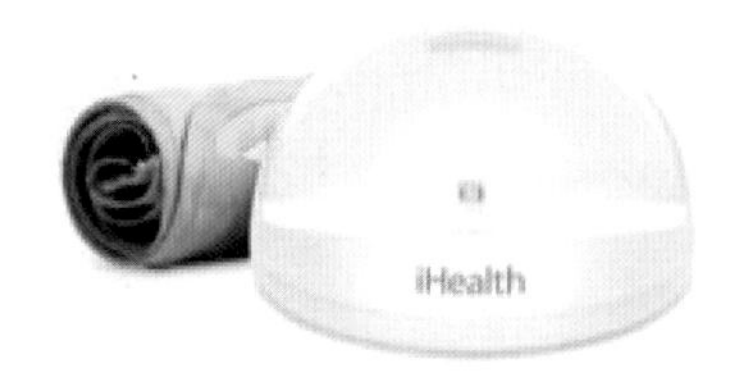

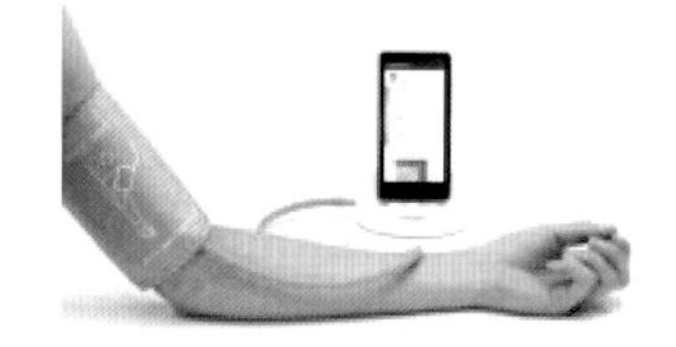

图4-213　米家iHealth血压计

米家 iHealth 血压计用更科学的方式关心用户健康，只要打开手机 APP，就能一键测量血压，测量结果云端同步，让用户能轻松了解自己的血压、心率状况，并根据专业建议改善自己的健康。

iHealth 血压计摒弃了生硬难懂的血压数字，测试过程中，它可以反映出用户的情绪变化，跟踪血液的压力变化，显示收缩压、舒张压、心率、测量时间、平均值、脉搏等数据，并通过图表形式简单生动地表现出来，同时提出改善建议。测量结果一目了然，简单易懂。（图 4-213、图 4-214）

2. 自助洗衣设备及营运设施

公用自助洗衣设施能为人们提供的便捷洗衣服务，不仅便捷而且能节约资源。在欧美等发达国家，公用自助洗衣服务随处可见。自助洗衣房的环境设施与一系列产品及服务的结合共同形成了新的洗衣体验，通过用户“自己”来完成工作的产品，为用户提供的不仅仅是可拥有的产品，而且是可使用的服务。

佩戴袖带

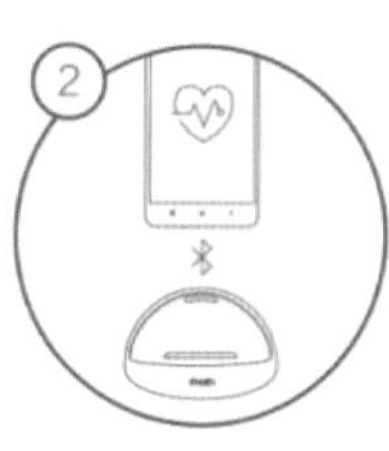

打开APP，自动连接（无须打开蓝牙）

点击红圈开始测量

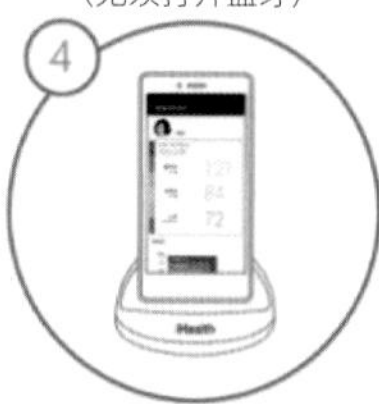

查看测量结果

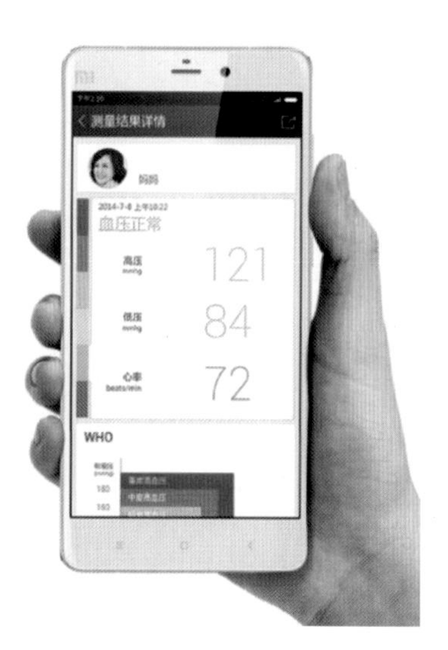

图4-214　iHealth手机APP示意图

图4-215 伊耐净自助洗衣阁

目前，社区公用自助洗衣房都是商家投资建设的，这种模式下对洗衣机的维护和消毒工作都是由商家承担。而校园自助洗衣房由校方自己购买洗衣机供学生使用，维护和消毒工作交由后勤负责，这种方式与商家个人投资方式具有很多共同点。

自助洗衣模式不仅在生活上为人们提供了便捷，也让人们有更多时间来享受生活，同时还解决了资源浪费问题，真正实现了绿色的服务理念。

图 4-215 是伊耐净自助洗衣阁。伊耐净是以节能、环保、快捷为理念的自助洗衣品牌，采用投币或者刷卡的方式，消费者自行选择洗涤方式（程序）和烘干方式（时间和温度）。它的最大特点就是不需要人工服务（可以 24 小时营业），织物从洗涤到烘干都由消费者自己借助洗衣房内提供的洗衣设备来完成。

本章小结：

本章比较全面地介绍了家电、家具、生活家居、交通 / 移动工具等常见产品的绿色设计及其实践应用案例，并且对全新的产品服务应用概念及案例也进行了介绍，能够让读者较为清晰地掌握在企业产品绿色开发和日常消费过程中所遇到的问题及解决问题的方法。所以本章将重点放在了案例介绍和案例分析方面。通过解读案例帮助读者理解绿色设计及全生命周期理念如何在具体设计实践过程中加以应用，以帮助设计师和相关读者较为系统地了解与绿色设计实践相关的知识和实践方法。

本章重点：

1. 家用电器产品绿色设计实践。
2. 非物质化服务产品设计。
3. 家具产品设计实践。
4. 新能源交通 / 移动工具和非能源交通 / 移动工具。

思考：

1. 为什么说产品绿色设计是一个复杂和系统化的过程？

2. 传统生物材料秸秆再利用的主要方法和应用领域有哪些？

3. 实现家具的绿色设计可以从哪些方面进行？

4. 绿色交通工具发展的方向是什么？

第五章 绿色设计评价标准

引语：评价是设计活动的重要环节之一，它对指导绿色设计工作的正确开展、对设计方案是否完善作出判断具有重要作用。目前，绿色设计评价运用得最广泛的当属“生命周期评价”（LCA），是用于评估从原材料提取到材料加工、制造、运输、使用、维修和维护，以及废弃处理或回收利用的技术工具，是与产品生命周期的所有阶段相关的重要环境管理工具。在产品的全生命周期里，从设计开发阶段就必须系统考虑原材料选用、生产、销售、使用、回收、处理等环节对资源环境造成的影响，力求最大限度地降低资源消耗，尽可能少用或不用含有有毒、有害物质的原材料，减少污染物产生和有害气体排放，从而实现环境保护。

本章所提出的绿色设计评价标准，是在 LCA 的基础上分别从生态、文化、社会三个方面对绿色设计提出了更全面的要求，对绿色设计的定性评价标准做出了较为清晰的描述与定义，建立了“绿色设计综合评价模型”（Comprehensive Green-design Evaluation Model，简称 CGEM），丰富和完善了现有的评价标准，是产品绿色设计体系中非常重要的一个部分。

第一节　生态评价标准

一、针对产品生命周期的过程评价

(一) 产品生命周期评价的概念、技术框架

1. 产品生命周期评价的概念来源及主要特点

（1）产品生命周期评价的概念。

生命周期评价（Life Cycle Assessment，简称 LCA），又被称为生命周期分析（Life-Cycle Analysis）、从摇篮到坟墓的分析（Cradle-to-grave Analysis），是用于评估从原材料提取到材料加工、制造、运输、使用、维修和维护，以及废弃处理或回收利用的技术工具，是与产品生命的所有阶段相关的重要环境管理工具。

设计师可以使用“生命周期评价”来评价他们的设计所产生的环境影响。通过利用各种 LCA 工具，可以取得以下三方面的收获：一是能清楚地概括能源与材料的投入以及排放；二是在已确认的能源与材料投入与排放前提下，评估可能潜在的环境影响；三是分析与阐释各项分析结果以便后续做出明智的决策。

（2）LCA 的来源。

LCA 概念的雏形最初是在 20 世纪 60 年代末，由美国中西部研究中心（Midwest Research Institute，简称 MRI）提出，当时把这一分析方法称为资源与环境状况分析（Resource and Environmental Profile Analysis，简称 REPA）。接下来，英国开放大学（Open University in England）、瑞士材料实验所（EMPA）也提出了类似的概念。

第一次石油危机出现的时候，罗马俱乐部（Club of Rome）在 1972 年发表了震撼世界的著名研究报告——《增长的极限》，让人们认识到世界资源并不是用之不竭的，粗犷型的经济发展会带来严重的自然灾害与社会危机。1978 年底，第二次石油危机爆发，在部分专家的呼吁与奔走下，LCA 理念得到发展，不过当时并没有在应用实践中得到太多实质性的进展。

20 世纪 80 年代末，随着区域性与全球性环境问题的日益严重、人们的环境保护意识的加强和可持续发展思想的普及，以及可持续性行动计划的兴起，生命周期评价概念得到全面复兴。这个时期对生命周期评价的基本思想是，所有与产品或服务有关的环境负担都必须评估，从原材料一直到废弃处理。这一思想得到大多数人的赞同，“生命周期评价”一词比德国提出的“kobilanz”或法国的“ é cobilan”更为精确。

1990 年—1993 年，国际环境毒理与环境化学学会（SETAC）开展了一系列重要工作坊研讨会，其成果也形成了现代生命周期评价体系的技术框架，即目标定义和界定范围、清单分析、影响评价、改进评价。

自此以后，生命周期评价成为世界通用的环境评价手段。

（3）LCA 的主要特点。

目前，生命周期评价体系已经发展得相当的成熟，国际标准组织已经给出了专业、权威的定义，并对其涉及的各个细节进行了量化，给予综合化的评价，覆盖全面且引用清晰，采用 ISO14040/44 作为评价标准。

它是通过编制某一系统相关投入与产出的存量记录，评价与这些投入、产出有关的潜在环境影响，根据生命周期评价研究的目标解释存量记录和环境影响的分析结果来进行的。

生命周期评价体系具有以下特点：

①将产品与环境联系——通过 LCI 与 LCIA，将产品和环境介入与环境影响联系起来；

②科学且客观——通过系列库存数据分析以及表征计算模型，呈现科学客观的结论；

③开放的框架与全面的方法覆盖——适用于任何产品，生命周期的任何环节，任何类型的介入形式以及任何形式的环境问题；

④标准化以及高接受度——国际环境毒理学会与化学学会（SETAC）、联合国环境规划署（UNEP）以及国际标准化组织（ISO）都基于“生命周期评价”的基本理论给出定义。

2. LCA 技术

（1）LCA 标准化的发展进程。

前文提到了，生命周期评价体系直到 20 世纪 80 年代末才得到全面复兴。1991 年由国际环境毒理学会与化学学会首次主持召开了有关生命周期评价的国际研讨会，该会议首次提出了“生命周期评价”的概念。在以后的几年里，该组织对生命周期评价从理论到方法上进行了广泛的研究。1993 年国际标准化组织开始起草 ISO14000（ISO14040 前身）国际标准，正式将生命周期评价纳入该体系，形成全球适用的国际标准。目前，正在使用的是 2006 年的版本。对于生命周期评价体系的定义，现在较具代表性的三种定义包括国际环境毒理学会与化学学会的定义、联合国环境规划署的定义以及国际标准化组织的定义。尽管存在着不同的表述，但是有关国际机构目前已经开始采用比较一致的框架内容，其核心是：LCA 是对贯穿产品生命周期的全过程——从获取原材料、生产、运输、使用直至最终处置的环境因素及其潜在影响的研究。

（2）LCA 是环境保护的新思路。

目前，我们为环保所做的大部分的努力还停留在生态补偿阶段，属于末端治理，大量的环保措施都是为了解决已经出现的生态问题。而根据生命周期评价的要求，在设计阶段就能决定产品一生的生态表现属性，从产品的孕育阶段入手，让产品从诞生到报废都满足环境保护的要求。这种新的设计思路远优于传统的先使用再治理的思路，是现代产品设计师必备的基本能力。

（3）LCA 技术框架。

1993 年形成的国际环境毒理学会与化学学会版 LCA 技术框架以及后来出现的更完善的 ISO14040 版本如图 5-1、图 5-2 所示。

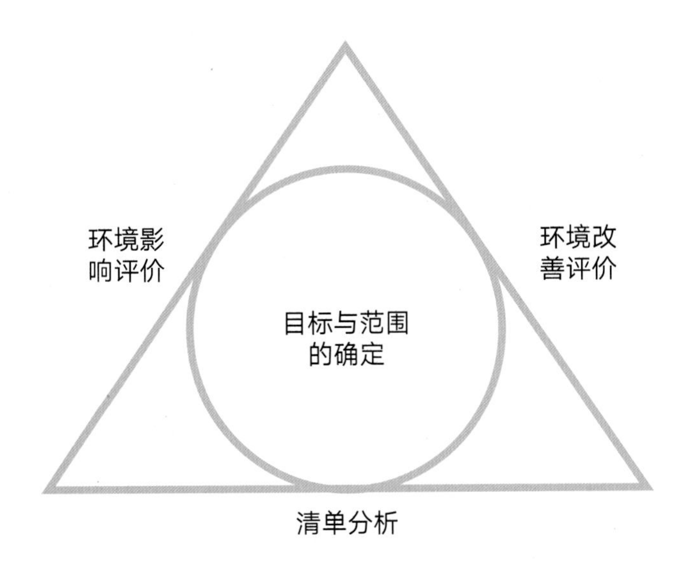

图5-1　国际环境毒理学会与化学学会版LCA技术框架

- 目标与范围定义（Goal and Scope Definition）
- 清单分析 LCI（LiFe Cycle Inventory）
- 生命周期影响评价 LCIA（LiFe Cycle Impact Assessment）
- 生命周期解释（LiFe Cycle Interpretation）

图5-2 ISO版LCA技术框架

3. LCA 目的和范围

（1）LCA 的框架。

前面已经给出了目前常用的 LCA 技术框架，ISO 版与 SETAC 版最大的不同在于 ISO14040 版本提出的最后一个被称为“解释”的要素。国际标准化组织认为，“环境改善评价”只是“生命周期评价”之后的许多活动之一，而不是真实分析的全部。因此，我们认为国际标准化组织给出的定义更全面完善，当然，评价框架的范围与内容也会随着时代的进步与发展而不断调整改变。

（2）LCA 的目的、范围和应用。

LCA 的目的是对与某个产品或服务相关的所有资源投入与产出进行量化，并评估这些资源的流动可能产生的环境影响。这些评估信息用于改进流程，支持政策制定并为优秀的决策提供良好的基础支撑。

LCA 除了可以用来评价产品或服务对环境造成的生态影响外，基于此提出的社会影响生命周期评价（Social LCA）概念也处在发展中，作为不同的思考模式，社会影响生命周期评价旨在通过不同的路径去评估生命周期思维可能产生的社会影响。

目前看来，LCA 的评价结果主要可以用于以下四个方面：

①鉴别在产品生命周期的不同阶段改善环境问题的机会。

②产业界、政府机构及非政府组织的，例如:企业规划、优先项目设定、产品与工艺的生态设计或改善以及政府采购。

③选取环境影响评价指标，包括测量技术、产品环境标志的评价等。

④市场营销战略，例如环境声明、环境标志或产品环保宣传等。生命周期评估的应用与 ISO14001 标准的实施有着密切的关系。ISO14040 要求组织应建立程序以识别其活动、产品及服务中的环境因素与重大环境因素，并在制定目标指标时重点考虑重大环境因素。生命周期评价是一个可用来识别这些环境因素的方法。但是基于时间及财务等因素，ISO 14040 也并不要求进行完整的生命周期评估。

4. 针对产品生命周期的绿色设计目标

现代社会针对产品生命周期的绿色设计目标应该包含以下四个方面。

（1）材料低碳环保与可持续性。

绿色产品除了在功能性上低碳、环境友好型外，生产原材料的选用，也是衡量其是否具有可持续性的标准。设计师不仅需要具备开源的能力，还需要对材料的生态性能本质有较深的理解，这样才能合理地选择既能满足功能、结构需求，同时也能满足低投入、低废弃物产生以及低环境影响的要求。

绿色材料选择技术是一个很复杂的问题。绿色材料尚无明确界限，生命周期评价体系尤为看重原材料的选用，不但要考虑其绿色性，还必须考虑产品的功能、质量、成本、噪声等多方面的要求。材料选择时应减少不可再生资源和短缺资源的使用量，尽量采用各种替代物质和技术。

（2）生产环节全面实施绿色制造技术。

生命周期评价体系看重产品生产过程的生态表现。这就要求尽可能采用绿色制造技术。绿色制造技术是指在保证产品的功能、质量、成本的前提下，综合考虑环境影响和资源效率的现代制造模式。绿色制造涉及产品生命周期全过程，涉及企业生产经营活动的多个方面，是一个复杂的系统工程。要真正有效地实施绿色制造，必须从系统的角度和集成的角度来考虑与研究绿色制造中的有关问题。

在生命周期评价指导下，在产品整个生命周期的制造环节，以系统集成的观点考虑其环境属性，改变了原来末端处理的环境保护办法，从源头抓环境保护，并考虑产品的基本属性，使产品在满足环境目标要求的同时，保证产品应有的基本性能、使用寿命、质量等。当前，绿色制造的集成功能目标体系、产品和工艺设计与材料选择系统的集成、用户需求与产品使用的集成、绿色制造的问题领域集成、绿色制造系统中的信息集成、绿色制造的过程集成等技术的研究将成为绿色制造的重要研究内容。

生命周期评价对产品制造环节主要关注三个重要领域的问题：一是产品生命周期的生产制造过程；二是制造过程产生的潜在环境影响；三是制造过程的资源优化利用问题。

首先，生产过程是“从摇篮到坟墓”的制造方式，它强调在零部件加工的每一个阶段并行、全面地考虑资源因素和环境因素，体现了现代制造科学的“大制造、大过程、学科交叉”的特点。绿色制造倡导高效、清洁制造方法的开发及应用，达到绿色设计目标的要求。这些目标包括提高各种资源的转换效率、减少所产生的污染物类型及数量、提高材料的有效回收利用率等。

其次，绿色制造强调生产制造过程的“绿色性”，这意味着它不仅要求对环境的负影响最小，而且要达到保护环境的目的。除了前面提到的制造过程的“绿色性”以外，产品包装与运输的问题也极其重要。

再次，绿色制造要求对输入制造系统的一切资源的最大化。粗放式的能源消耗导致的资源枯竭是人类可持续发展面临的最大难题，有效地利用有限的资源获得最大的效益，使子孙后代有资源可用是人类生产活动亟待解决的重大问题。

（3）营销低碳与服务社会化。

“低碳营销”也叫“绿色营销”，是指社会和企业在充分意识到消费者日益提高的环保意识和由此产生的对清洁型无公害产品需求的基础上，发现、创造并选择市场机会，通过一系列理性化的营销手段来满足消费者以及社会生态环境发展的需要，实现可持续发展的过程。

低碳理念是低碳营销的指导思想。低碳营销以满足低碳需求为出发点，只有将低碳理念引入营销体系，比如引入设计规范中，自然会为消费者提供能够有效降低环境污染、防止资源浪费、有效提高效率的产品，力求实现人类行为与自然环境的协调发展。

绿色营销不是一种诱导顾客消费的手段，也不是企业塑造公众形象的“美容法”，它是一个导向持续发展、永续经营的过程，其最终目的是在化解环境危机的过程中获得商业机会，在让消费者满意和实现企业利润的同时，达成人与自然的和谐相处，共存共荣。

低碳消费是实施低碳营销的决定性驱动力。营销活动的进行必须有消费者这一角色积极参与，否则会成为空中楼阁，低碳营销更是如此，没有消费者的参与，最终会影响低碳营销快速有序地进行。

技术创新的持续稳定发展为低碳营销的实施搭建了坚实的平台。低碳时代的竞争，说到底是低碳技术和技术应用的竞争。只有以低碳技术促进低碳产品的发展、促进能源节约和资源可再生及高效能低碳产品的开发，才是低碳营销实施的基本物质保证。

5. 经济效益与社会效益同步

改革开放以来，我国经济飞速发展，为了迅速提升国家经济实力以及全面提高国民生活水平，采用了一种较为粗犷的发展模式，重经济发展轻环境保护的意识长期影响着人们。不过，随着国家经济实力的提升，人民生活水平已经得到显著提高，物质上的富足以及对国家政策的重视，使大众对生态环境问题的关注度越来越高。经济要发展，环境要保护，这就注定未来的商品（产品）必须具有经济价值以及环境友好型的双重属性，即经济效益与社会效益同步，缺一不可。

（二）产品生命周期的运行及 LCA 综合评价

1. 产品生命周期各阶段的运行

一般情况下，一个完整的“产品生命周期”可以分为如图 5-3 所示几个阶段。

产品系统具有复杂性与多样性的特点，我们可以将产品生命周期评

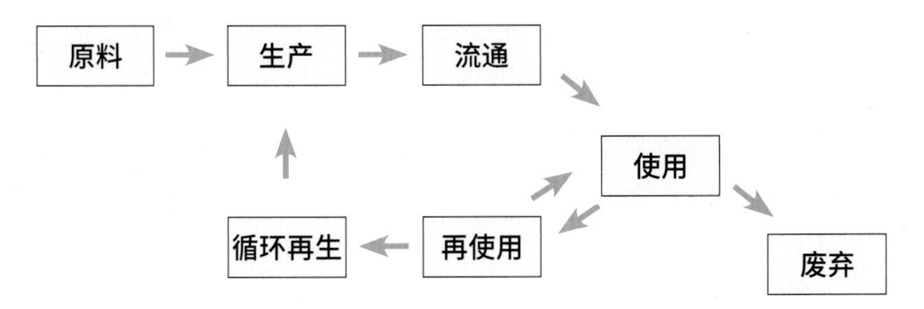

图5-3　“产品生命周期”各个阶段

价看作一个整体系统进行研究，也可以将其中的各阶段提取出来单独分析，得出评价结果以支持后续的设计改进方案。

2. LCA 综合评价

因为产品生命周期评价覆盖了产品从酝酿到报废的全生命周期，包含多个阶段，也考虑了多种环境影响类型。因此，通过这种体系得到的综合评价结论可以防止环境影响在不同阶段的转移，在每个阶段都存在丰富的改进方法，因此 LCA 的综合评价结论可以帮助我们选择最有效的改进途径，达成目标。

二、针对目标采纳的设计技术与方法评价

（一）资源开发、利用策略

物质资源在其开发、利用的整个生命周期内遵循“减量化、再利用、再循环”的理念。

1. 选择与控制材料的多样性、分级利用、投入量

在设计开发阶段考虑原材料的使用多样性与选择合理性，通过对产品定位的评估，确定合理的资源投入量。

在产品和生产工艺设计阶段要以面向产品的再利用和再循环设计目标为牵引：在生产工艺体系设计中考虑资源的多级利用、生产工艺的集成化标准化设计思想；在生产过程、产品运输及销售阶段考虑过程集成化和废物的再利用；在流通和消费阶段考虑延长产品使用寿命和实现资源的多次利用；在生命周期末端阶段考虑资源的重复利用和废物的再回收、再循环。

2. 开发可再生材料与丰富可再生材料运用技术

目前，市面上的可再生材料还不够多元化，这对绿色产品设计来说既是瓶颈也是机遇，尽可能多地开发实用的再生材料可以为设计师提供多种选择。通过丰富可再生材料运用技术并扩大其使用范围，从更广的维度实现“减量化、再利用”，为环境、社会、企业创造多赢局面。

3. 再生材料循环使用

通过再生材料循环使用，完整地实现“减量化、再利用、再循环”的理念。和传统的废弃物再利用不同，利用废弃物仍然只是一种辅助性手段，环境与发展协调的最高目标应该是实现从利用废弃物到减少废弃物产生，而再生材料的循环利用要强调废弃物的低排放甚至零排放。

（二）产品绿色开发策略

在产品设计开发流程中，通过最初的论证立项，然后由技术主管以及项目负责人来编制《设计开发任务书》和《设计开发计划书》，在这个过程中，会对产品本身的一系列属性进行定义，那么 LCA 相关的产品生态属性就必须在这一阶段得到确定。符合 LCA 评价要求的绿色开发策略有很多，最常见的是以下三种。

1. 长寿命设计、提高耐久性、降低损耗

产品耐用性的提高及使用寿命的延长意味着生产资源投入的需求减少，虽然目前“经久耐用”已经不再是产品表现优秀与否的唯一标准，甚至有可能成为企业追求利润路上的“绊脚石”，但从可持续发展的角度看，这是对产品的起码要求，也是使用者乐于见到的。

2. 模块化设计提高零部件通用性与互换性

LCA 关注模块化设计所带来的产品生态表现优势。通过模块化设计的产品具有较高的功能扩展性、零部件的通用性与互换性，其意义在于最大化的设计重用，以最少的模块、零部件，更快速地满足更多的个性化需求。从一定程度上来说，能够减少基础生产物资的投入，是变相提高产品使用寿命的一种开发策略。不过需要注意的是，这里的模块化设计并不仅仅是指简单的产品功能模块化，还包括工艺、制造的模块化技术。

3. 多功能和单功能产品开发，高科技和低技术产品设计

LCA 还要求开发者采用多功能产品和单一功能产品开发、高科技与低技术产品搭配开发的策略，以满足不同层次消费者的需求，虽然这会增加部分开发成本，但是如果开发技术使用得当，总体来说是能达到“合理的投入满足合理的需求”目标的，从而避免因“功能过度”所带来的资源“投入过度”的问题。

（三）绿色营销策略

产品开发量产后的运输与销售等后续环节也是 LCA 的重要部分，这就要求必须采用相应的绿色营销策略。

1. 扁平化设计、DIY 产品、网络营销

从商品运输的角度来看，扁平化设计能在物流运输阶段节约大量的空间，使能源利用率得到大幅度提高。瑞典宜家家居大量运用扁平化设计策略，效果值得肯定。

DIY 产品的生态优势体现在运输上，通过合理的设计，使产品各部件满足可叠放、巧收纳、便运输、易组装的特点，通过使用高效的运输模式，在到达指定位置后，不需要太多技巧就能组装产品。DIY 产品还能为用户带来新的使用体验，表达特定的产品情怀。

我们生活在网络信息化高度发达的社会，各种网络营销技术以及自媒体销售手段的涌现，为产品信息的传播提供了多种选择，物质资源的少投入是网络营销的最大特点，这也符合 LCA 中减少资源消耗的要求。

2. 分享服务、租赁服务产品与系统开发

产品是否具备可分享的属性或者是否属于共享经济体系，也是 LCA 需要考虑的部分。分享服务也被称为共享服务，其本质是整合线下的闲散物品或服务者，让其以较低的价格提供产品或服务。抛开经济利益的维度，单对于需求而言，分享经济要求不直接拥有物品的所有权，而是通过租、借等共享的方式使用物品，这就提高了物品的利用率，物尽其用。需要注意的是，受复杂市场环境的影响，现在出现的大量分享服务体系已经背离了分享经济的本质，并遭人诟病。

3. 产品维护及升级服务、回收服务

完善的产品维护、升级服务以及回收服务是衡量产品生命周期表现的重要指标，成体系的售后与回收服务，能最大限度地延长产品使用寿命，并使生命周期所产生的废弃物对环境的影响最小化。

（四）用户端低碳策略

产品经过商品化流通最后来到用户手中，进入使用阶段，这一阶段的产品生态表现也属于 LCA 的一部分。如果在使用过程中，产品能在以下某一方面或几方面有突出表现，可以认定为该产品生态表现良好。

1. 易安装、易拆卸、可折叠

易安装、易拆卸、可折叠意味着拥有合理简单的结构，便于用户自己动手组装与修复，延长产品寿命。当到达生命周期末端时也不会因为拆卸困难、拆卸成本高而选择整体废弃，以便进行有选择性的回收。

2. 同类产品模块化、标准化，可局部替换、局部升级、局部报废

模块化设计以及标准化设计会让用户的使用过程变得简单，带来良好

的用户体验，同时由模块化设计带来的功能拓展性也是优势之一。模块化设计能让用户在使用过程中方便地进行局部替换、局部升级、局部报废等操作，减少了浪费。

3. 相同类型功能产品一体化

在结构、技术及空间允许的情况下，将具有类似功能的产品进行整合优化，可以减少大量基础资源的投入。例如现在一台复印打印一体机就等同于过去扫描仪、打印机、复印机三台机器的组合，甚至还包含传真机、电话功能，是小型企业办公室的首选设备。

4. 能源方式可切换

如果在用户使用产品的时候，完全采用清洁能源，无疑对环境是有巨大好处的。但受技术条件的限制，并不是所有的情况下都能使用清洁能源，这些限制条件包括了成本因素以及技术因素。在设计中，如果能提供多种能源使用方式让用户根据自身情况进行选择，既能满足环保的需求也不会因为技术瓶颈而影响用户使用体验。

三、针对绿色设计发展阶段效益评价

2000 年，荷兰代尔夫特理工大学（Technische Universiteit Delft）的 Han Brezet 教授提出了“绿色设计”四阶段模型，从四个革新阶段形象地反映了绿色设计各环节中环境效率因子所占的比重，以此来对绿色设计进行直观的评估。（图 5-4）

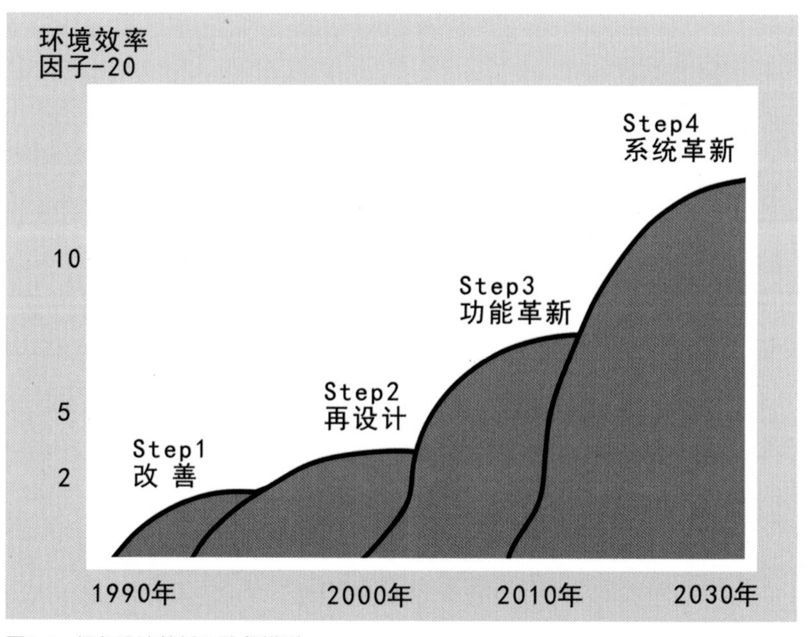

图5-4　绿色设计革新四阶段模型

（一）改善阶段（Improvement）

在现有产品基础上，针对生态效应表现不佳的局部进行改善或改良，以期基本满足环境友好的要求，这一阶段主要是从防止污染和考虑环境保护的观点出发。例如，选择更环保的生产材料，使用清洁能源代替化石能源，建立科学的废弃物回收体系等。

（二）再设计阶段（Redesign）

针对部分生态表现不理想的产品，重新设计产品本身不合理的结构、零部件，提高再生循环率，改善可拆卸性，以及重新制定对能源依赖更小、对环境影响更小的加工工艺。

（三）功能革新阶段（Function Innovation）

即改变产品的概念，通过清楚地认识需求的本质来不断革新产品的功能开发方式，以具备更合理功能的全新产品来替代现有产品或者服务模式，例如电子办公取代传统的纸质办公模式。

（四）系统革新阶段（System Innovation）

即革新社会系统，追求结构和组织的变更，通过引入信息技术、大数据、人工智能，创建效率更高的资源运用模式。例如根据信息技术来改变传统的略显盲目的组织、运输及生产，目前提倡的工业 4.0 智能智造即是最好的体现。

除了以上四个阶段的发展，我们认为：在当前，世界多数国家已达成可持续发展的共识，获得了人们对绿色设计价值的普遍认可，将构建绿色生活方式作为绿色设计自身发展的追求目标很有必要。因为，以提供绿色供给的方式和提供绿色消费是绿色设计的主要任务，而引导绿色消费是实现生活方式绿色转型的重要措施。因此，对绿色设计的评价，还应该加上第五个阶段，即生活方式革新阶段（Lifestyle Innovation）。本阶段的内容和任务是绿色设计的最高追求，也是理想的社会的组织方式，此阶段追求通过绿色设计措施，让生产、生活、工作中的所有消费内容选项都是环境友好的，通过设计完善的配套服务体系，吸引绝大部分国民主动参与绿色生活构建，让社会发展更具可持续性。

四、针对产品生态效益的综合价值指标评价

（一）绿色设计价值的体现

1. 通过设计创新产品赢得市场

随着经济社会的进步，工业文明积累的环境问题日益凸显，可持续发展成为全世界人类共同关注的话题之一。因此，环境问题也成为世界贸易活动中不可忽视的一个重要组成部分，消费者在日常生活中也越来越注重环境保护和自身健康问题，绿色消费理念已经成为新的世界潮流。为保护自然资源、生态环境和人类健康而制定的限制进口措施——绿色贸易壁垒应运而生。

在经济全球化的今天，各国经济对世界市场的依赖度进一步提高，贸易自由也成为一种必然的发展趋势，所以以关税等形式为主的传统贸易壁垒的作用逐渐减弱。伴随着自由化程度的提高，各国贸易竞争也越演越烈，一些发达国家为了保护本国经济不受侵害，努力寻找着相对更加隐蔽的贸易保护手段，绿色贸易壁垒刚好满足了这种需求。

绿色贸易壁垒的出现使很多企业的出口贸易受阻，企业对外贸易风险提高。这样一来会产生两种后果：一是积极改进生产技术跨越绿色壁垒的企业会扩大消费市场份额，提高企业利润；二是采取回避态度消极应对的企业则会遭到淘汰，从而退出市场。所以，绿色贸易壁垒对于企业技术发展来说既是一种阻碍，同时也是一种契机。绿色规则会激发企业家的冒险精神，寻求技术创新以改变企业所处的外部环境，这样一来才能达到突破市场限制的目标，最终获得更高的利润。

2. 通过市场杠杆吸引产业生产转型

消费是生产的终点，也是生产的起点，培育绿色消费观能直接倒逼企业生产方式向绿色转型。所谓产业生产绿色转型，指的是产业结构低碳转型，其概念是把高投入、高消耗、高污染、低产出、低质量、低效益的区域产业结构转为低投入、低消耗、低污染、高产出、高质量、高效益的产业结构。通过对区域产业结构中各产业部门使用终端碳排放强度限制，压缩整个区域经济产业体系和生产活动流程中高碳能源投入量和碳排放量，提高碳生产率，最终实现区域产业结构由高碳、粗放型向低碳、集约型转变。

生产是将自然资源转化为产品的过程，其最终的目的是为了满足人的现实性需要，也只有生产出的产品被消费者购买、使用了，生产的全过程才算完成。因此，可以说消费是生产中最为重要的一环，对生产有直接的引导作用，需要的转向促进生产的变革。

目前，我国正处于生态文明建设的初期，绿色理念还没有深入人心，市场经济中不顾生态环境压力而追求经济利益最大化的现象还较为突出。为了降低生产成本，并在激烈的市场竞争中获胜，企业往往大量消耗

能源资源，使用不环保、不健康的材料，废弃物不经处理就排放到环境之中。以这种模式生产出来的产品背负了太多的环境债，与绿色消费背道而驰。市场上有哪些产品可以选择由企业决定，具体选择何种产品则由消费者决定，如今中国经济飞速发展，早已进入买方市场，购买力便成了消费者手中的选票，将其投向环境保护一方，则能牵引产品供给链向绿色化方向转变。选择绿色产品能促进企业注重从资源节约和环境保护方面进行产品的选材、生产、加工、包装、销售、回收和资源化处置，使环境保护与企业的经济利益挂钩，同时也使企业认识到必须改进生产、提高产品的绿色程度才能迎合公众的心理，树立良好的环境形象，在市场竞争中占据有利地位。

绿色消费策应供给侧改革，拉动经济增长。进入 20 世纪以来，中国的供需关系逐渐失衡，一方面产能过剩严重，钢铁、煤炭、水泥、玻璃等产业利润大幅度下降，宏观经济滞涨风险加大；另一方面又无法合理满足市场需求，顺应消费升级形势，主要表现为中低端产品过剩，而高端产品供给不足，资源密集型产品过剩，而技术密集型和环境友好型产品供应不足。近年来，人们越来越重视生态环保，生态旅游、绿色有机食品、天然材料的衣物与用具、环保装修等的消费市场明显扩大，但真正能跟得上形势的企业却不多，供给质量、供给结构等均不能满足人们对绿色消费的需求。绿色消费策应供给侧改革可以继续扩大绿色消费市场，加快建立和完善生态环保产业，促进产能过剩、产业淘汰和第三产业发展，推动经济结构快速升级，早日建立绿色经济体系。

用绿色消费引领经济发展已经成为新常态。如今，我国经济发展已进入新常态，经济发展速度有所回落，传统经济增长方式已现疲态，新的经济增长点却还未充分显现。传统增长方式中，资源、生态与环境的三重危机已成为进步与发展的主要制约因素，新增长方式必须建立在经济与自然生态环境、与人全方位的利益充分协调的基础之上，绿色消费可以说是这三者的结合点。绿色消费创造新的消费需求，绿色产品制造、绿色能源产业、绿色服务业等都因需求的扩大而获得足够动力，为经济发展提质增效提供支撑。绿色消费意识一旦建立，就不再只是对绿色产品的需求，还要求天蓝、地绿、气洁、水净、食优等，能促进环保产业链条的延伸，培育新的经济增长点。同时，绿色消费要求严格产品环保标准、提高产业生态附加值、发展绿色科技，有利于打破越来越多的国际间绿色贸易壁垒，如欧盟对进口产品的严格环保限制等，树立对环境负责的良好中国企业形象，拓展国际市场。

（二）创造产品综合价值能力的体现

如果说设计属于一种商业行为的话，那么设计应该具有经济属性。设计应该追求更高的产品价值和环境效益。产品的综合价值指标即一件产品身上反映出的包括产品性能、产品外观、产品使用等在内的一切最能体现产品价值的因素总和，它的形成与三大要素密切相关：

一是成本：包括运输成本、制造成本、间接成本；

二是性能：包括安全性、健康卫生标准、使用寿命、产品所反应的精神文化等；

三是环境影响：包括二氧化碳排放量、材料使用量、能耗、土地使用面积等。

如图 5-5、图 5-6 所示，可以直观地反映出产品的综合价值指标与环境效益之间的关系。想要获得更高的产品综合价值，除了提高产品的性能和降低成本以外，最重要的就是减少产品对环境的影响。

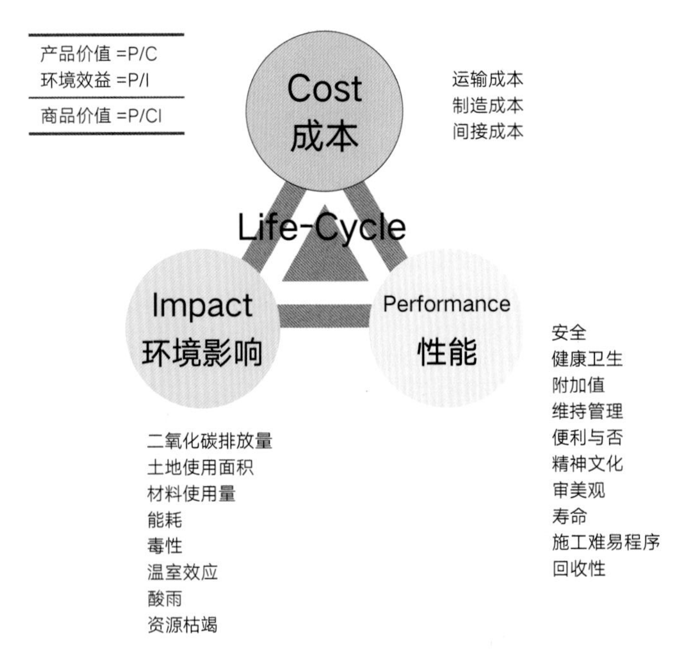

图5-5 影响产品价值指标的三大要素

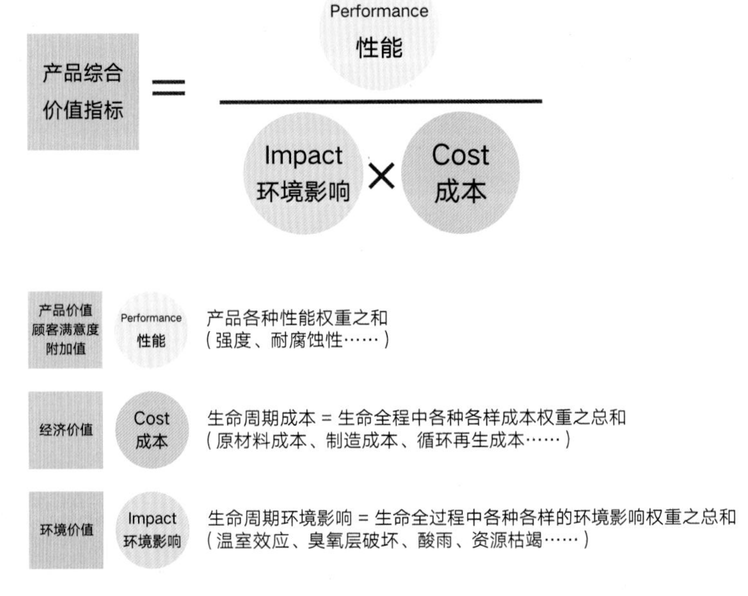

图5-6 影响产品价值指标的三大要素之间的关系公式

绿色设计是为了提高环境效益，为了提高产品性能 P 与环境影响 I 之比（P/I）而进行的设计。显然，可以通过减少环境影响和提高利用率两种途径来实现。

首先是减少对环境造成影响的问题。必须使用对环境影响小的材料即生态环境材料同时要设法降低物质集约度；采用环境效率高的生产技术和物流系统；减少使用时的环境影响，并将使用后的循环再生率和部件的再利用率最大化；最终减少对人类健康和环境的潜在危害。

其次是如何提高利用效率的问题。第一，转变能源消费结构。如能源消费以煤炭消费为主，可以减少原煤直接燃烧的数量，使用二次能源或清洁能源，以减少对环境的污染和减轻运输压力。从长远来看，努力调整和优化能源结构，实现能源供给和消费的多元化，以应对能源消费日益扩大的趋势。通过提高电、石油、天然气等优质能源消费比重和提高单位能耗来解决能耗利用率低和能耗对环境的压力的问题。第二，节约能源，提高效益。通过多年的节能宣传，企业的节能意识已经有了很大的提高。多数企业都在厂区内制作节能宣传板报，设立节能奖励资金对节能个人进行精神和物质双重奖励，使节能意识深入人心，这些做法都能为提高能源利用率起到很大的作用。

第二节 文化评价标准

一、有利于绿色文化的传播与生态环保教育

绿色发展需绿色文化作为支撑，但同时也能为文化发展提供新的方向和新的内容。如今，以工业文化为核心的西方文化大行其道，消费主义充斥着社会生活，具有批判性、思考性的精英文化沦落为机械的、同质的、庸俗的大众文化。绿色发展指出了新的方向，为文化发展提供了新的思路。绿色文化以人与自然的关系为核心，将自然看作人生存的家园，强调生态系统的重要性，珍视自然物的内在价值，体现人与自然共同发展的生活方式与价值观念。这是与以往任何文化相比都更为先进的文化，体现着人类历史的发展。

（一）绿色文化的传播体现在政府绿色管理法规政策的健全与执行力方面

推动全社会的可持续发展，政府起着主导作用。政府是国民意志的集中体现，是社会权力的代表，政府通过政策颁布、法律制定、行政管理等规范着整个社会的运行。而在政府制定的政策与实施手段之中，政策体制又是最核心的，约束着人们的行为。因此，要推进国家的可持续发展，首先需要构建践行生态文明的社会体系，通过政策体制的变革与完善推进社

会生活的绿色转型。

（二）绿色文化的传播体现在人们衣、食、住、行、用的方方面面

培养人们的绿色消费观是引导公众参与绿色发展、实践绿色生活方式的关键着力点。生活消费是否实现了绿色化，受供需关系牵涉提供供给的企业和大众消费者的利益诉求、价值诉求、使用满意度诉求、环境保护诉求等方方面面因素的影响。通过提供绿色产品引导绿色消费是传播绿色文化的重要而有效的途径，而通常意义上的大众消费主要体现在衣、食、住、行、用几个方面。提高人们在衣、食、住、行、用诸方面消费产品的绿色等级，为绿色产品和服务创造市场，可产生经济效益；提高生活质量，最大限度地减轻当地基础设施的压力，保证人们的健康和提高生活舒适度，可产生社会效益；延长产品的生命周期，在原材料生产环节实现可持续发展。处理好产品使用后的回收处理和再生利用环节，从源头上减少废弃物的产生，有利于保护环境，维护生态平衡。

（三）绿色文化的传播体现在学校对生态环保理念的教育中

学校是一个传播文化的特定的学习场所，是学生获得知识、提升价值观、养成行为的重要场所，学校环境对学生学习知识有着潜移默化的影响，因此通过课堂教学、校园环境、生活和管理体系传递可持续发展思想尤为重要。

二、有利于民族传统文化的传承与发展

中华民族在数千年的历史中创造了灿烂的文化，中国传统文化博大精深，具有强烈的历史性、民族性和继承性，影响着我们今天的生活。

中国早在两千年前的先秦时代就提出利人、重生、民本、尚中思想，还有老子、庄子的自然、无为、生态等思想，而这些思想与现代设计理想有着异曲同工之妙。人类祖先早在诞生之初，为了生存，产生了许多原始质朴的设计想法。骨针、石斧、石球……到后来的瓶罐器皿，无不彰显着先人的智慧。从为了生存生活而设计到为了提高生活质量而设计，再到物质资料迅速膨胀的工业时代，人类的认识和创造能力达到足以影响整个自然生态的运行机制的时候，我们经历了一个漫长却有探索意义的过程。人们对自然的态度：敬畏—征服—尊敬，不断转变，直到今天形成了一个科学的发展观念。但我们依然不能忽视设计造物最根本的目的是为了满足功能性的需求。如何在物欲横流的现代社会，汲取传统精髓，找到合适的设计方向才是当代中国设计师们努力的方向。

三、有利于地域乡土文化的延续与价值提升

（一）地域乡土文化的概念

地域乡土文化是自然景观之上的人类活动形态、文化区域的地理特征、环境与文化的关系、文化传播路线和走向以及人类的行为系统，包括民俗传统、经济体系、宗教信仰体系、文学艺术、社会组织等。

不同个性特质、各具鲜明特色的地域文化，不仅是源远流长的中华文化的有机组成部分，而且是中华民族的宝贵财富。地域文化的发展既是地域经济社会发展不可忽视的重要组成部分，又是地方经济社会发展的窗口和品牌，也是招商引资和发展旅游等产业的基础条件。中华大地上各具特色的地域文化已经成为地域经济社会全面发展不可或缺的重要推动力量——地域文化一方面为地域经济发展提供精神动力、智力支持和文化氛围，另一方面通过与地域经济社会的相互融合，产生巨大的经济效益和社会效益，直接推动社会生产力的发展。

（二）乡土文化的延续与价值提升

传统的造物智慧对当代设计有着深远的影响，通过设计，乡土文化的价值得以延续与提升。

1. 元素的应用

在当代设计中融入传统元素，将传统元素与现代技术完美结合。巧妙地运用中国传统元素，并将其作为当代设计的主要要素，结合现代科学技术，融入现代设计的表现形式，能够使设计作品既有实用性又饱含艺术的观赏性。在提升设计作品美誉度的同时也满足了消费者追求传统文化艺术的心理需求。

2. 材料和工艺

传统器物对材料和工艺的创新运用也能够为现代设计带来启示。造型设计以致用利人为目的，以满足人们的生活需要为出发点，无论是在造型形制的选择上还是在造型尺度的确定上，或者是在材料和工艺的选择方面都应该针对使用要求来确定。

3. 人性化设计

设计应该从使用功能和使用方式出发，以“人性化”为核心，从设计的角度对功能和使用方式划分进行深入研究，设计出更符合当下人性化需求的作品，并体现出造物观念和设计美感。

4. 理念追求

传统造物从功能、技术、情感、材料、外观设计等多方面综合考虑，

注重物质、功能、精神和审美的四合一，追求一种单纯又典雅，实用又美观的风格。传统造物元素中“天人合一”的思想，应成为当代设计追求的设计理念。

5. 造物与环境

当今环境问题的日益严重，人们越来越重视生态环境保护问题，“绿色设计”成为世界设计界关注的焦点。传统生活器物大都使用植物材料，在其整个设计、生产、使用、废弃的物品生命周期过程中不产生任何有害排放物，清洁、无污染、易降解，这也是传统造物设计对当代设计的重要启示。

第三节 社会评价标准

一、设计符合绿色发展方针

（一）绿色发展方针的制定

为实现“十三五”时期发展目标，党的十八届五中全会提出了经济社会发展的五大新发展理念：创新发展、协调发展、绿色发展、开放发展、共享发展。这是对以往发展理念的丰富和完善，也是在更高层次上向传统发展思想的回归，更好地体现了发展思想的科学性。

绿色是永续发展的必要条件和人民对美好生活追求的重要体现。党的十八大提出，要把生态文明建设放在突出地位。这是对现阶段社会发展形势的正确评判，也是对经济社会发展提出的新要求。走向生态文明新时代，建设美丽中国，是实现中华民族伟大复兴中国梦的重要内容。我国资源约束趋紧，环境污染严重，生态系统退化，发展与人口资源环境之间的矛盾日益突出，已成为经济社会可持续发展的重大瓶颈。必须坚持节约资源和保护环境的基本国策，坚持绿水青山就是金山银山的理念，坚持走生产发展、生活富裕、生态良好的文明发展道路，加快建设资源节约型、环境友好型社会，形成人与自然和谐发展和现代化建设新格局，积极推进美丽中国建设，开创社会主义生态文明新时代。“十三五”时期，要把生态文明建设贯穿于经济社会发展各方面和全过程。一方面要有度、有序地利用自然，促进人与自然和谐共生。按照人口资源环境相均衡、经济社会生态效益相统一的原则，控制开发强度，调整优化空间结构，划定农业空间和生态空间保护红线，构建科学合理的城市化格局、农业发展格局、生态安全格局和自然岸线格局。另一方面要加大环境治理力度，实现生态环境质量总体改善。

（二）我国绿色产品评价制度逐步建成

“十二五”以来，产品生命周期的理念逐步得到推广，基于产品全生命周期考虑的绿色设计，逐步成为工业绿色发展领域中的重要内容。“十三五”时期，工业产品绿色设计的政策体系建设将深入推进，政府引导与市场推动相结合的推进机制将进一步完善。

我国制定发布了绿色设计产品评价通则、标识以及一批典型产品的评价标准等系列国家标准，标准体系建设有序推进，初步建立了政府引导和市场推动相结合的工业产品绿色设计推进机制。“十三五”时期，我国产品绿色设计标准体系建设将深入推进。工信部、国标委《绿色制造标准体系建设指南》（工信部联节〔2016〕304 号）中明确提出了，我国建立绿色制造标准体系的思路、目标和任务，其中绿色产品领域的标准是重点内容之一。截至目前，共计发布了 29 项产品的绿色设计标准。推动绿色设计产品第三方评价机制的建立。按照“十三五”工业绿色发展规划的有关要求，加快建立自我评价、社会评价与政府引导相结合的绿色制造评价机制。开发应用评价工具，开展绿色产品评价试点，引导绿色生产，促进绿色消费。鼓励引导第三方服务机构创新绿色制造评价及服务模式，面向重点领域开展咨询、检测、评估、认定、审计、培训等一揽子服务，提供绿色设计与制造整体解决方案。

二、设计能够在绿色生活方式构建中发挥积极作用

绿色消费观就是生态文明的消费观，是对工业文明消费观的超越。大体看来，绿色消费观主要指这样一种观念，它提倡消费者购买和使用健康、无污染的环保产品，提倡最大限度地减少对资源的浪费，做到适度消费。反对奢侈和浪费，提倡消费水平要与当前的生产力水平相适应，在合理利用现有的资源、不破坏生态环境的前提下，使人们的需要得到最大限度的满足。绿色发展需要对工业文明消费观进行批判，也需要通过各种途径培育绿色消费观念，切实改变公众消费方式。

“绿色消费”涵盖了生产和消费领域的一系列活动，包括绿色产品、材料的回收利用、能源的有效利用、保护环境和保护物种。绿色消费可以定义为“5R”：减少（Reduce）、重新评估（Reassess）、再利用（Reuse）、循环使用（Recycle）和回收再用（Recover）。绿色消费是指消费者对绿色产品的需求、购买和消费活动，是一种具有生态意识的、高层次的理性消费行为。绿色消费是从满足生态需要出发，以有益健康和保护生态环境为基本内涵，符合人的健康和环境保护标准的各种消费行为与消费方式的统称。绿色消费是指以节约资源和保护环境为特征的消费行为，主要表现为崇尚勤俭节约，减少浪费，选择高效、环保的产品和服务，降低消费过程中的资源消耗和污染物排放。

三、设计能够平衡兼顾消费需求与生态环保之间的矛盾

在经济社会高速发展的今天，人们的消费观念普遍还停留在追求较高的物质享受方面。一方面，不断提高的消费能力刺激社会经济发展，我国GDP逐年增长；另一方面，消费水平的提升必然促进生产，而目前我国大多数的生产企业仍然以传统的模式运行，高污染的粗放型生产方式仍占据主导地位。消费需求与生态环境之间的矛盾日益加重。（图5-7）

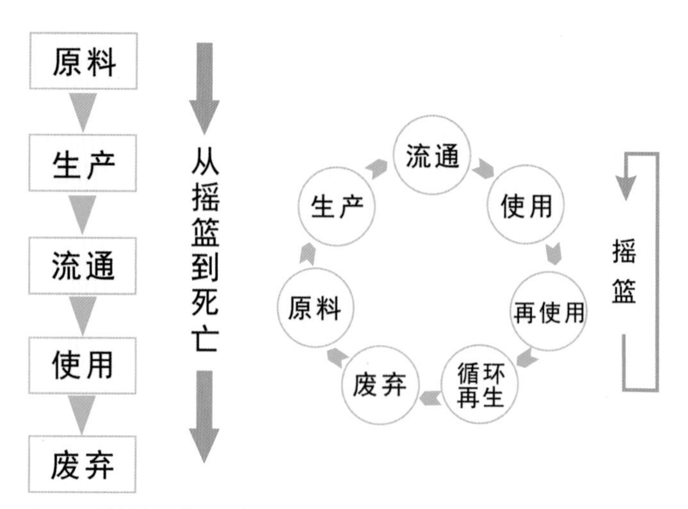

图5-7　传统生产模式下的产品生产流程与循环经济模式下的生产流程对比

日本东京大学教授、国际著名绿色设计专家山本良一先生曾说过这样的话：“工业产品与工艺美术品不同，它是以大量生产、大量供给为前提进行开发和生产物品，对地球环境造成的影响很大。因此，环境协调性对于工业产品而言是必要条件，是工业产品的大前提……也就是说，应该认识到不是生态设计（绿色设计）的工业产品已经不值得称其为工业产品了。”

使用绿色设计的产品并不代表落后与廉价，相反的，为了吸引更多的消费者购买和使用绿色产品，设计师必须要考虑消费需求，为人们设计创造出更多好用、耐用、实用且美观的产品。追求环保与消费并不相悖，设计师在其中要能平衡兼顾二者。

四、设计遵循为多数人服务的原则并重视社会弱势群体利益

既然说绿色设计是运用了可持续发展理念的设计，那么，在绿色设计中必然要体现可持续发展的三大原则，即公平性、持续性、共同性原则。从设计的角度出发，主要体现在以下两点。

（一）设计应为多数人服务

绿色设计的最终目标是“构建绿色生活方式”，要实现这一目标，设

计应遵循为多数人服务的原则，让大众都能用上环保健康的消费品，从而增强全社会的绿色消费意识，为绿色生活方式的构建打下基础。

（二）重视社会弱势群体利益

弱势群体主要是指在社会生产生活中由于群体的力量、权力相对较弱，因而在分配、获取社会财富时较少较难的一种社会群体，他们处于较贫困、弱势的状态。绿色设计强调重视社会弱势群体利益，如通过使用一些低技术的处理方法改善贫困地区人们的生存状况；通过更为合理的设计为残障人士提供便利等。

第四节　绿色设计综合评价模型

绿色设计评价标准模型是在生命周期评价的基础上，更加全面的绿色设计评价标准。通过前文的梳理，我们尝试对绿色设计评价标准做出较为清晰的描述与定义，建立了绿色设计综合评价模型（Comprehensive Green-design Evaluation Modle，CGEM），如图 5-8 所示。

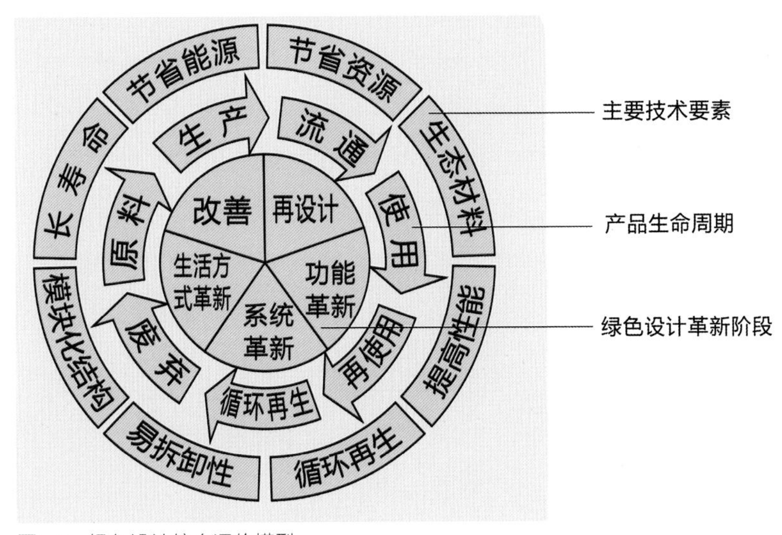

图5-8　绿色设计综合评价模型

一、绿色设计技术要素

模型最外层代表的是与绿色设计相匹配的技术要素，常规的绿色设计技术要素是指为提高产品的生态环境性能采用并取得成果的技术，也是设计环节中具体采用的技术支撑。将这些技术运用于产品各生命周期，才能实现绿色设计。

这些技术包括：

节省能源：目的是减少由于能源消耗造成的地球环境负荷，如使用清洁能源，通过设计减少能源消耗等；

节省资源：其目的是减少资源使用量，通过防止地球资源的浪费，减少环境负荷；

生态环境材料：使用可再生天然材料为主的环境协调性高的材料；

提高性能：通过设计，提高产品的使用效率，从而减少对产品数量的需求；

循环再生：通过产品整体或其零部件再生和再利用从而有效利用地球资源；

易拆卸性：以再生利用和再生产为前提，实现易拆卸的结构；

模块化结构：以模块化结构实现降低产品在运输流通环节的成本，并有利于产品在使用中延展、发展、转化其功能；

长寿命：设置有利于延长产品使用周期的结构装置，使其可长期使用；

其他：其他有益于保护地球环境的技术。

二、以工业设计师为主导的产品生命周期

该模型的第二层绿色设计生命周期针对的是原料—生产—流通—使用—再使用—循环再生—废弃的整个流程。在这个产品生命周期中，设计师起着主导作用，如图 5-9 所示。

原料：设计师参与调研，选择实现产品目标的原材料。

生产：采取设计优先的原则，事先设计好生产的各个环节。

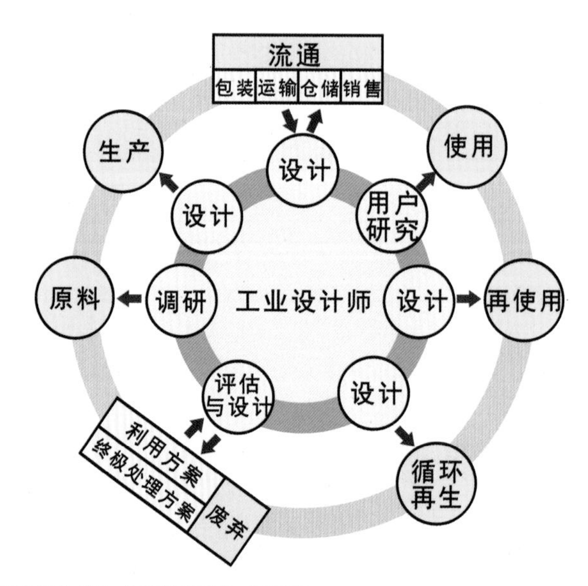

图5-9　以工业设计师为主导的产品生命周期

流通：包括包装、运输、仓储和销售等环节。

使用：进行用户研究。

再使用：经过再设计后的产品。

循环再生：针对某些零部件。

废弃：评估利用方案，如某些零部件可以再利用则进行再次设计；不能再次利用的部分则为其设计适合的终极处理方案。

三、绿色设计的五个革新阶段

模型的最里层是由绿色设计五个革新阶段组成，即改善—再设计—功能革新—系统革新—生活方式革新。

通过以上绿色设计的评价，首先应衡量其产品生命周期中对生态设计技术要素的运用情况；其次，应根据其产品革新阶段进行分析。

如果产品在前面所说的技术要素、产品生命周期、革新阶段三点中任何一个方面显示出明显优势，该产品即可以被认为是环境协调性产品，或者说实现了绿色设计。

本章小结：

本章从三个方面阐述了绿色设计评价标准的目的、重要性以及如何进行产品的评价。从生态的视角提出绿色设计技术要求，从文化视角提出绿色设计彰显的文化内涵，从社会视角提出了绿色设计对社会发展所起的作用，从而归纳总结出的绿色设计评价模型是对过去传统评价方式的创新性发展。

2017 年 12 月，项目结题工作进行时，国家质量监督检验检疫总局、国家标准化管理委员会又新批准公布了《绿色产品评价 人造板和木质地板》等 13 项国家标准（2017 年 12 月 8 日），这些国家标准还将在各行各业不断扩充。随着社会的不断进步，绿色文化逐步深入人们的生活，对绿色设计的评价标准也应该与时俱进，不断更新与完善。

本章重点：

1. 产品生命周期评价。
2. 产品绿色设计革新阶段。
3. 绿色设计综合评价模型的应用。

思考：

1. 绿色设计文化评价标准包含哪几个方面？请选择一件产品举例说明。
2. 生命周期评价与综合评价模型的异同。
3. 针对产品绿色设计革新阶段各举一个产品设计例子加以分析说明。

附　　录

附录 1：

国务院办公厅关于建立统一的
绿色产品标准、认证、标识体系的意见
国办发〔2016〕86 号

各省、自治区、直辖市人民政府，国务院各部委、各直属机构：

健全绿色市场体系，增加绿色产品供给，是生态文明体制改革的重要组成部分。建立统一的绿色产品标准、认证、标识体系，是推动绿色低碳循环发展、培育绿色市场的必然要求，是加强供给侧结构性改革、提升绿色产品供给质量和效率的重要举措，是引导产业转型升级、提升中国制造竞争力的紧迫任务，是引领绿色消费、保障和改善民生的有效途径，是履行国际减排承诺、提升我国参与全球治理制度性话语权的现实需要。为贯彻落实《生态文明体制改革总体方案》，建立统一的绿色产品标准、认证、标识体系，经国务院同意，现提出以下意见。

一、总体要求

（一）指导思想。以党的十八大和十八届三中、四中、五中、六中全会精神为指导，按照“五位一体”总体布局、“四个全面”战略布局和党中央、国务院决策部署，牢固树立创新、协调、绿色、开放、共享的发展理念，以供给侧结构性改革为战略基点，充分发挥标准与认证的战略性、基础性、引领性作用，创新生态文明体制机制，增加绿色产品有效供给，引导绿色生产和绿色消费，全面提升绿色发展质量和效益，增强社会公众的获得感。

（二）基本原则。

坚持统筹兼顾，完善顶层设计。着眼生态文明建设总体目标，统筹考虑资源环境、产业基础、消费需求、国际贸易等因素，兼顾资源节约、环境友好、消费友好等特性，制定基于产品全生命周期的绿色产品标准、认证、标识体系建设一揽子解决方案。

坚持市场导向，激发内生动力。坚持市场化的改革方向，处理好政府与市场的关系，充分发挥标准化和认证认可对于规范市场秩序、提高市场效率的有效作用，通过统一和完善绿色产品标准、认证、标识体系，建立并传递信任，激发市场活力，促进供需有效对接和结构升级。

坚持继承创新，实现平稳过渡。立足现有基础，分步实施，有序推进，合理确定市场过渡期，通过政府引导和市场选择，逐步淘汰不适宜的制度，实现绿色产品标准、认证、标识整合目标。

坚持共建共享，推动社会共治。发挥各行业主管部门的职能作用，推

动政、产、学、研、用各相关方广泛参与，分工协作，多元共治，建立健全行业采信、信息公开、社会监督等机制，完善相关法律法规和配套政策，推动绿色产品标准、认证、标识在全社会使用和采信，共享绿色发展成果。

坚持开放合作，加强国际接轨。立足国情实际，遵循国际规则，充分借鉴国外先进经验，深化国际合作交流，维护我国在绿色产品领域的发展权和话语权，促进我国绿色产品标准、认证、标识的国际接轨、互认，便利国际贸易和合作交往。

（三）主要目标。按照统一目录、统一标准、统一评价、统一标识的方针，将现有环保、节能、节水、循环、低碳、再生、有机等产品整合为绿色产品，到 2020 年，初步建立系统科学、开放融合、指标先进、权威统一的绿色产品标准、认证、标识体系，健全法律法规和配套政策，实现一类产品、一个标准、一个清单、一次认证、一个标识的体系整合目标。绿色产品评价范围逐步覆盖生态环境影响大、消费需求旺、产业关联性强、社会关注度高、国际贸易量大的产品领域及类别，绿色产品市场认可度和国际影响力不断扩大，绿色产品市场份额和质量效益大幅提升，绿色产品供给与需求失衡现状有效扭转，消费者的获得感显著增强。

二、重点任务

（四）统一绿色产品内涵和评价方法。基于全生命周期理念，在资源获取、生产、销售、使用、处置等产品生命周期各阶段中，绿色产品内涵应兼顾资源能源消耗少、污染物排放低、低毒少害、易回收处理和再利用、健康安全和质量品质高等特征。采用定量与定性评价相结合、产品与组织评价相结合的方法，统筹考虑资源、能源、环境、品质等属性，科学确定绿色产品评价的关键阶段和关键指标，建立评价方法与指标体系。

（五）构建统一的绿色产品标准、认证、标识体系。开展绿色产品标准体系顶层设计和系统规划，充分发挥各行业主管部门的职能作用，共同编制绿色产品标准体系框架和标准明细表，统一构建以绿色产品评价标准子体系为牵引、以绿色产品的产业支撑标准子体系为辅助的绿色产品标准体系。参考国际实践，建立符合中国国情的绿色产品认证与标识体系，统一制定认证实施规则和认证标识，并发布认证标识使用管理办法。

（六）实施统一的绿色产品评价标准清单和认证目录。质检总局会同有关部门统一发布绿色产品标识、标准清单和认证目录，依据标准清单中的标准组织开展绿色产品认证。组织相关方对有关国家标准、行业标准、团体标准等进行评估，适时纳入绿色产品评价标准清单。会同有关部门建立绿色产品认证目录的定期评估和动态调整机制，避免重复评价。

（七）创新绿色产品评价标准供给机制。优先选取与消费者吃、穿、住、用、行密切相关的生活资料、终端消费品、食品等产品，研究制定绿色产品评价标准。充分利用市场资源，鼓励学会、协会、商会等社会团体制定技术领先、市场成熟度高的绿色产品评价团体标准，增加绿色产品评价标准的市场供给。

（八）健全绿色产品认证有效性评估与监督机制。推进绿色产品信用体系建设，严格落实生产者对产品质量的主体责任、认证实施机构对检测认证结果的连带责任，对严重失信者建立联合惩戒机制，对违法违规行为的责任主体建立黑名单制度。运用大数据技术完善绿色产品监管方式，建立绿色产品评价标准和认证实施效果的指标量化评估机制，加强认证全过程信息采集和信息公开，使认证评价结果及产品公开接受市场检验和社会监督。

（九）加强技术机构能力和信息平台建设。建立健全绿色产品技术支撑体系，加强标准和合格评定能力建设，开展绿色产品认证检测机构能力评估和资质管理，培育一批绿色产品标准、认证、检测专业服务机构，提升技术能力、工作质量和服务水平。建立统一的绿色产品信息平台，公开发布绿色产品相关政策法规、标准清单、规则程序、产品目录、实施机构、认证结果及采信状况等信息。

（十）推动国际合作和互认。围绕服务对外开放和“一带一路”建设战略，推进绿色产品标准、认证认可、检验检测的国际交流与合作，开展国内外绿色产品标准比对分析，积极参与制定国际标准和合格评定规则，提高标准一致性，推动绿色产品认证与标识的国际互认。合理运用绿色产品技术贸易措施，积极应对国外绿色壁垒，推动我国绿色产品标准、认证、标识制度走出去，提升我国参与相关国际事务的制度性话语权。

三、保障措施

（十一）加强部门联动配合。建立绿色产品标准、认证与标识部际协调机制，成员单位包括质检、发展改革、工业和信息化、财政、环境保护、住房城乡建设、交通运输、水利、农业、商务等有关部门，统筹协调绿色产品标准、认证、标识相关政策措施，形成工作合力。

（十二）健全配套政策。落实对绿色产品研发生产、运输配送、消费采购等环节的财税金融支持政策，加强绿色产品重要标准研制，建立绿色产品标准推广和认证采信机制，支持绿色金融、绿色制造、绿色消费、绿色采购等政策实施。实行绿色产品领跑者计划。研究推行政府绿色采购制度，扩大政府采购规模。鼓励商品交易市场扩大绿色产品交易、集团采购商扩大绿色产品采购，推动绿色市场建设。推行生产者责任延伸制度，促进产品回收和循环利用。

（十三）营造绿色产品发展环境。加强市场诚信和行业自律机制建设，各职能部门协同加强事中事后监管，营造公平竞争的市场环境，进一步降低制度性交易成本，切实减轻绿色产品生产企业负担。各有关部门、地方各级政府应结合实际，加快转变职能和管理方式，改进服务和工作作风，优化市场环境，引导加强行业自律，扩大社会参与，促进绿色产品标准实施、认证结果使用与效果评价，推动绿色产品发展。

（十四）加强绿色产品宣传推广。通过新闻媒体和互联网等渠道，大力开展绿色产品公益宣传，加强绿色产品标准、认证、标识相关政策解读和宣传推广，推广绿色产品优秀案例，传播绿色发展理念，引导绿色生活方式，维护公众的绿色消费知情权、参与权、选择权和监督权。

国务院办公厅

2016 年 11 月 22 日

附录 2：

关于批准发布《绿色产品评价　人造板和木质地板》等 13 项国家标准的公告

国家质量监督检验检疫总局、国家标准化管理委员会批准《绿色产品评价 人造板和木质地板》等 13 项国家标准，现予以公布（见附件）。

国家质检总局　国家标准委

2017 年 12 月 8 日

序号	标准号	标准名称	实施日期
1	GB/T 35601-2017	绿色产品评价 人造板和木质地板	2018-07-01
2	GB/T 35602-2017	绿色产品评价 涂料	2018-07-01
3	GB/T 35603-2017	绿色产品评价 卫生陶瓷	2018-07-01
4	GB/T 35604-2017	绿色产品评价 建筑玻璃	2018-07-01
5	GB/T 35605-2017	绿色产品评价 墙体材料	2018-07-01
6	GB/T 35606-2017	绿色产品评价 太阳能热水系统	2018-07-01
7	GB/T 35607-2017	绿色产品评价 家具	2018-07-01
8	GB/T 35608-2017	绿色产品评价 绝热材料	2018-07-01
9	GB/T 35609-2017	绿色产品评价 防水与密封材料	2018-07-01
10	GB/T 35610-2017	绿色产品评价 陶瓷砖（板）	2018-07-01
11	GB/T 35611-2017	绿色产品评价 纺织产品	2018-07-01
12	GB/T 35612-2017	绿色产品评价 木塑制品	2018-07-01
13	GB/T 35613-2017	绿色产品评价 纸和纸制品	2018-07-01

附录 3：

绿色设计产品标准清单

（截至 2020 年至 3 月 20 日）

为落实《工业和信息化部办公厅关于开展绿色制造体系建设的通知》（工信厅节函〔2016〕586 号）要求，推动绿色设计产品评价工作，现将评价依据的标准公布如下，后续将根据工作进展情况，不定期更新标准清单。

序号	标准名称	标准编号
1	《生态设计产品评价通则》	GB/T 32161-2015
2	《生态设计产品标识》	GB/T 32162-2015
石化行业		
3	《绿色设计产品评价技术规范 水性建筑涂料》	T/CPCIF 0001-2017
4	《绿色设计产品评价技术规范 汽车轮胎》	T/CPCIF 0011-2018 T/CRIA 11001-2018
5	《绿色设计产品评价技术规范 复合肥料》	T/CPCIF 0012-2018
6	《绿色设计产品评价技术规范 鞋和箱包胶黏剂》	T/CPCIF 0027-2019
7	《绿色设计产品评价技术规范》	T/CPCIF 0028-2019
8	《绿色设计产品评价技术规范》	T/CPCIF 0029-2019
9	《绿色设计产品评价技术规范 喷滴灌肥料》	T/CPCIF 0030-2019
10	《绿色设计产品评价技术规范 二硫化碳》	T/CPCIF 0031-2019
11	《绿色设计产品评价规范 氯化聚氯乙烯树脂 》	T/CPCIF 0032-2019
12	《绿色设计产品评价技术规范 金属氧化物混相颜料》	T/CPCIF 0033-2019
13	《绿色设计产品评价技术规范 阴极电泳涂料》	T/CPCIF 0034-2019
14	《绿色设计产品评价技术规范 1-4 丁二醇》	T/CPCIF 0035-2019
15	《绿色设计产品评价技术规范 聚四亚甲基醚二醇》	T/CPCIF 0036-2019
16	《绿色设计产品评价技术规范 聚对苯二甲酸丁二醇酯（PBT）树脂》	T/CPCIF 0037-2019
17	《绿色设计产品评价技术规范 聚对苯二甲酸乙二醇酯（PET）树脂》	T/CPCIF 0038-2019
18	《绿色设计产品评价技术规范 聚苯乙烯树脂》	T/CPCIF 0039-2019
19	《绿色设计产品评价技术规范 液体分散染料》	T/CPCIF 0040-2019
钢铁行业		
20	《绿色设计产品评价技术规范 稀土钢》	T/CAGP 0026-2018, T/CAB 0026-2018
21	《绿色设计产品评价技术规范 铁精矿（露天开采）》	T/CAGP 0027-2018, T/CAB 0027-2018
22	《绿色设计产品评价技术规范 烧结钕铁硼永磁材料》	T/CAGP 0028-2018, T/CAB 0028-2018
23	《绿色设计产品评价技术规范 钢塑复合管》	T/CISA 104-2018
24	《绿色设计产品评价技术规范 五氧化二钒》	T/CISA 105-2018
25	《绿色设计产品评价技术规范 取向电工钢》	YB/T 4767-2019
26	《绿色设计产品评价技术规范 管线钢》	YB/T 4768-2019
27	《绿色设计产品评价技术规范 新能源汽车用无取向电工钢》	YB/T 4769-2019
28	《绿色设计产品评价技术规范 厨房厨具用不锈钢》	YB/T 4770-2019

续表

序号	标准名称	标准编号
有色行业		
29	《绿色设计产品评价技术规范 锑锭》	T/CNIA 0004-2018
30	《绿色设计产品评价技术规范 稀土湿法冶炼分离产品》	T/CNIA 0005-2018
31	《绿色设计产品评价技术规范 多晶硅》	T/CNIA 0021-2019
32	《绿色设计产品评价技术规范 气相二氧化硅》	T/CNIA 0022-2019
33	《绿色设计产品评价技术规范 阴极铜 T CNIA》	T/CNIA 0033-2019
34	《绿色设计产品评价技术规范 电工用铜线坯》	T/CNIA 0034-2019
35	《绿色设计产品评价技术规范 铜精矿》	T/CNIA 0035-2019
建材行业		
36	《生态设计产品评价规范第 4 部分：无机轻质板材》	GB/T 32163.4-2015
37	《绿色设计产品评价技术规范 卫生陶瓷》	T/CAGP 0010-2016 T/CAB 0010-2016
38	《绿色设计产品评价技术规范 木塑型材》	T/CAGP 0011-2016, T/CAB 0011-2016
39	《绿色设计产品评价技术规范 砌块》	T/CAGP 0012-2016, T/CAB 0012-2016
40	《绿色设计产品评价技术规范 陶瓷砖》	T/CAGP 0013-2016, T/CAB 0013-2016
机械行业		
41	《绿色设计产品评价技术规范 金属切削机床》	T/CMIF 14-2017
42	《绿色设计产品评价技术规范 装载机》	T/CMIF 15-2017
43	《绿色设计产品评价技术规范 内燃机》	T/CMIF 16-2017
44	《绿色设计产品评价技术规范 汽车产品 M1 类传统能源车》	T/CMIF 17-2017
45	《绿色设计产品评价技术规范 叉车》	T/CMIF 48-2019
46	《绿色设计产品评价技术规范 水轮机用不锈钢叶片铸件》	T/CMIF 49-2019
47	《绿色设计产品评价技术规范 中低速发动机用机体铸铁件》	T/CMIF 50-2019
48	《绿色设计产品评价技术规范 铸造用消失模涂料》	T/CMIF 51-2019
49	《绿色设计产品评价技术规范 柴油发动机》	T/CMIF 52-2019
50	《绿色设计产品评价技术规范 直驱永磁风力发电机组》	T/CMIF 57-2019 T/CEEIA 387-2019
51	《绿色设计产品评价技术规范 齿轮传动风力发电机组》	T/CMIF 58-2019
52	《绿色设计产品评价技术规范 再制造冶金机械零部件》	T/CMIF 59-2019
53	《绿色设计产品评价技术规范 铅酸蓄电池》	T/CAGP 0022-2017, T/CAB 0022-2017
54	《绿色设计产品评价技术规范 核电用不锈钢仪表管》	T/CAGP 0031-2018 T/CAB 0031-2018
55	《绿色设计产品评价技术规范 盘管蒸汽发生器》	T/CAGP 0032-2018 T/CAB 0032-2018
56	《绿色设计产品评价技术规范 真空热水机组》	T/CAGP 0033-2018 T/CAB 0033-2018
57	《绿色设计产品评价技术规范 片式电子元器件用纸带》	T/CAGP 0041-2018 T/CAB 0041-2018
58	《绿色设计产品评价技术规范 滚筒洗衣机用无刷直流电动机》	T/CAGP 0042-2018 T/CAB 0042-2018

续表

序号	标准名称	标准编号
59	《绿色设计产品评价技术规范 锂离子电池》	T/CEEIA 280-2017
60	《绿色设计产品评价技术规范 电动工具》	T/CEEIA 296-2017
61	《绿色设计产品评价技术规范 家用及类似场所用过电流保护断路器》	T/CEEIA 334-2018
62	《绿色设计产品评价技术规范 塑料外壳式断路器》	T/CEEIA 335-2018
63	《绿色设计产品评价技术规范 家用和类似用途插头插座》	T/CEEIA 374-2019
64	《绿色设计产品评价技术规范 家用和类似用途固定式电气装置的开关》	T/CEEIA 375-2019
65	《绿色设计产品评价技术规范 家用和类似用途器具耦合器》	T/CEEIA 376-2019
66	《绿色设计产品评价技术规范 小功率电动机》	T/CEEIA 380-2019
67	《绿色设计产品评价技术规范 交流电动机》	T/CEEIA 410-2019
轻工行业		
68	《生态设计产品评价规范第 1 部分：家用洗涤剂》	GB/T 32163.1-2015
69	《生态设计产品评价规范第 2 部分：可降解塑料》	GB/T 32163.2-2015
70	《绿色设计产品评价技术规范 房间空气调节器》	T/CAGP 0001-2016, T/CAB 0001-2016
71	《绿色设计产品评价技术规范 电动洗衣机》	T/CAGP 0002-2016, T/CAB 0002-2016
72	《绿色设计产品评价技术规范 家用电冰箱》	T/CAGP 0003-2016, T/CAB 0003-2016
73	《绿色设计产品评价技术规范 吸油烟机》	T/CAGP 0004-2016, T/CAB 0004-2016
74	《绿色设计产品评价技术规范 家用电磁灶》	T/CAGP 0005-2016, T/CAB 0005-2016
75	《绿色设计产品评价技术规范 电饭锅》	T/CAGP 0006-2016, T/CAB 0006-2016
76	《绿色设计产品评价技术规范 储水式电热水器》	T/CAGP 0007-2016, T/CAB 0007-2016
77	《绿色设计产品评价技术规范 空气净化器》	T/CAGP 0008-2016, T/CAB 0008-2016
78	《绿色设计产品评价技术规范 纯净水处理器》	T/CAGP 0009-2016, T/CAB 0009-2016
79	《绿色设计产品评价技术规范 商用电磁灶》	T/CAGP 0017-2017, T/CAB 0017-2017
80	《绿色设计产品评价技术规范 商用厨房冰箱》	T/CAGP 0018-2017, T/CAB 0018-2017
81	《绿色设计产品评价技术规范 商用电热开水器》	T/CAGP 0019-2017, T/CAB 0019-2017
82	《绿色设计产品评价技术规范 生活用纸》	T/CAGP 0020-2017, T/CAB 0020-2017
83	《绿色设计产品评价技术规范 标牌》	T/CAGP 0023-2017, T/CAB 0023-2017
84	《绿色设计产品评价技术规范 电水壶》	T/CEEIA 275-2017
85	《绿色设计产品评价技术规范 扫地机器人》	T/CEEIA 276-2017
86	《绿色设计产品评价技术规范 新风系统》	T/CEEIA 277-2017
87	《绿色设计产品评价技术规范 智能马桶盖》	T/CEEIA 278-2017
88	《绿色设计产品评价技术规范 室内加热器》	T/CEEIA 279-2017
89	《绿色设计产品评价技术规范 水性和无溶剂人造革合成革》	T/CNLIC 0002-2019
90	《绿色设计产品评价技术规范 服装用皮革》	T/CNLIC 0005-2019

续表

序号	标准名称	标准编号
91	《绿色设计产品评价技术规范 氨基酸》	T/CNLIC 0006-2019 T/CBFIA 04002-2019
92	《绿色设计产品评价规范 甘蔗糖制品》	T/CNLIC 0007-2019
93	《绿色设计产品评价规范 甜菜糖制品》	T/CNLIC 0008-2019
94	《绿色设计产品评价技术规范 包装用纸和纸板》	T/CNLIC 0010-2019
纺织行业		
95	《绿色设计产品评价技术规范 丝绸（蚕丝）制品》	T/CAGP 0024-2017, T/CAB 0024-2017
96	《绿色设计产品评价技术规范 涤纶磨毛印染布》	T/CAGP 0030-2018 T/CAB 0030-2018
97	《绿色设计产品评价技术规范 户外多用途面料》	T/CAGP 0034-2018 T/CAB 0034-2018
98	《绿色设计产品评价技术规范 聚酯涤纶》	T/CNTAC 33-2019
99	《绿色设计产品评价技术规范 巾被织物》	T/CNTAC 34-2019
100	《绿色设计产品评价技术规范 皮服》	T/CNTAC 35-2019
101	《绿色设计产品评价技术规范 羊绒产品》	T/CNTAC 38-2019
102	《绿色设计产品评价技术规范 毛精纺产品》	T/CNTAC 39-2019
103	《绿色设计产品评价技术规范 针织印染布》	T/CNTAC 40-2019
104	《绿色设计产品评价技术规范 布艺类产品》	T/CNTAC 41-2019
105	《绿色设计产品评价技术规范 色纺纱》	T/CNTAC 51-2020
106	《绿色设计产品评价技术规范 再生涤纶》	T/CNTAC 52-2020
电子行业		
107	《绿色设计产品评价技术规范 打印机及多功能一体机》	T/CESA 1017-2018
108	《绿色设计产品评价技术规范 电视机》	T/CESA 1018-2018
109	《绿色设计产品评价技术规范 微型计算机》	T/CESA 1019-2018
110	《绿色设计产品评价技术规范 智能终端 平板电脑》	T/CESA 1020-2018
111	《绿色设计产品评价技术规范 金属化薄膜电容器》	T/CESA 1032-2019
112	《绿色设计产品评价技术规范 投影机》	T/CESA 1033-2019
113	《绿色设计产品评价技术规范 监视器》	T/CESA 1068-2020
114	《绿色设计产品评价技术规范 智能终端 头戴式设备》	T/CESA 1069-2020
115	《绿色设计产品评价技术规范 印制电路板》	T/CESA 1070-2020
116	《绿色设计产品评价技术规范 基础机电继电器》	T/CESA 1071-2020
117	《绿色设计产品评价技术规范 鼓粉盒》	T/CESA 1072-2020
118	《绿色设计产品评价技术规范 光导鼓》	T/CESA 1073-2020
119	《绿色设计产品评价技术规范 光伏硅片》	T/CESA 1074-2020 T/CPIA 0021-2020
通信行业		
120	《绿色设计产品评价技术规范 光网络终端》	YDB 192-2017
121	《绿色设计产品评价技术规范 以太网交换机》	YDB 193-2017
122	《绿色设计产品评价技术规范 移动通信终端》	YDB 194-2017
123	《绿色设计产品评价技术规范 可穿戴无线通信设备 腕戴式》	T/CCSA 251-2019
124	《绿色设计产品评价技术规范 可穿戴无线通信设备 头戴、近眼显示设备》	T/CCSA 252-2019

续表

序号	标准名称	标准编号
125	《绿色设计产品评价技术规范 服务器》	T/CCSA 253-2019
126	《绿色设计产品评价技术规范 视频会议设备》	T/CCSA 254-2019
127	《绿色设计产品评价技术规范 光缆》	T/CCSA 255-2019
128	《绿色设计产品评价技术规范 通信电缆》	T/CCSA 256-2019
其他		
129	《绿色设计产品评价技术规范 智能坐便器》	T/CAGP 0021-2017, T/CAB 0021-2017

附录 4：

垃圾分类相关标识（部分）

表1：杭州市垃圾分类

垃圾分类	分类标识	主要内容
可回收	可回收物 Recyclable	主要包括废纸、塑料（橡胶）、玻璃、金属和纺织品等。 废纸：报纸、期刊、图书、各种包装纸等。 塑料：各种塑料袋、塑料泡沫、塑料包装、一次性塑料餐盒餐具、硬塑料、塑料牙刷、塑料杯子、矿泉水瓶等。 玻璃：各种玻璃瓶、碎玻璃片、镜子、暖瓶等。 金属：易拉罐、罐头盒等。 纺织品：废弃衣服、桌布、洗脸巾、书包、鞋等。
不可回收	易腐垃圾 Perishable waste	主要指餐厨垃圾，包括剩菜剩饭、骨头、菜根菜叶、果皮果壳、家庭绿植、花卉等。
其他垃圾	其他垃圾 Other waste	包括破砖瓦陶瓷品、渣土、污染纸张、纸尿裤、妇女卫生用品、烟头等。采取卫生填埋可有效减少对地下水、地表水、土壤及空气的污染。 事实上，大棒骨因为难腐蚀被列入“其他垃圾”。
有害垃圾	有害垃圾 Harmful waste	含有对人体健康有害的重金属、有毒的物质或者对环境造成现实危害或者潜在危害的废弃物。包括电路板、废旧灯管、水银温度计、废油漆桶、电子元器件、过期药品等。这些垃圾一般要进行单独回收。

杭州市垃圾分类回收系统美学设计项目 垃圾箱配色

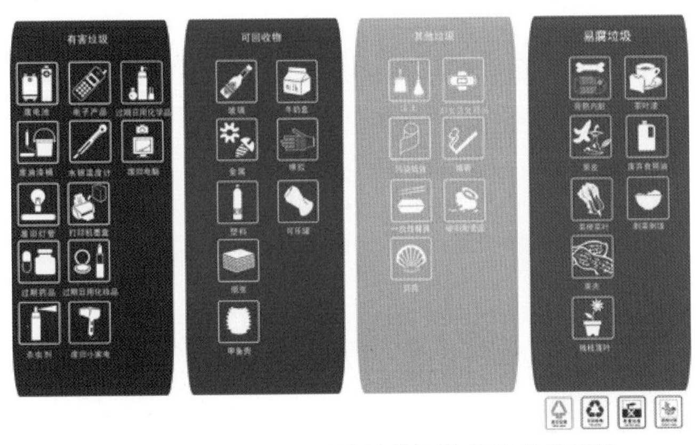

杭州市垃圾分类回收系统美学设计项目 分类标识

表2：日本垃圾分类

垃圾分类	主要内容	回收方法
可燃垃圾	包括蔬菜果皮、吸油纸、剩菜剩饭、蛋壳等厨余垃圾，吸尘器的灰卷、餐巾纸等不可再生的纸类，木棍、竹签、烟头、湿毛巾、纸尿裤、宠物粪便、宠物用灰沙、干燥剂、抗氧化剂等。	厨房垃圾需要沥干水分，用报纸包好、棍棒类砍成约50cm的长度捆牢，食用油或废油需要用抹布擦干净，瓶口用报纸封堵，牛奶盒尽量回收到设在超市门口的回收箱。
不可燃垃圾	陶瓷类（碗、陶瓷、砂锅等），小型电器（熨斗、吹风），橡胶类，金属类，毛绒玩具，耐热玻璃、化妆品的玻璃瓶、保温瓶、溜冰鞋、雨伞、热水瓶、电灯泡、一次性取暖炉、一次性和非一次性打火机。	耐热玻璃、化妆品瓶与其他玻璃的溶解温度不同，故不能一起回收，需视为“不可燃垃圾”。
有害垃圾	荧光棒、干电池、体温计（用水银的体温计）等有害垃圾必须与资源垃圾装入不同的垃圾袋。	装有荧光棒、干电池、体温计的垃圾口袋上必须注明“有害”二字。
资源垃圾	纸类（报纸、宣传单、杂志、蛋糕包装盒、牛奶盒、明信片、信纸、硬纸箱等），布类（旧衣服、窗帘等），金属类（锅、平底锅、金属制罐子、空罐子），玻璃类（酱油瓶、威士忌酒瓶、玻璃杯、啤酒瓶、玻璃碴等）。	硬纸箱需要折好、报纸杂志等用绳索捆牢，喷雾器瓶子必须用尽，在无火且通风的地方将瓶身凿开若干小孔、啤酒瓶尽量返还商铺。
塑料瓶类	饮料、酒类、酱油、装饮料、果汁、茶、咖啡、水、酱油、食用油、沙司、洗洁精的塑料瓶，属于“可回收塑料”。	拧开瓶盖，揭开塑料商标，用水洗净瓶内、压扁瓶身，装入透明或半透明塑料袋里。
可回收塑料	商品的容器或包装袋，蛋糕、蔬菜的口袋，方便面的口袋，洗发香波、洗洁精的瓶子，蛋黄酱塑料瓶，牙膏管，洋葱或橘子等的网眼口袋，超市购物袋，塑料瓶盖。	洗净并撕下附着在口袋上的标签，剪开蛋黄酱或番茄酱的塑料瓶将会利于清洗，瓶罐的塑料盖也属于可回收塑料、装食物的发泡包装尽量回收到设在超市门口的回收箱。
其他塑料	容器、包装以外的塑料、录像带、CD及其盒子、洗衣店的口袋、牙刷、圆珠笔、塑料玩具、海绵、拖鞋、鞋类、布制玩具等。	含有金属或陶瓷的物品属于“不可燃垃圾”，软管类需要剪成30cm的长度。
大型垃圾	家电回收法规定范围内的电器，家具、家用电器，其他（自行车、音箱、行李箱等）。	处理大型垃圾需要打电话预约，并支付一定“处理费”。

表3：德国、日本、中国的物质废弃、回收相关法规

国家	物质废弃、回收相关法规
德国	《循环经济和废物处理法》《垃圾处理法》《控制大气排放法》《控制水污染防治法》《控制燃烧污染法》《农业和自然保护法》《柏林循环经济与废物法》《包装法》《饮料包装押金规定》《废旧汽车处理规定》《废旧电池处理规定》《废木料处理办法》《废旧干电池和蓄电池回收处理法》
日本	《环境基本法》《建立循环型社会基本法》《再生资源使用促进法》《空气污染控制法》《废弃物处理法》《关于包装容器分类回收与促进再商品化的法律》《特定家庭用电器再商业化法》《推动建设资源再循环资源社会基本法》《二噁英特别措施法》《建筑工程材料再循环法》《食品循环资源再生利用促进法》《纸张制造业自主限制方针》《车辆再生利用法》《绿色采购法》
中国	《中华人民共和国环境保护法》《中华人民共和国循环经济促进法》《固体废物污染环境防治法》《废弃电器电子产品回收处理管理条例》《城市生活垃圾管理办法》

附录 5：

世界部分国家和地区绿色环保、节能标识

表1：外国绿色产品标识规范的常识

标志（识）	认证部门	标识简介
德国蓝色天使	联邦政府内政部长和各洲环保部部长	德国蓝色天使（Blue Angel）。德国的环境标志认证制度起源于 1978 年，作为世界上最古老的环境标志，目前已有 80 种产品类别的 10000 个产品和服务拥有了蓝天使标志，其中 17% 的产品来自国际市场，在国际市场具有很高的认知度。
北欧白天鹅标签	北欧委员会	北欧白天鹅标签的图样（Environmentally-Labeled）为一只白色天鹅翱翔于绿色背景。获得使用标签的产品，在印制标章图样时应于“天鹅”标章上方标明北欧天鹅环境标章，于下方则标明至多三行之使用标章理由。北欧白天鹅环保标章于 1989 年由北欧部长会议决议发起，统合北欧四国，发展出一套独立公正的标章制度。为全球第一个跨国性的环保标章系统。产品规格分别由北欧四国研拟，但经过其中一国的验证后，即可通行四国。
能源之星	美国环保署（EPA）和美国能源部（DOE）	能源之星（Energy Star），是一项由美国政府主导，主要针对消费性电子产品的能源节约计划。目的是为了降低能源消耗及减少温室气体排放。该计划后来又被澳大利亚、加拿大、日本、中国台湾、新西兰及欧盟采纳。该计划为自愿性，能源之星标准通常比美国联邦标准节能 20%~30%。最早配合此计划的产品主要是电脑等资讯电器，之后逐渐延伸到电机、办公室设备、照明、家电、建筑等。
日本生态标章	日本环境协会（JEA）生态标志局	日本生态标章，代表着人类用自己的双手保护地球的渴望。标记的上半部有一行短语“与地球亲密无间”，下半部表示的是产品的环境保护绩效。日本的生态标准较为完备，且定期进行复审和更新。其中使用废木、薄木片和小直径原木制成的木质产品、家具可申请生态标志。标志的颜色，原则使用蓝色单色印刷，但可根据不同的包装色系改用其他颜色单色印刷。标志的大小以字能看清楚为原则。另外在标志的上方书写“爱护地球”，下方则标明该产品环境保护的效用。
纺织品生态标签	国际环保纺织协会	纺织品生态标签（Oeko-Tex Label）代表从原料的选择到生产、销售、使用和废弃处理整个过程中，对环境或人体健康无害的纺织品。纺织品生态标签产品提供了产品生态安全的保证，满足了消费者对健康生活的要求。纺织品作为与人体直接接触的产品，与一般产品相比环保要求更高。

加拿大环保标识

韩国环保标识

泰国绿色标识

荷兰环保标章

部分国家和组织的绿色产品标识1

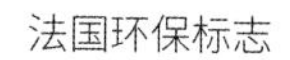
法国环保标志

印度环保标志

美国绿色徽章

德国绿点回收

部分国家和组织的绿色产品标识2

表2：我国绿色产品标识及规范常识

标志（识）	认证部门	标识简介
中国环境标	国家环境保护部	十环认证，是国内最高标准的绿色环保认证，也是我国唯一由政府颁布的最权威环保产品标志。环境标准认证图形由青山、绿水、太阳及十个环组成，因此通常称“十环”认证本质上即是环境标志，具体指一种贴在或印刷在产品或产品的包装上的图形，以表明该产品的生产、使用及处理过程皆符合环境保护的要求，不危害人体健康，对垃圾无害或危害极小，有利于资源再生和回收利用。
香港环保标志	香港环境保护总会（HKFEP）	香港环保标志是一种附在产品或其包装上的标签，是产品的“证明性商标”。为避免形成地区性贸易壁垒，并尽量与国际接轨，香港政府及各行业一直避免制定本地标准。香港环保标志同样遵循这一精神，尽量等效采用国际标准；如无国际标准，则采用中国国家标准或其他具有国际水平的标准。这是香港环保标志的一大亮点。香港环保标志适用的优先产品有16种，其中包括家具产品。
台湾环保标章	台湾环境保护署（EPA）	台湾环保标章计划是1992年由台湾环境保护主管部门发起的自愿性环境标签计划，其主要目的是减少污染以保护自然资源，加强资源的循环利用；指导消费者购买绿色产品，鼓励制造商设计和提供有益于环境的产品。环保标章中绿色代表绿色消费，绿色球体代表一个清洁无污染的地球。整个图案是模仿台湾地区地形图设计的，象征着台湾为保护环境而做出的承诺。
中国节水标志	中国节能产品认证管理委员会	“中国节水标志”由水滴、手掌和地球变形而成。绿色的圆形代表地球，象征节约用水是保护地球生态的重要措施。2000年3月22日揭牌，标志着中国从此有了宣传节水和对节水型产品进行标识的专用标志。中国节水标志由水滴、手掌和地球变形而成。绿色的圆形代表地球，象征节约用水是保护地球生态的重要措施。标志留白部分像一只手托起一滴水，手是拼音字母JS的变形，寓意节水，表示节水需要公众参与，鼓励人们从我做起，人人动手节约每一滴水，手又像一条蜿蜒的河流，象征滴水汇成江河。
中国有机产品标志	中国农业部	有机产品包括有机食品、有机农业生产资料、有机化妆品、纺织品、林产品等，其中有机食品主要指可食用的初级农产品和加工食品，如粮食、蔬菜、水果、奶制品、畜禽产品、水产品、饮料和调料等；有机农业生产资料，如有机肥料、生物农药等。
生态设计产品标志	工业和信息化部、发展改革委、环境保护部	生态（绿色）设计产品评价，由工业和信息化部、发展改革委、环境保护部共同发出。于2016年3月颁布了首批获得国家标准《生态设计产品标识》的11种类型的产品，目前还有包括电子电器、建材、纺织用品等10余项标准在组织制定中。目前这套标准是唯一的覆盖产品原材料选择、生产、使用、废弃等生命周期阶段涉及资源、能源消耗、环境影响、人体健康、产品品质等多指标的国家标准。

台湾省水标章

绿色地产

绿色市场认证标志

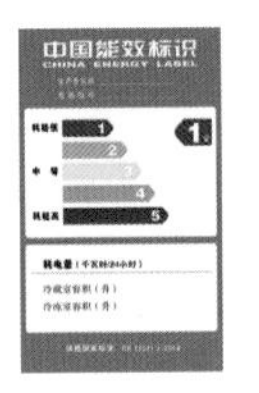

中国节能标识

中国环保产品认证

中国绿色材料标志

中国节水认证标志

绿色之星标志

我国其他的绿色产品标识（志）

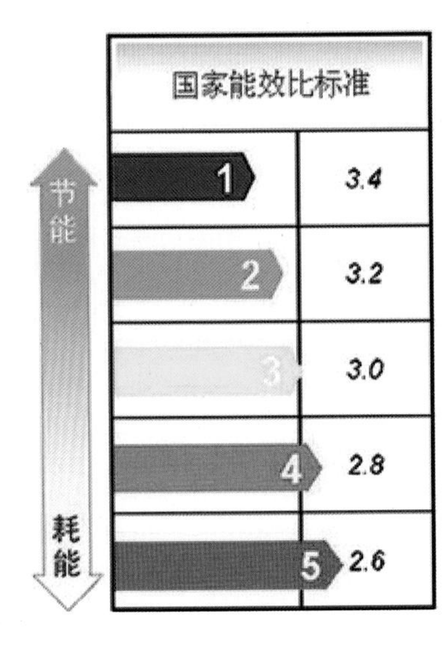

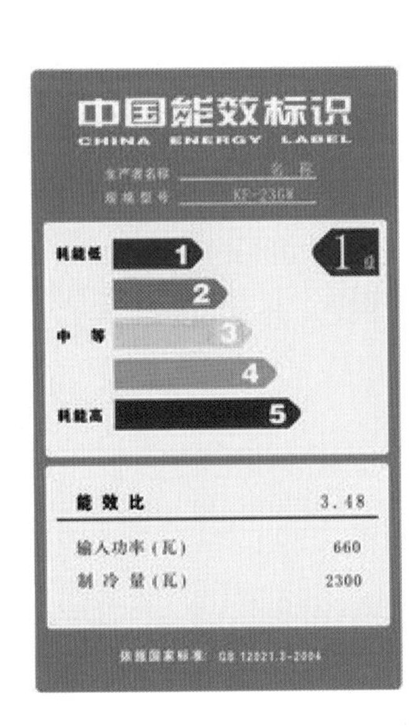

表3：中国能效标识

等级	颜色标识	简介
等级 1	➡	表示产品能耗达到国际先进水平，最节电，即耗能最低。
等级 2	➡	表示比较节电。
等级 3	➡	表示产品的能源效率刚好达到我国市场的平均水平。
等级 4	➡	表示产品能源效率低于市场平均水平。
等级 5	➡	是市场准入指标，低于该等级要求的产品不允许生产和销售。

附录 6：

中国食品安全标识

我国食品安全标识（志）及规范常识

标识	认证单位	简介
质量安全 生产许可标识	国家质量监督检验检疫总局	用“Qiyeshipin Shengchanxuke”的缩写“QS”表示，并标注“生产许可”中文字样。取得食品生产许可证的企业在使用食品市场准入标志时，不能变色，并标注食品生产许可证证书编号。消费者在选购食品时，要注意食品包装上是否有 QS 标识及编号。
保健食品 保健食品标识	国家食品药品监督管理总局	俗称“蓝帽子”的保健食品不能治疗疾病，保健食品是食品的一个种类，具有一般食品的共性，能调节人体的机能，特定人群食用，但不能治疗疾病。保健食品是指具有特定保健功能或者以补充维生素、矿物质为目的的食品，即适宜于特定人群食用，具有调节机体功能，不以治疗疾病为目的，并且对人体不产生任何急性、亚急性或者慢性危害的食品。保健食品标志为天蓝色图案，下有保健食品字样。
无公害农产品	农业部和国家认监委员会	无公害农产品产地环境必须经有资质的检测机构检测，灌溉用水（畜禽饮用、加工用水）、土壤、大气等符合国家无公害农产品生产环境质量要求，产地周围 3km 范围内没有污染企业，蔬菜、茶叶、果品等产地应远离交通主干道 100m 以上。包装上有 16 位防伪数码，电话物联网可查证。
绿色食品 绿色食品标志	中国绿色食品发展中心	它由三部分构成，即上方的太阳、下方的叶子和中心的蓓蕾，象征自然生态；颜色为绿色，象征着生命、农业、环保；图形为正圆形，意为保护。AA 级的绿色食品标志与下方文字都为绿色，底色为白色；A 级的绿色食品标志与下方文字都为白色，底色为绿色。整个图形描绘了在明媚阳光照耀下的生机勃勃的景象，告诉人们绿色食品指的是在良好的生态环境下生产的安全、无污染的食品。
有机食品标志	中绿华夏	有机食品是指来自有机农业生产体系的食品，有机农业是指一种在生产过程中不使用人工合成的肥料、农药、生长调节剂和饲料添加剂的可持续发展的农业，它强调加强自然生命的良性循环和生物多样性。有机食品认证机构通过认证证明该食品的生产、加工、储存、运输和销售点等环节均符合有机食品的标准。
农产品地理标志	中国农业部	农产品地理标志，是指标示农产品来源于特定地域，产品品质和相关特征主要取决于自然生态环境和历史人文因素，并以地域名称冠名的特有农产品标志。此处所称的农产品是指来源于农业的初级产品，即在农业活动中获得的植物、动物、微生物及其产品。
安全饮品标志	国家工商总局	安全饮品标志是经国家工商总局注册，适用于安全饮品产品的包装、标签、广告、宣传、说明书等，是饮品安全的证明性标志。只有通过中饮标（北京）安全饮品认证中心“安全饮品”认证才能使用此标志。

本书写作得到了相关兄弟院校师生的大力支持，部分插图和图表选自国内外相关案例，在此一并表示衷心感谢。